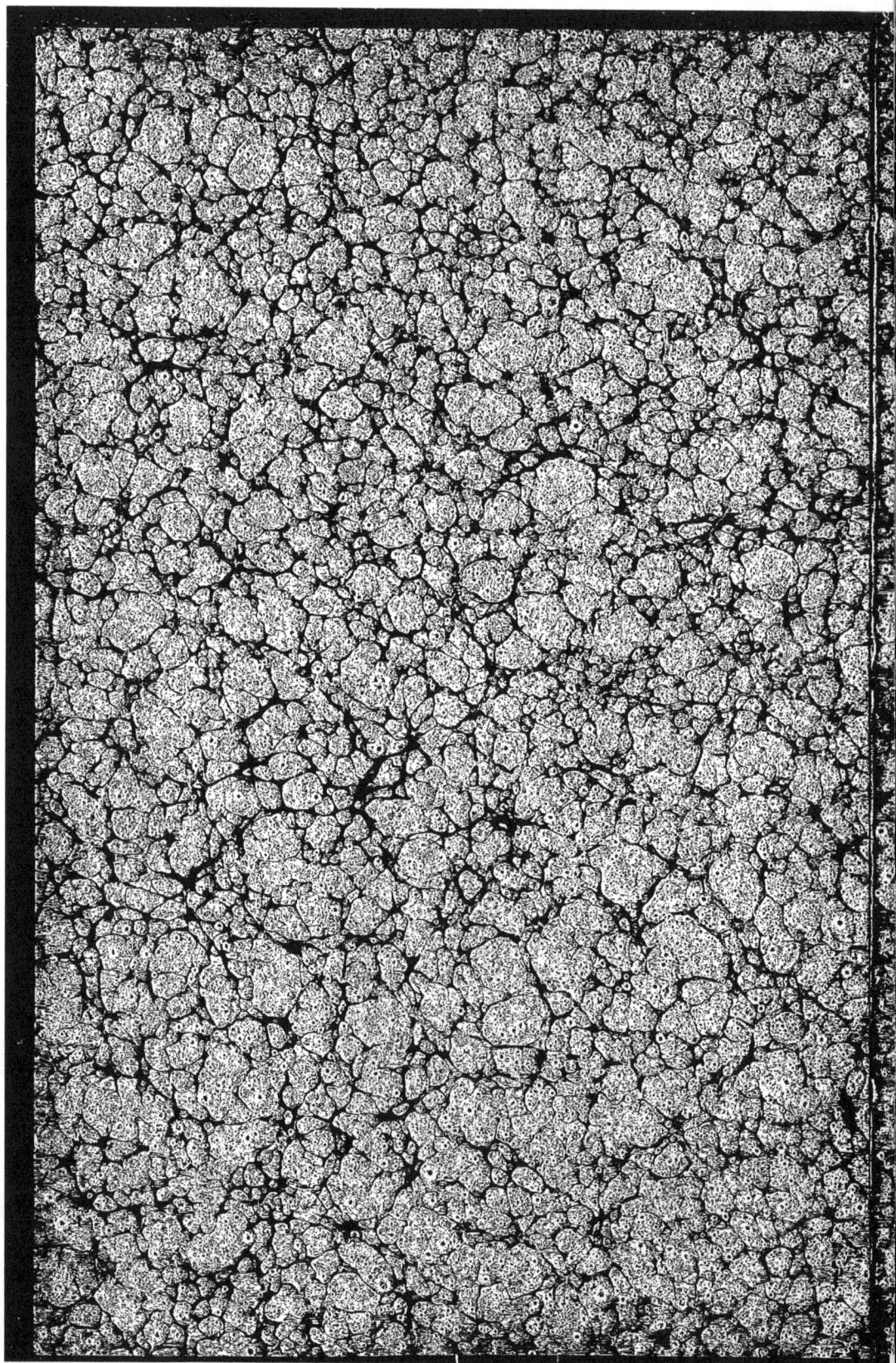

ALGUES

DE LA GUADELOUPE

ESSAI DE CLASSIFICATION

DES

ALGUES DE LA GUADELOUPE

MM. H. Mazé et A. Schramm

2e ÉDITION

BASSE-TERRE

(GUADELOUPE)

IMPRIMERIE DU GOUVERNEMENT

1870-1877

V

Quoique nombre d'années nous séparent de l'époque où furent découvertes les petites Antilles, bien que depuis lors elles aient été fréquemment visitées et parcourues par des voyageurs illustres dont les travaux sont justement célèbres, certaines des productions naturelles de leur sol sont restées à peu près inconnues, et nous ne possédons pas encore une flore complète de la partie du groupe qui appartient à la France. Peut-être faut-il attribuer cette lacune regrettable à l'opinion généralement acceptée, et qui ne manque pas d'une certaine exactitude en ce qui touche les végétaux d'un ordre supérieur, que les îles voisines de grands continents ne présentent le plus ordinairement, sur une échelle réduite, qu'une reproduction des types observés sur les mêmes parallèles du littoral de la terre ferme.

Mais il est de grandes séries du règne végétal qui semblent plus particulièrement échapper à ces lois de distribution, et par cela même demander une étude spéciale et approfondie par localité ; ce sont les Cryptogames en général et la section des Algues en particulier. Cette intéressante famille, qui recherche, pour quelques-uns de ses genres, les latitudes chaudes, trouvent, dans nos îles ou îlots, aux rives fortement découpées que protégent des récifs de ceinture, des anses profondes chauffées par le soleil des tropiques, où elle se développe avec une grande puissance, en déployant les couleurs les plus riches et les formes les plus variées.

Les eaux douces, les lagons stagnants, les sources thermales qui jaillissent de tous côtés sur ce sol essentiellement volcanique, récèlent une végétation non moins riche et tout aussi peu connue. Il y a donc là, pour ainsi dire à notre portée, un dépôt de richesses ignorées, un nouveau champ d'intéressantes études, sur lesquels il importait d'appeler l'attention de la science.

L'essai que nous donnons aujourd'hui, limité au groupe d'îles qui forment notre colonie de la Guadeloupe, est un premier pas dans cette voie. Si incomplet qu'il soit encore, il permettra d'apprécier la valeur des recherches faites pendant ces dernières années dans cette partie de l'histoire naturelle par quelques collectionneurs dévoués qui y consacrent les rares loisirs que leur laissent leurs occupations spéciales ou les devoirs de leurs fonctions.

L'initiative de ce mouvement appartient au regretté docteur

Duchassaing (Placide), qui avait déjà recueilli sur les plages du Moule plus de quatre-vingts espèces, dont dix ou douze complétement nouvelles, quand il a abandonné la *Phycologie* pour se consacrer à l'étude des *Polypiers*, sur lesquels la science lui doit de remarquables travaux publiés en France et en Italie. Ses recherches ont été successivement reprises et continuées par feu le chef de bataillon d'infanterie de la marine Beau, M. le docteur Granger, nos bien regrettés amis A. Schramm et L. Conquérant, MM. Cassé et le docteur Mattëi. L'œuvre est aujourd'hui presque terminée; les spécialistes y trouveront, nous osons l'espérer, avec une nomenclature locale à peu près complète, d'utiles données pour la classification générale des Algues.

Les spécimens recueillis jusqu'à ce jour comprennent neuf cent quarante espèces ou variétés, divisées comme suit:

Diatomées	31
Zoospermées	362
Fucoïdées	109
Floridées	438

qu'on peut répartir en trois grandes catégories.

Espèces d'eau douce	102
——— d'eaux thermales ou thermo-minérales	27
——— marines	811

Les affinités de la végétation sous-marine du groupe sont des plus variées, l'extension géographique ou *area* des Algues marines qui la composent présentent des données qui méritent d'attirer l'attention des maîtres; nous les résumons dans le tableau suivant:

DÉSIGNATION DES HABITATS.	ZOOSPERMÉES								
	PALMELLACÉES.	NOSTOCHINÉES.	OSCILLARIÉES.	LYNGBIÉES.	RIVULARIÉES.	SCYTONÉMÉES.	CONFERVACÉES.	CAULERPÉES.	HALIMÉDÉES.
Espèces spéciales à la Guadeloupe	—	1	6	13	1	2	26	4	6
Antilles	—	—	—	—	—	—	7	6	10
Antilles, golfe du Mexique	—	—	—	—	—	—	—	—	1
Antilles, golfe du Mexique, Centre-Amérique, Vénézuela	—	—	—	—	—	—	—	3	
Antilles, golfe du Mexique, Guyane	—	—	—	—	—	—	—	—	
Guyane	—	—	—	—	—	—	5	—	
Antilles, Guyane	—	—	—	—	—	1	—	—	
Antilles, Brésil	—	—	—	—	—	—	—	—	
Brésil	—	—	—	—	—	—	1	1	
Antilles, Brésil, îles Sandwich	—	—	—	—	—	—	—	—	
Antilles, golfe du Mexique, Brésil	—	—	—	—	—	—	—	—	
Antilles, golfe du Mexique, Brésil, Sénégambie	—	—	—	—	—	—	—	—	
Golfe du Mexique, Brésil	—	—	—	—	—	—	—	—	2
Golfe du Mexique	—	—	—	1	—	—	—	1	
Antilles, Sénégambie	—	—	—	—	—	—	—	—	
Antilles, Canaries	—	—	—	—	—	—	—	—	
Antilles, golfe du Mexique, Brésil, Amérique septentrionale, Australie, Nouvelle-Zélande, îles Sandwich	—	—	—	—	—	—	—	—	
Golfe du Mexique, Floride (côtes de la)	—	—	—	—	—	—	—	—	
Antilles, Méditerranée, mer Noire, océan Indien, Atlantique sud	—	—	—	—	—	—	—	—	
Antilles, mer Rouge	—	—	—	—	—	—	—	—	
Antilles, Atlantique, Méditerranée, Adriatique, Brésil	—	—	—	—	—	—	—	—	
Antilles, océan Pacifique, Japon, océan Indien, Manille	—	—	—	—	—	—	—	—	
Antilles, océan Atlantique sud, océan Pacifique, océan Indien, mer Rouge	—	—	—	—	—	—	—	2	
Antilles, océan Atlantique, côtes O. d'Amérique	—	—	—	—	—	—	—	—	
Antilles, Amérique boréale, Méditerranée, Adriatique, océan Indien, îles Mascareignes	—	—	—	—	—	—	—	—	
Antilles, golfe du Mexique, mer Rouge, Brésil	—	—	—	—	—	—	—	—	
Antilles, golfe du Mexique, océan Pacifique, îles des Amis	—	—	—	—	—	—	—	—	
Antilles, Brésil, îles Mascareignes, Ceylan, Indoustan, îles Mariannes, de la Société, île Toud	—	—	—	—	—	—	—	—	

			FUCOIDÉES.						FLORIDÉES.													
HALIMÉDÉES.	ULVACÉES.	SIPHONÉES.	ECTOCARPÉES.	SPHACÉLARIÉES.	CHORDARIÉES.	DICTYOTÉES.	SPOROCHNOIDÉES.	FUCACÉES.	CÉRAMIÉES.	CRYPTONÉMÉES.	GIGARTINÉES.	SPYRIDIÉES.	DUMONTIÉES.	HELMINTHOCLADIÉES.	HYPNÉACÉES.	GÉLIDIÉES.	SQUAMMARIÉES.	CORALLINÉES.	SPHÆROCOCCOIDÉES.	WRANGÉLIÉES.	CHONDRIÉES.	RHODOMÉLÉES.
6	—	7	11	—	—	12	—	—	11	21	1	1	4	15	6	1	—	4	35	—	4	15
10	—	7	—	—	—	8	—	7	4	4	—	1	2	5	2	2	—	2	4	—	—	4
1	—	—	—	—	—	3	—	2	—	1	—	—	—	1	—	—	—	—	—	—	—	3
—	—	—	—	—	—	2	—	—	—	—	2	—	—	—	—	—	—	1	—	—	—	1
—	—	1	—	—	—	—	—	—	—	—	—	—	1	—	1	—	—	—	—	—	—	3
—	—	—	—	—	—	—	—	—	—	—	—	—	—	—	—	—	—	—	—	—	—	1
—	—	—	—	—	—	4	—	2	—	—	—	2	—	—	—	—	—	—	5	—	—	1
—	—	—	—	—	—	1	—	3	1	—	1	—	—	1	—	—	—	—	3	—	2	—
—	—	—	—	—	—	1	—	—	—	—	—	—	—	—	—	1	—	—	2	—	—	1
—	—	—	—	—	—	1	—	1	—	—	—	—	—	—	—	—	—	—	—	—	—	—
—	—	—	—	—	—	2	—	—	—	—	—	—	—	—	—	—	—	—	—	—	—	—
2	—	1	—	—	—	—	—	—	1	1	—	—	—	2	—	—	—	1	1	1	—	1
—	—	—	—	—	—	—	—	1	—	—	—	—	—	1	—	—	—	—	1	—	—	—
—	—	—	—	—	—	—	—	—	—	—	—	—	—	—	—	—	—	—	—	—	—	1
—	—	—	—	—	—	—	—	2	—	—	—	—	—	—	—	—	—	—	—	—	—	1
—	—	—	—	—	—	—	—	—	—	—	—	—	—	—	—	—	—	—	1	—	—	—
—	—	—	—	—	—	—	—	—	—	—	—	—	—	—	—	—	—	—	1	—	—	—
—	—	—	—	—	—	—	—	—	—	1	—	—	—	—	—	—	—	—	—	—	—	—
—	—	—	—	—	—	—	—	—	—	—	—	—	1	—	—	—	—	—	—	—	—	—
—	—	—	—	—	—	—	—	—	—	—	—	—	—	—	—	1	—	—	—	—	—	—
—	—	—	—	—	—	—	—	—	—	—	—	—	—	—	—	—	—	—	—	—	—	1
—	—	—	—	—	—	—	—	—	—	—	—	—	—	—	—	—	—	—	—	—	—	1
—	—	—	—	—	—	—	—	—	—	—	—	—	—	—	—	—	—	—	—	—	—	1
—	—	—	—	—	—	—	—	—	—	—	—	—	—	—	—	1	—	—	—	—	—	1

DÉSIGNATION DES HABITATS.	PALMELLACÉES.	NOSTOCHINÉES.	OSCILLARIÉES.	LYNGBIÉES.	RIVULARIÉES.	SCYTONÉMÉES.	CONFERVACÉES.	CAULERPÉES.	HALIMÉDÉES.
Antilles, océan Atlantique subtropical, Méditerranée, Adriatique, Canaries, océan Pacifique, océan Austral, Indien, Australie....	—	—	—	—	—	—	—	—	—
Antilles, océan Atlantique nord et sud, Méditerranée, Adriatique, mers de Chine, cap de Bonne-Espérance, Manille..........	—	—	—	—	—	—	—	—	—
Antilles, golfe du Mexique, Florides, Ceylan, Port-Natal, îles des Amis......	—	—	—	—	—	—	—	—	—
Antilles,, océan Atlantique, Méditerranée, Adriatique, mer Rouge, océan Indien......	—	—	—	—	—	—	—	—	—
Antilles, golfe du Mexique, Canaries, mer Rouge, Madagascar...	—	—	—	—	—	—	—	—	—
Antilles, Méditerranée......	—	—	—	—	—	—	—	—	—
Antilles, mer Adriatique......	—	—	—	—	—	—	1	—	—
Antilles, océan Atlantique subtropical, Adriatique......	—	—	—	—	—	—	—	1	—
Antilles, îles Philippines......	—	—	—	—	—	—	—	1	—
Antilles, Canaries, mer Rouge......	—	—	—	—	—	—	—	1	—
Antilles, îles Féroé......	—	—	—	—	—	—	—	—	—
Antilles, Amérique boréale (côtes de l')......	—	—	—	—	—	—	—	—	—
Antilles, Brésil, Sénégal, détroit de Magellan, Ceylan......	—	—	—	—	—	—	—	—	—
Antilles, océan Atlantique tempéré, Méditerranée, Canaries......	—	—	—	—	—	—	—	—	1
Océan Atlantique tempéré, Canaries......	—	—	—	—	—	—	—	—	—
Océan Atlantique subtropical, côtes d'Afrique, Sénégambie......	—	—	—	—	—	—	—	—	—
Océan Atlantique, Manche, Méditerranée......	—	—	—	—	—	—	—	—	—
Océan Atlantique, Méditerranée, Adriatique, Canaries......	—	—	—	—	—	—	—	—	—
Océan Atlantique, mer du Nord, Baltique......	—	—	—	—	—	—	—	—	—
Océan Atlantique, Méditerranée, Adriatique, Canaries, mer Rouge.	—	—	—	—	—	—	—	—	—
Océan Atlantique nord, Manche......	—	—	—	—	—	—	—	—	—
Océan Atlantique nord, Méditerranée, Adriatique, océan Indien..	—	—	—	—	—	—	—	—	—
Océan Atlantique, Méditerranée, Adriatique, cap de Bonne-Espérance, cap Horn, Australie......	—	—	—	—	—	—	—	—	—
Océan Atlantique subtropical, Méditerranée, océan Pacifique, îles Mariannes......	—	—	—	—	—	—	—	1	—
Océan Atlantique, Adriatique, océan Austral......	—	—	—	—	—	—	—	—	—
Océan Atlantique, Amérique boréale......	—	—	—	—	—	—	—	—	—
Océan Atlantique, Adriatique, Méditerranée, golfe du Mexique, Antilles......	—	—	—	—	—	—	—	—	—

				FUCOIDÉES.						FLORIDÉES.													
CAULERPÉES.	HALIMÉDÉES.	ULVACÉES.	SIPHONÉES.	ECTOCARPÉES.	SPHACÉLARIÉES.	CHORDARIÉES.	DICTYOTÉES.	SPOROCHNOÏDÉES.	FUCACÉES.	CÉRAMIÉES.	CRYPTONÉMÉES.	GIGARTINÉES.	SPYRIDIÉES.	DUMONTIÉES.	HELMINTHOCLADIÉES.	HYPNÉACÉES.	GÉLIDIÉES.	SQUAMMARIÉES.	CORALLINÉES.	SPHÆROCOCCOÏDÉES.	WRANGÉLIÉES.	CHONDRIÉES.	RHODOMÉLÉES.
																2							
																				1		1	
																							1
															2								
															1								
															1							1	
1																							
1																							
1			1																				
			3																				
											1												
												1											
	1	1									1											1	1
											1		1										
										1	1												
										1	1									1		5	
										2													1
											1												
							1					1					2		1	5			
					1						1		1										
							1																
1																							
			1							1	1			2						2			
																				2			

b

DÉSIGNATION DES HABITATS.	ZOOSPERMÉES								HALIMÉDÉES.
	PALMELLACÉES.	NOSTOCHINÉES.	OSCILLARIÉES.	LYNGBIÉES.	RIVULARIÉES.	SCYTONÉMÉES.	CONFERVACÉES.	CAULERPÉES.	
Océan Atlantique, Adriatique, Méditerranée, cap de Bonne-Espérance, Australie	—	—	—	—	—	—	—	—	
Océan Atlantique nord et sud, Méditerranée, cap de Bonne-Espérance	—	—	—	—	—	—	—	—	
Océan Atlantique, Méditerranée, Canaries	—	—	—	—	—	—	—	—	1
Océan Atlantique Sud, Méditerranée, mer Rouge	—	—	—	—	—	—	—	—	
Océan Atlantique, Méditerranée, Canaries, Brésil	—	—	—	—	—	—	—	—	
Océan Atlantique, Manche, Adriatique	—	—	—	—	—	—	—	—	
Océan Atlantique, mer du Nord, Méditerranée	—	—	—	—	—	—	—	—	
Océan Atlantique, Baltique, Manche	—	—	—	—	—	—	—	—	
Océan Atlantique, Adriatique	—	—	—	—	—	—	1	—	
Océan Atlantique tropical, Méditerranée, Adriatique, océan Pacifique, Chili	—	—	—	—	—	—	—	—	
Océan Atlantique nord et sud, Méditerranée, Adriatique, océan Indien, océan Pacifique	—	—	—	—	—	—	—	—	
Océans Atlantique, Pacifique, Austral, Méditerranée, Adriatique	—	—	—	—	—	—	—	—	
Océans Atlantique, nord et sud, Pacifique, Indien, Adriatique, Californie, Australie, Philippines	—	—	—	—	—	—	—	—	
Océans Atlantique, Pacifique	—	—	—	—	—	—	1	—	
Océan Atlantique tropical, Méditerranée, Adriatique, océan Indien, mer Rouge, Pacifique, îles Sandwich, océan Austral, Nouvelle-Zélande, île Toud	—	—	—	—	—	—	—	—	
Mer du Nord	—	—	—	2	—	7	7	—	
Mer du Nord, Manche	—	—	—	—	—	—	—	—	
Baltique	—	—	—	1	—	—	1	—	
Manche	—	—	—	—	—	—	5	—	
Mer d'Irlande	—	—	—	—	—	—	1	—	
Mer du Nord, Méditerranée, Adriatique	—	—	—	1	—	—	1	—	
Méditerranée	—	—	—	3	—	—	—	—	1
Méditerranée, Adriatique	—	—	—	—	—	—	—	—	4
Méditerranée, Adriatique, Brésil	—	—	—	—	—	—	—	—	
Méditerranée, États-Unis, Antilles	—	—	—	—	—	—	—	—	
Adriatique	—	—	2	5	—	—	7	—	
Méditerranée, Madère, Australie	—	—	—	—	—	—	—	—	

HALIMÉDÉES.	ULVACÉES.	SIPHONÉES.	FUCOIDÉES.						FLORIDÉES.													
			ECTOCARPÉES.	SPHACÉLARIÉES.	CHORDARIÉES.	DICTYOTÉES.	SPOROCHNOIDÉES.	FUCACÉES.	CÉRAMIÉES.	CRYPTONÉMÉES.	GIGARTINÉES.	SPYRIDIÉES.	DUMONTIÉES.	HELMINTHOCLADIÉES.	HYPNÉACÉES.	GÉLIDIÉES.	SQUAMMARIÉES.	CORALLINÉES.	SPHÆROCOCCOIDÉES.	WRANGÉLIÉES.	CHONDRIÉES.	RHODOMÉLÉES.
																		1				
																		1				
1									1	2												
												1										
	2																	1				
	1																					
	1																					
		1																3				2
	1																					
		1											1									
		1						1														
	2																				1	
	1																					
						1																
	2																					
1		2							2	5							1		1	2		1
1		1			1						1		1		1				3	1		2
		1																				1
	3				2			5			2	1			1					1	2	
														1								

DÉSIGNATION DES HABITATS.	PALMELLACÉES.	NOSTOCHINÉES.	OSCILLARIÉES.	LYNGBIÉES.	RIVULARIÉES.	SCYTONÉMÉES.	CONFERVACÉES.	CAULERPÉES.
Méditerranée, île la Réunion........................	—	—	—	—	—	—	—	—
Méditerranée, mer Rouge........................	—	—	—	—	—	—	—	—
Mer Rouge........................	—	—	—	1	—	—	—	1
Mer Rouge, océan Pacifique, îles Mariannes........	—	—	—	—	—	—	—	2
Mer Rouge, cap de Bonne-Espérance...............	—	—	—	—	—	—	—	—
Océan Indien........................	—	—	—	—	—	—	—	—
Océan Indien, îles Gambier........................	—	—	—	—	—	—	—	—
Océan Indien, mer Rouge, île Sandwich..............	—	—	—	—	—	—	—	—
Océan Indien, Ceylan, Indoustan, Ile-de-France.......	—	—	—	—	—	—	—	—
Indoustan (côtes)........................	—	—	—	—	—	—	1	—
Océan Indien, Australie, Sumatra, cap de Bonne-Espérance....	—	—	—	—	—	—	—	—
Océan Indien, mer Rouge........................	—	—	—	—	—	—	—	—
Océan Pacifique, Mexique........................	—	—	—	—	—	—	—	—
Océan Pacifique, Pérou, Bolivie....................	—	—	—	—	—	—	1	—
Océan Pacifique, Chili, côtes du Pérou, îles Malouines........	—	—	—	—	—	—	—	—
Océan Austral........................	—	—	—	—	—	—	—	—
Océan Austral, Mexique, Australie....................	—	—	—	—	—	—	1	—
Océan Austral, île Toud, Nouvelle-Calédonie..............	—	—	—	—	—	—	—	—
Cap de Bonne-Espérance........................	—	—	—	—	—	—	3	—
Océan Austral, mer Rouge, océan Indien..............	—	—	—	—	—	—	—	1
Cap de Bonne-Espérance, océan Indien, Madagascar...........	—	—	—	—	—	—	—	—
Cap de Bonne-Espérance, île Van-Diémen, détroit du roi Georges.	—	—	—	—	—	—	—	—
Vénézuela, Sénégambie........................	—	—	—	—	—	—	—	—
Canaries........................	—	—	—	1	—	—	3	1
Canaries, Adriatique........................	—	—	—	—	—	—	2	—
Canaries, océan Atlantique........................	—	—	—	—	—	—	—	—
Sénégambie........................	—	—	—	—	—	—	—	—
Angola, Brésil, Florides........................	—	—	—	—	—	—	—	—
Madagascar........................	—	—	—	—	—	—	—	—
Iles Mascareignes, Réunion, Maurice, Saint-Paul...........	—	—	—	—	—	—	2	—
Ceylan........................	—	—	—	—	—	—	—	—

			FUCOIDÉES.						FLORIDÉES.													
PALMÉDÉES.	ULVACÉES.	SIPHONÉES.	ECTOCARPÉES.	SPHACÉLARIÉES.	CHORDARIÉES.	DICTYOTÉES.	SPOROCHNOIDÉES.	FUCACÉES.	CÉRAMIÉES.	CRYPTONÉMÉES.	GIGARTINÉES.	SPYRIDIÉES.	DUMONTIÉES.	HELMINTHOCLADIÉES.	HYPNÉACÉES.	GÉLIDIÉES.	SQUAMMARIÉES.	CORALLINÉES.	SPHÆROCOCCOIDÉES.	WRANGÉLIÉES.	CHONDRIÉES.	RHODOMÉLÉES.
															1							
			1	1																		1
		1			1		2	2			1			4	2				2		1	
																1			1			
1						1					2											
		1																				
																		1				
											1				1				1			
																	1					
						1		1	1		2								1			1
													1									
									1	3												
	1					2		1	1		2		1	4	2			3			1	2
						1																
																					1	1
																						1
									2	1											2	
									1													
										1	1											1
								2		1												1
										1												
																			1			
1																						

DÉSIGNATION DES HABITATS.	ZOOSPERMÉ								ULVACÉES
	PALMELLACÉES.	NOSTOCHINÉES.	OSCILLARIÉES.	LYNGBIÉES.	RIVULARIÉES.	SCYTONÉMÉES.	CONFERVACÉES.	CAULERPÉES.	
Java...	—	—	—	—	—	—	2	—	
Florides..	—	—	—	—	—	—	—	—	
Florides, golfe du Mexique........................	—	—	—	—	—	—	—	—	
Iles Sandwich....................................	—	—	—	—	—	—	—	—	
Il-s de la Société................................	—	—	—	—	—	—	1	—	1
Chili..	—	—	—	—	—	—	—	—	
Iles Salomon.....................................	—	—	—	1	—	—	—	—	
Détroit de Torrès; île Toud........................	—	—	—	1	—	—	1	—	
Iles Auckland....................................	—	—	—	—	—	—	—	—	
Nouvelle-Calédonie...............................	—	—	—	—	—	—	—	—	
Australie..	—	—	—	—	—	—	1	2	
Australie, terres de Van-Diémen..................	—	—	—	—	—	—	—	—	
Australie, golfe du Mexique......................	—	—	—	—	—	—	—	—	
Tasmanie, Australie.............................	—	—	—	—	—	—	—	—	
Australie, Port-Natal, Java......................	—	—	—	—	—	—	—	—	
Californie.......................................	—	—	—	—	—	—	—	—	
Australie, mer Rouge.............................	—	—	—	—	—	—	—	—	
Australie, Nouvelle-Calédonie....................	—	—	—	—	—	—	—	—	
Mers d'Europe, d'Afrique, d'Amérique boréale, Australie, Sandwich, Mariannes.........................	—	—	—	—	—	—	—	—	
Mers boréales, océan Atlantique, mer du Nord, Manche........	—	—	—	—	—	—	—	—	
Océan Atlantique, Méditerranée, mer Rouge, Brésil, îles Auckland.	—	—	—	—	—	—	—	—	
Océan Atlantique, océan Pacifique, îles Sandwich, océan Austral, cap de Bonne-Espérance........................	—	—	—	—	—	—	—	—	
Océan Atlantique, mer du Nord, Adriatique..........	—	—	—	—	—	—	2	—	
Océan Atlantique, Baltique......................	—	—	—	—	—	—	—	—	
Océan Atlantique, Méditerranée..................	—	—	—	—	—	—	—	—	
Océan Atlantique, Méditerranée, Adriatique......	—	—	—	—	—	—	—	—	
Océan Atlantique, États-Unis....................	—	—	—	—	—	—	—	—	
Océan Atlantique subtropical, côtes d'Europe et d'Amérique, océan Au-tral, Australie..............................	—	—	—	—	—	—	—	—	

	ULVACÉES.	SIPHONÉES.	FUCOIDÉES. ECTOCARPÉES.	SPHACÉLARIÉES.	CHORDARIÉES.	DICTYOTÉES.	SPOROCHNOIDÉES.	FUCACÉES.	FLORIDÉES. CÉRAMIÉES.	CRYPTONÉMÉES.	GIGARTINÉES.	SPYRIDIÉES.	DUMONTIÉES.	HELMINTHOCLADIÉES.	HYPNÉACÉES.	GÉLIDIÉES.	SQUAMMARIÉES.	CORALLINÉES.	SPHÆROCOCCOIDÉES.	WRANGÉLIÉES.	CHONDRIÉES.	RHODOMÉLÉES.
—	—	—	—	—	—	—	—	—	—	1	—	—	—	—	—	—	—	—	—	—	—	—
—	—	—	—	—	—	—	—	—	—	—	—	—	—	—	—	—	—	—	1	—	—	1
—	—	—	—	—	—	—	2	—	—	—	—	—	—	—	—	—	—	—	1	—	—	—
—	1	—	—	—	—	—	—	—	1	1	1	—	—	—	—	—	—	—	1	—	—	—
—	—	—	—	—	—	—	—	—	—	—	—	—	—	—	—	—	—	—	—	—	—	—
—	—	—	—	—	—	—	—	—	—	—	1	—	—	—	—	—	—	—	—	—	—	—
—	—	1	—	—	—	—	—	—	—	—	—	—	—	—	—	3	—	—	—	—	2	—
—	—	—	—	—	1	3	—	—	—	—	1	—	1	—	1	—	—	6	—	—	1	2
—	—	—	—	—	—	—	—	—	—	—	—	—	—	1	—	—	—	1	—	—	—	—
—	—	—	—	—	—	—	—	—	—	—	—	—	—	—	—	—	—	—	—	—	—	2
—	—	—	—	—	—	—	—	—	—	—	—	—	—	—	—	—	—	—	—	—	—	1
—	—	—	—	—	—	—	—	—	—	—	—	—	—	—	—	—	—	—	—	—	—	1
—	—	—	—	—	—	—	—	—	—	—	—	—	—	—	—	—	—	—	—	—	—	1
—	3	—	—	—	—	—	—	—	—	—	—	—	—	—	—	—	—	—	—	—	—	—
—	8	—	—	—	—	—	—	—	—	—	—	—	—	—	—	—	—	—	—	—	—	—
—	—	1	—	—	—	—	—	—	—	—	—	—	—	—	—	—	—	—	—	—	—	—
—	—	—	—	—	—	—	—	—	—	—	—	—	—	—	1	—	—	—	—	—	—	—
—	—	—	—	—	—	1	—	—	—	—	—	—	—	—	—	—	—	—	—	—	—	—
—	—	—	—	—	1	1	—	—	—	—	—	—	—	—	—	—	—	—	—	—	—	2
—	—	—	—	—	—	—	—	—	—	—	—	—	—	—	—	—	—	—	—	—	—	3
—	—	—	—	—	—	—	—	—	—	—	—	—	—	—	—	—	—	—	—	—	—	1
—	—	—	—	—	—	—	—	—	—	—	—	—	—	—	—	—	—	—	—	—	—	1

L'extension géographique des Diatomacées et des Algues d'eaux douces ne présente pas moins d'intérêt que celle de Thalassiophytes.

Ainsi, parmi les Diatomacées marines ou d'eaux douces recueillies à la Guadeloupe, et dont le nombre ne dépasse pas encore le chiffre de trente et une espèces, un tiers se retrouve dans presque toutes les parties de l'Europe, l'autre tiers appartient exclusivement à la zone tropicale ou subtropicale de l'Amérique; neuf espèces seulement sont spéciales à la localité.

Quant aux Algues d'eaux douces, si leurs représentants les plus nombreux habitent aussi l'Europe, le champ de leur distribution est beaucoup plus étendu pour certaines espèces, ainsi que le démontre le tableau synoptique ci-après:

Tableau A.

DÉSIGNATION des genres.	SPÉCIALES à la GUA-DELOUPE.	EUROPE.	EUROPE, AMÉRIQUE tropicale et subtropicale.	ANTILLES.	GUYANE.	INDES orientales, MOLUQUES.	RÉUNION, NATAL.
Cryptococcées......	·	1	—	...	—	—	--
Palmellacées.......	4	3	—	1	—	—	—
Nostochinées.......	1	—	—	...	—	—	—
Oscillariées........	—	5	—	2	1	—	—
Lyngbiées.........	7	2	—	1	1	—	1
Rivulariées........	1	--	·	—	—	—	—
Scytonémées.......	10	3	–	1	...	1	1
Zygnémées........	8	5	2	—	1	—	—
Confervées	17	28	2	3	5	2	—
Batrachospermées...	1	—	...	--	4	—	—
Ulvacées..........	1	2	—	—	—	...	—
	50	49	4	8	12	3	3

Les plantes marines n'occupent aucune place dans l'alimentation des populations de la Guadeloupe; cependant le genre Gracilaria, si largement représenté sur les rivages de la Grande-Terre et de Marie-Galante, comprend nombre d'espèces édules qui pourraient être utilisées pour la préparation de gelées alimentaires, ainsi que cela se pratique dans plusieurs contrées de l'extrême Orient et dans les îles de l'archipel indien.

Les propriétés colorantes dés Algues et les principes fertilisants que contiennent leurs cendres pour l'amendement des terres de grande et petite culture n'ont été jusqu'à ce jour l'objet d'aucune application pratique dans la colonie; il y a là un champ d'observation tout nouveau pour les études des spécialistes.

Nous ne terminerons pas ce rapide exposé sans payer un tribut de reconnaissance à feu MM. Crouan frères, pharmaciens à Brest. Ces modestes savants, dont les travaux font autorité aussi bien en France que dans toute l'Europe, ont été nos maîtres affectueux et dévoués, et c'est à leur inépuisable bienveillance que nous devons les déterminations des espèces nouvelles et la révision de celles déjà connues.

Basse-Terre, le 29 décembre 1877.

H. M.

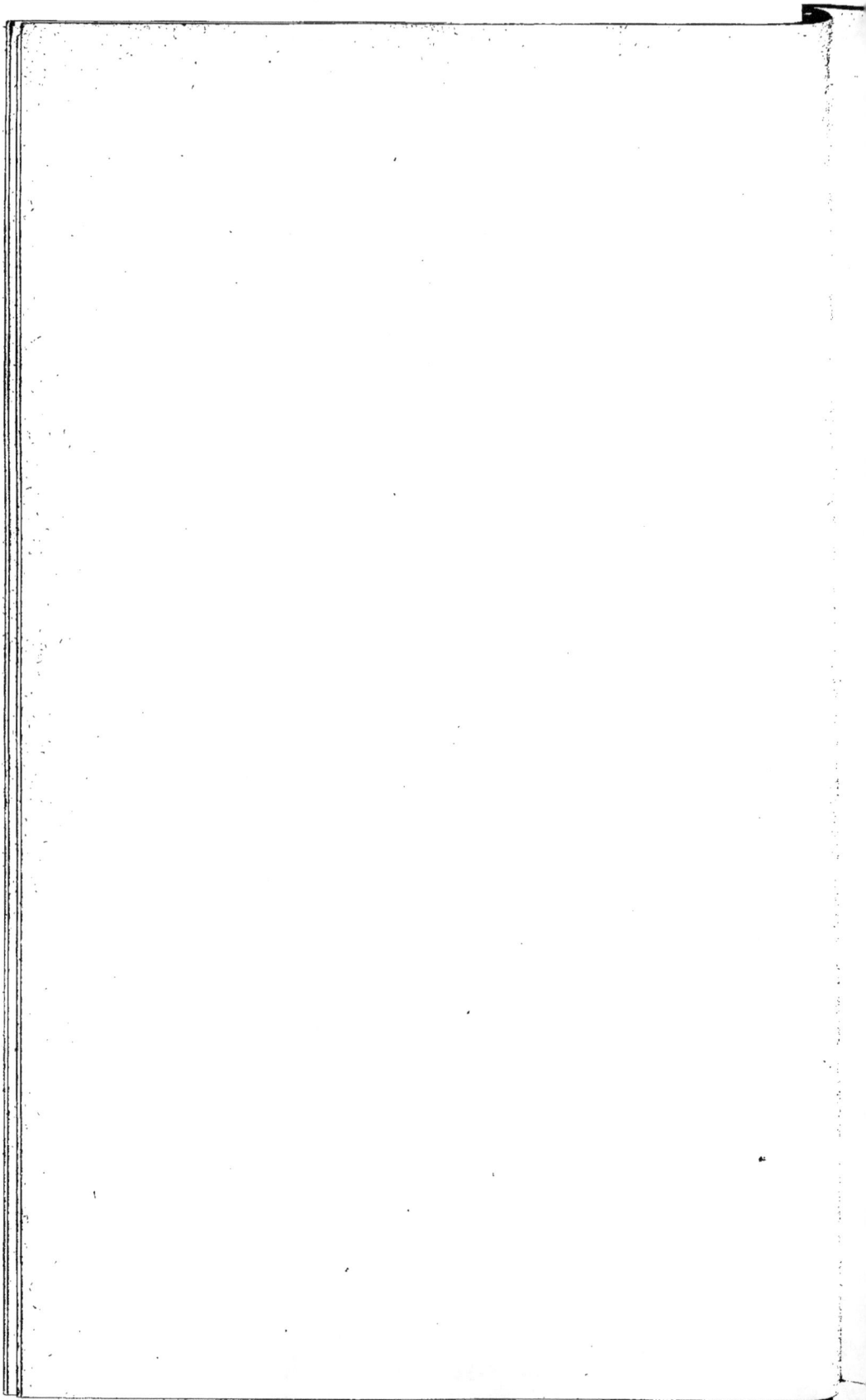

ERRATA.

Pages.	Colonnes.	Lignes.	Au lieu de :	Lisez :
12	—	30	sufureuse	sulfureuse
15	—	12	—	Disparu dans l'incendie de la Pointe-à-Pitre
17	—	28	—	Spécimen très-incomplet
21	—	3	p. 143	p. 142
21	—	25	tab. 86	tab. 85
21	—	32	tab. 86	tab. 84
22	—	9	tab. 84	tab. 48
23	—	24	nº 1226 *bis*	nº 1226
27	—	9	nº 1226	nº 1226 *bis*
28	—	8	p. 200	p. 208
35	—	19	Tab. Phyc., 1	Tab. Phyc., 2
42	—	7	U. muscila	U. muscicola
43	—	27	p. 308	p. 368
52	—	6	où cesse le flot	et que n'atteint pas le flot
52	—	28	breviarticula	breviarticulata
54	—	24	f. 3	f. 22
56	—	16	ne recevant que	ne recevant pas
56	—	40	débardère	débarcadère
57	—	24	p. 370	p. 390
61	—	19	—	Disparu dans le sinistre de la Pointe-à-Pitre
62	—	1	gracilima	gracillima
62	—	2	gracilima	gracillima
62	—	27	—	Un fragment seulement. Collection Mazé
63	—	18	p. 42, Tab. Phyc., 4, tab. 23	p. 402, Tab. Phyc., 4, t. 22
68	—	23	Tab. Phyc., 3	Tab. Phyc., 4
69	—	12	tab. 64	tab. 67
70	—	4	Coll. nº 1307	Coll. nº 1007
79	—	31	—	Spécimen unique. Collection Mazé.
80	—	17	p. 6	p. 5
83	—	11	—	Exemplaire unique
85	—	18	sertolara	Sertolara
86	—	31	H. cylindrica	H. cylindracea
86	—	32	Halimeda cylindrica	Halimeda cylindracea

Pages.	Colonnes.	Lignes.	Au lieu de :	Lisez :
87	—	29	U. phœnia	U. phœnix
89	—	1	F. fiambriata	F. fimbriata
110	—	1	Grenow	Grunow
110	—	29	E. fenestroides	E. fenestratoides
110	—	30	E. fenestroides	E. fenestratoides
115	—	11	p. 351	p. 551
121	—	35	Très-rare	Très-rare. A disparu
125	—	35	385	385 *bis*
130	—	6	p. 24	p. 28
131	—	8	Sorenthera	Soranthera
132	—	13	Tab. Phyc., 9	Tab. Phyc., 10
132	—	20	Tab. Phyc., 9	Tab. Phyc., 10
133	—	3	Tab. Phyc., 9	Tab. Phyc., 10
134	—	15	p. 3	p. 6
143	—	34	---	Espèce fort douteuse
145	—	4	vol. 18	vol. 12
145	—	26	p. 66	p. 661
152	—	33	—	Ces trois espèces n'ont jamais été recueillies qu'en un seul exemplaire chacune. Collection Mazé
155	—	28	p. 184	p. 181
160	—	23	Ch. dichotoma J. Ag	Ch. dichotoma. J. Ag?
161	.	1	p. 210	p. 214
162	—	6	—	Un fragment. Collection Mazé
163	—	8	—	Collection Mazé
166	—	29	Tab. Phyc.	Tab. Phyc., 18
169	—	10	p. 236	p. 326
173	—	7	S. insignis. J. Ag	S. insignis. J. Ag?
178	—	13	--	Disparu avec la collection Schramm
178	—	22	—	Un exemplaire. Collection Mazé
179	—	28	p. 138	p. 538
184	—	3	Decne var.?	Decne?
191	—	31	—	Disparu dans l'incendie de la Pointe-à-Pitre
196	—	28	—	Disparu dans l'incendie de la Pointe-à-Pitre
200	—	27	—	Exemplaire unique. Collection Mazé
203	—	1	p. 523	p. 513
210	—	33	p. 70	p. 25
211	—	20	p. 775	p. 773
219	—	21	G luteopallida	G. luteopallida?
220	—	18	nos 612, 1088	nos 612? 1088
221	—	33	(non Martins)	(non Martius)
222	—	23	Strombes gigas	Strombus gigas
229	—	16	Collection R	Collection L'Herminier
239	—	29	J. Ag?	J. Ag.
242	—	11	chondryopsides	chondryopsioides
244	—	9	p. 802	p. 800

Pages.	Colonnes.	Lignes.	Au lieu de :	Lisez :
246	—	20	—	Spécimen unique. Collection Mazé
247	—	24	forma gracilis. Crn.	forma gracilior Crn.
247	—	26	forma gracilis. Crn.	forma gracilior. Crn.
247	-	30	nº 9989	nº 989
254	.	24	—	Un seul exemplaire. Collection Mazé
259	—	6	—	Spécimen unique. Collection Mazé
269	2	20	ramosissima	ramosissimus
271	1	20	151	150
272	1	42	macrogonia	macrogonya
273	2	13	125	126
273	2	17	118	119
273	2	18	118	119
273	2	19	fasciata	fasciola
274	1	4	Duchassaingii	Duchassaingianus
274	1	5	fenestroides	fenestratoides
274	1	9	111	110
274	1	12	111	110
275	1	36	grevillei	Grevillei
275	2	1	Grevillei	Gracilaria
275	2	6	Wingthii	Wrigthii
275	2	16	153	154
275	2	18	154	155
275	2	20	154	155
275	2	21	154	155
275	2	26	154	155
276	1	40	ongifurca	longifurca
276	2	31	var	—
276	2	31	194	—
276	2	39	pygmea	pygmæa
277	2	7	183	184
277	2	8	var	—
277	2	18	pennata	pinnata
277	2	45	crosa	erosa
279	1	20	127	129
279	1	21	127	129
279	2	11	smaragdina	smaragdinum
279	2	19	forma major	forma minor
280	1	5	260	261
280	1	8	258	257
280	1	9	257	258
280	2	3	secunda	secunda
281	1	14	allochrons	allochroum
281	1	28	Sorenthera	Soranthera
282	1	10	muscila	muscicola
282	1	32	221	231

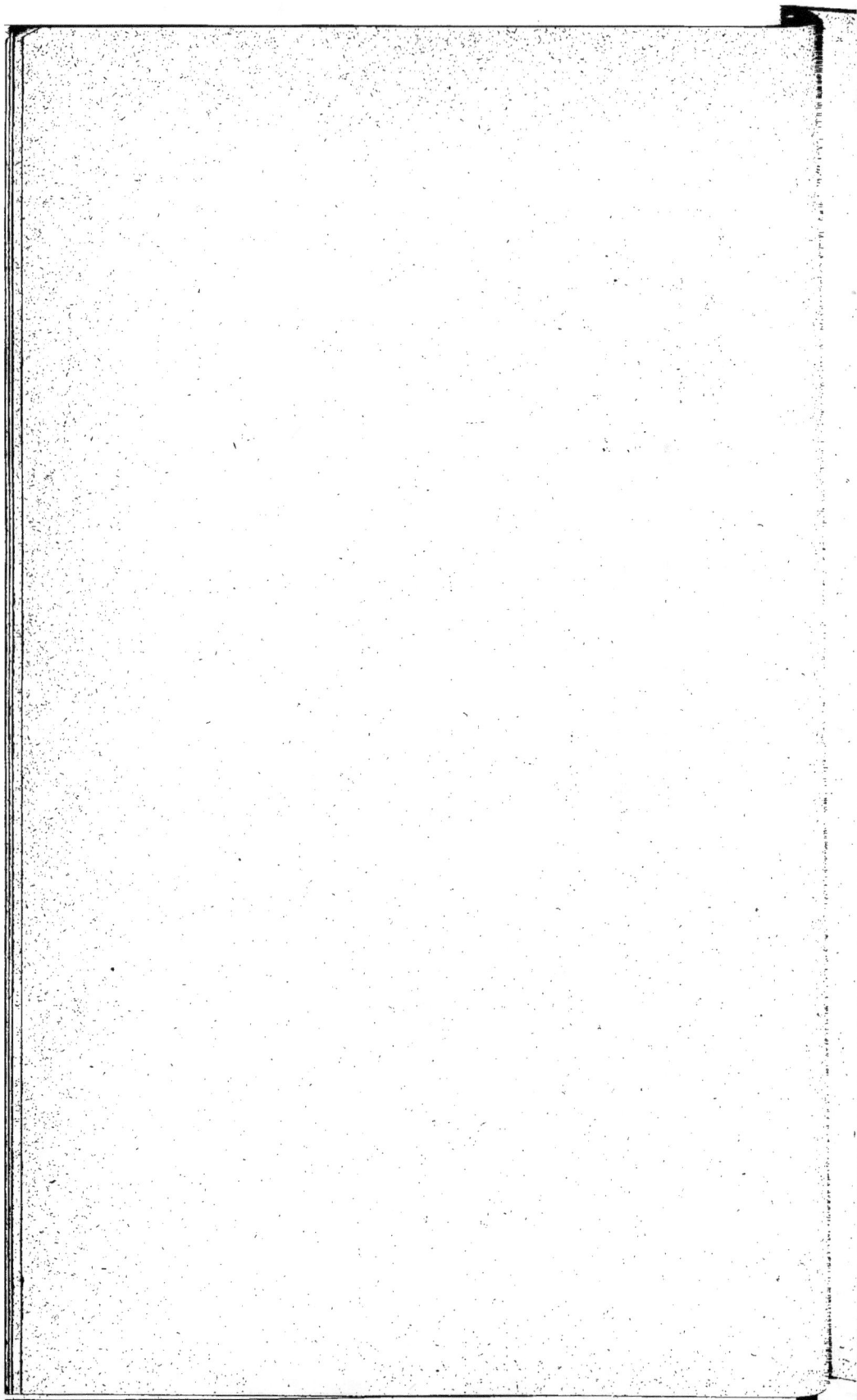

ALGUES
DE LA GUADELOUPE.

DIATOMÉES.

MÉLOSIRÉES.

PODOSIRA. Ehrbg.

P. MONTAGNEI. Kg.

Melosira globifera. Harv. Brit. Alg. p. 196; Ralfs. Ann. and Magaz. of Hist. Nat. vol. 12. p. 9. — *Rosoria globifera.* Carm. in Hook. Brit. Fl. 2. p. 372. — *Podosira Montagnei.* Kg. Bacill. p. 52. tab. 29. f. 85, Spec. Alg. p. 26, Crn. Florule Finist., p. 4.

Parasite sur les frondes du *Callithamnion Beauii.* Crn. recueillies sur des rochers à la lame.

Bouillante (Ilet Pigeon, baie du S.).

En Octobre. — *Coll. nº 974.*

De couleur brune verdâtre sous l'eau.

MELOSIRA. Ag.

M. TROPICA. Crn. mscr.

Parasite sur des frondes de *Bostrychia Moriziana.* J. Ag. croissant sur des racines de palétuviers.

Pointe-à-Pitre (Embouchure de la rivière la Lézarde).

En Février. — *Coll. nº 290.*

Vert sombre.

EUNOTIÉES.

HIMANTIDIUM. Ehrb.

H. THERMALIS. Crn. mscr.

> Parasite sur des feuilles mortes séjournant depuis longtemps dans le bassin d'une source thermale.

> Massif de la Soufrière, à la base du morne Goyavier (Bassin Beauvallon), Altitude 957^m. Température 35°.

> En Juin, Août. — *Coll. n°s 192 2e Série, 901.*

> Coloration sous l'eau jaune sale visqueux.

ACHNANTHÉES.

COCCONEIS. Ehrbg.

C. GREVILLEI. Smth.

> *Cocconeis Grevillei.* Smth. Brit. Diatom. p. 22. t. 3. f. 35; Rabenh. Alg. n° 893. Fl. Europ. 1. p. 102. Pritch. Inf. 870.

> Parasite sur une touffe de *Lyngbya cyanea.* Crn. mscr.

> Vieux-Fort (Anse de la Petite-Fontaine).

> En Septembre. — *Coll. n° 165 2e Série.*

C. CONCENTRICA. Ehrb.

> *Cocconeis concentrica.* Ehrb. Verb. t. 1. 3. f. 33. Rabenh. Flor. Europ. Sect. 1. p. 105.

> Parasite sur *Acanthophora Thierii.*

> Vieux-Fort (Anse de la Petite-Fontaine).

> En Mars. — *Coll. n° 664.*

> Jaune verdâtre.

C. STRIATA. Ehrb.

> *Cocconeis striata.* Ehrb.

> Parasite sur des frondes d'*Ectocarpus* découvrant à la marée.

> Baillif (Embouchure de la rivière des Pères).

> En Février. — *Coll. n° 1142.*

> Coloration vivante brun jaunâtre.

FRAGILARIÉES.

FRAGILARIA. Ag.

F. capucina. Desmaz.

Fragilaria pectinalis. Lyngb. Hydr. danic. t. 63. — *Fragilaria tenuis.* Ag. Consp. p. 63. — *Fragilaria rhabdodoma, bipunctata, multipunctata, angusta, scalaris, fissa.* Ehrb. Inf. p. 204, 205. — *Fragilaria sœpes.* Ehrb. Microg. t. 38. 1. f. 8. — *Fragilaria capucina.* Desmaz. Ed. 1. n° 453; Kg. Bac. p. 45. Spec. Alg. p. 14; Rabenh. Süssw. Diat. p. 33. t. 1. f. 2. Alg. n° 549. Flor. Europ. Sect. 1. p. 118; Crn. Florule Finist. p. 3.

Parasite sur *Utricularia Americana*, recueillie dans un bassin d'eaux pluviales sans écoulement.

Pointe-à-Pitre (Mare de l'habitation Papin).

En Janvier. — *Coll. n° 187 1re Série.*

Teinte générale jaune verdâtre.

F. exilis. Grun.

Fragilaria exilis. Grun. in. Vienn. Verh. t. 13. f. 21.

Recueilli sur des roches, au fond du bassin d'une source thermale, la plante flottant au fil de l'eau.

Massif de la Soufrière, à la base du morne Goyavier (Bassin Beau-vallon). Altitude 957m. Température 34°.

En Octobre. — *Coll. n° 379 2e Série.*

Vert clair.

DIATOMA. D. C.

D. hyalinum. Kg.

Diatoma hyalinum. Kg. Bac. p. 47. t. 17 f. 20. Spec. Alg. p. 16; Smth. Diat. 2. p. 41. t. 41. f. 312; Pritch. Inf. p. 778; Rabenh. Flor. Europ. Sect. 1. p. 122; Crn. Florule Finist. p. 3.

Flottant à la surface d'une source thermale.

Massif de la Soufrière, à la base du morne Goyavier (Bassin Beau-vallon). Température 35°. Altitude 957m.

En Décembre. — *Coll. n° 1099.*

Coloration vert-pomme très-tendre.

D. FASCICULATUM. Crn. mscr.

> Parasite sur des racines, des fragments de tige flottant dans une source thermale.

> Massif de la Soufrière, à la base du morne Goyavier (Bassin Beauvallon). Température 35°. Altitude 957ᵐ.

> En Juin, Juillet. — *Coll. nᵒ 193 2ᵉ Série.*

> De couleur vert-pré clair.

D. ? EXIGUUM. Grunow.

> *Diatoma ? exiguum.* Grunow. Bot. Theil.

> Parasite sur les frondes du *Lyngbya major.* Kg.

> Gosier (Littoral du fort l'Union).

> En Février. — *Coll. nᵒ 733.*

> Même coloration que le précédent.

SYNEDRA. Ehrb.

S. ULNA. Ehrb.

> *Frustulia ulna.* Kg. Alg. aqu. dulc. Dec. 1. nᵒ 1. — *Diatoma parasiticum.* Ag. Consp. p. 50. — *Bacillaria ulna.* Nitzsch. Beit. zur. inf. p. 99. t. 5. — *Frustulia fasciata.* Menegh. — *Synedra ulna.* Ehrb. Inf. p. 211. nᵒ 295. t. 17. f. 1; Rabenh. Süssw. Diat. t. 4. f. 4. Bac. exsic. nᵒ 67; Desmaz. Ed. nov. nᵒ 104.

> Adhère aux parois humides d'un canal de conduite d'eau en bois. Recueilli aussi sur des bois immergés dans une rivière marine.

> Matouba (Canal d'irrigation de l'habitation Lignières). — Moule (Rivière de la Baie, 2ᵉ coude).

> En Avril, Mai. — *Coll. nᵒˢ 55, 86 2ᵉ Série, 664.*

> Coloration à l'état de vie vert-pomme brillant.

S. SEPTATA. Crn. mscr.

> Parasite sur *Cladophora.*

> Sainte-Anne (Anse à la Barque).

> En Avril. — *Coll. nᵒ 687.*

> De couleur vert pré.

S. ARTICULATA. Crn. mscr.

> Parasite sur *Enteromorpha compressa*. Grev., flottant à la lame.
> Gosier (Anse Laverdure).
> En Janvier. — *Coll. n⁰ 1107*.
> Même coloration que la précédente.

S. FULGENS. (Grev.) Smth.

> *Exilaria fulgens*. Grev. Crypt. Sc. 5. 1827. t. 291. — *Gompho-nema fulgens*. Kg. in Linn. 1833. — *Licmophora fulgens*. Kg. Bac.
> p. 123. t. 13. f. 5. Spec. Alp. p. 113. — *Diatoma ramosum*. Ag.
> Consp. p. 52. — *Synedra fulgens*. Smth. Diat. p. 74. t. 12. f. 103;
> Pritch. Inf. p. 789; Grun. in. Vienn. Verh.; Crn. Florule Finist.
> p. 2.
> Parasite sur de vieilles frondes de *Zostera marina* flottant à la lame.
> Moule (Plage du cimetière des Nègres).
> En Septembre. — *Coll. n⁰*
> Vert sombre à l'état de vie.

NAVICULÉES.

NAVICULA.

N. INÆQUALIS. Crn. mscr.

> Sur les parois humides des roches qui surplombent les fumerolles
> de la Solfatare (Fumerolles dites de Briselack).
> Plateau de la Soufrière (Grande fente). Altitude 1463ᵐ.
> En Juin, Juillet. — *Coll. n⁰ 126 2ᵉ Série*.
> Vert clair à l'état de vie.

BERKELEYA. Grev.

B. CORYMBOSA. Crn. mscr.

> Fixé sur certains rochers du large qui ne restent à découvert
> qu'aux plus basses marées. La plante ne croît d'ailleurs que dans les
> cavités les plus profondes des roches madréporiques.
> Moule (Caye Kennebeck).
> En Avril. — *Coll. n⁰ 286 1ʳᵉ Série*.
> De couleur vert sombre sous l'eau.

SCHIZONEMA. Ag.

S. PARVUM. Menegh.

> *Micromega parvum.* Pritch. Inf. p. 933. — *Schizonema parvum.* Menegh. in Kg. Spec. Alg. p. 100; Rabenh. Flor. Europ. Sect. 1. p. 277.
>
> Croît sur les brisants de la côte, qui ne découvrent que très-rarement.
> Moule (Porte d'Enfer, pointe O. de l'anse de Grouyé).
> En Mai. — *Coll. nº 241 1re Série.*
> Coloration vivante vert-olive sombre.

GOMPHONÉMÉES.

GOMPHONEMA. Ag.

G. TENELLUM. Kg.

> *Gomphonema tenellum.* Kg. Bac. p. 84. t. 8. f. 8, Spec. Alg. p. 63; Smth. Diat. 1 p. 80. t. 29. f. 243; Rabenh. Alg. nº 1163. Flor. Europ. Sect. 1. p. 283; Heib. Consp. p. 96.
>
> Sur des fragments de bois mort, des roches immergées, dans un ruisseau d'eau douce potable.
>
> Trace stratégique de la Basse-Terre à la Pointe-à-Pitre (Morne de la Grande-Découverte, source du campement de l'éboulement). Altitude 1136m environ.
>
> En Août. — *Coll. nº 148 2e Série.*
> Brun verdâtre.

MÉRIDIACÉES.

RHIPIDOPHORA. Kg.

R. AUSTRALIS. Kg.

> *Podosphenia australis.* Rabenh. Flor. Europ. Sect. 1. p. 297. — *Rhipidophora australis.* Kg. Bac. p. 121. t. 9. f. 5, Spec. Alg. p. 111.
>
> Parasite sur des fragments détachés de *Chœtomorpha, Zostera,* recueillis flottants.
>
> Moule (Rade).
> En Septembre. — *Coll. nº*
> Vert brunâtre.

CLIMACOSPHENIA. Ehrb.

C. MONILIGERA. Ehrb.

> *Climacosphenia monoligera*. Ehrb. Amer. 1843. t. 11. f. 1 ; Kg. Bac.
> p. 123. t. 29. f. 80; Rabenh. et Jan Hon lur. t. 22. f. 1; Grun. in
> Vienn. Verh. 1863. t. 14. f. 17.
>
> Parasite sur *Acanthophora Thierii*.
>
> Vieux-Fort (Anse de la Petite-Fontaine).
>
> En Septembre. — *Coll. n° 664 bis*.
>
> De couleur brune sombre.

C. ELONGATA. Bail.

> *Climacosphenia elongata*. Bail. Contrib. 1853. p. 8. t. 1. f. 10 et 11.
> Parasite sur des frondes de *Zostera* flottant à la lame.
>
> Moule (Plage du cimetière des Nègres).
>
> En Mai. — *Coll. n° 383.*
>
> Coloration dans l'eau : brun rougeâtre.

TABELLARIÉES.

TABELLARIA.

T. FLOCCULOSA. Kg. *var.*

> Adhère aux parois latérales du canal d'écoulement d'un lavoir
> public; eaux douces.
>
> Basse-Terre (Lavoir du fort Richepance).
>
> En Avril. — *Coll. n°s 71, 124 2e Série.*
>
> De couleur brune dans l'eau.

T. ANTILLARUM. Crn. mscr.

> Dans un bassin d'eau douce courante chargée de sable, au niveau
> de l'eau. — Recueilli aussi en parasite sur *Bostrychia Moriziana*,
> croissant sur des palétuviers, à l'embouchure d'une rivière marine.
>
> Basse-Terre (Ville). — Pointe-à-Pitre (Embouchure de la Lézarde).
>
> En Février, Juin. — *Coll. n°s 214 1re Série, 156 2e Série, 293,
> 294.*
>
> Brun verdâtre à l'état de vie.

T. THERMALIS. Crn. mscr.

Vit sur les pierres et l'argile qui garnissent le fond du bassin d'une source thermale.

Matouba (Source de l'habitation Revel). Température 35°. Altitude 657ᵐ environ.

En Juin, Juillet, Août. — *Coll.* nᵒ

Coloration vivante brun souillé.

GRAMMATOPHORA. Ehrb.

G. MARINA. Kg.

Diatoma teniæforme, marinum, latruncularium et *Lyngbyei.* Ag. Consp. — *Bacillaria Cleopatræ.* Ehrb. Inf. t. 15. f. 3. — *Bacillaria Adriatica* et *Meneghinii.* Lobarz. in Linnæa. 1840. p. 269. — *Grammatophora Mexicana.* Ehrb. Verb. t. 3. 7. f. 32. — *Bacillaria tropica.* Kg. Bac. et Spec. Alg. p. 120. — *Diatoma marinum.* Lyngb. Hydr. p. 180. — *Grammatophora marina.* Kg. Bac. p. 128. Spec. Alg. p. 120 ; Smth. Diat. 2. p. 42; Rabenh. Alg. nᵒ 812. Flor. Europ. Sect. 1. p. 303; Pritch. Inf. p. 808; Heib. Consp. p. 71 ; Jan et Rabenh. Hondur. p. 8. t. 4. f. 11.

Parasite sur *Acanthophora.*

Vieux-Fort (Anse de la Petite-Fontaine).

En Septembre. — *Coll.* nᵒ 665.

Coloration vert jaunâtre sombre.

RHABDONEMA. Kg.

RH. ADRIATICUM. Kg.

Rhabdonema Adriaticum. Kg. Bac. p. 126. t. 18. f. 7. Spec. Alg. p. 116; Rabenh. Alg. 1401. Flor. Europ. Sect. 1. p. 306; Jan et Rabenh. Hond. 11. t. 3. f. 20.

Parasite sur *Acanthophora.*

Vieux-Fort (Anse de la Petite-Fontaine).

En Septembre. — *Coll.* nᵒ 664.

Même coloration que la plante sur laquelle il vit.

TERPSINOE. Ehrb.

T. MUSICA. Ehrb.

Terpsinoe musica. Ehrb. Amer. 1843. t. 3. 4; Kg. Bacill. p. 128, tab. 30. f. 72. Spec. Alg. p. 119.

Parasite sur *Bostrychia Moriziana* où elle vit mêlée au *Tabellaria Antillarum.* Crn.; embouchure d'une rivière marine; eaux mêlées.

Pointe-à-Pitre (Embouchure de la Lézarde).

En Février. — Très-rare. — *Coll. nº 292.*

Brun sombre.

BIDDULPHIÉES.

BIDDULPHIA. Gray.

B. PULCHELLA. *var :* B. QUINQUELOCULARIS. Kg.

> *Diatoma liberum et interstitiale.* Ag. Consp. Cr. Diat. — *Biddulphia australis.* Mont. Pl. Cell. Cub. p. 5. — *Biddulphia pulchella.* var : *B. quinquelocularis.* Kg.
>
> Croît sur des récifs madréporiques qui ne découvrent que partiellement, la plante restant toujours au niveau de l'eau. Recueilli aussi en parasite sur *Lyngbya.*
>
> Pointe-à-Pitre (Ilet Boissard, au S.). — Vieux-Fort (Anse de la Petite Fontaine).
>
> En Février, Mai. — *Coll. nᵒˢ 375, 1149.*
>
> De couleur brun foncé sous l'eau.

AMPHITETRAS. Ehrb.

A. FAVOSA. Harv.

> *Amphitetras favosa* Harv. et Bailey. in Proced. Philadelph. 1853.
> Parasite à la base d'une touffe de *Lyngbya cyanea.* Crn. mscr.
> Vieux-Fort (Anse de la Petite-Fontaine).
> En Septembre. — *Coll. nº 165 2e Série.*

EUPODISCUS. Ehrb.

E. SPARSUS.

> Même habitat que l'*Amphitetras favosa,* base d'une touffe de *Lyngbya cyanea.* Crn. mscr.
> Vieux-Fort (Anse de la Petite-Fontaine).
> En Septembre. — *Coll. nº 165 2e Série.*

ZOOSPERMÉES.

CRYPTOCOCCÉES.

S HÆROTILUS. Kg.

SPH. THERMALIS. Kg.

Merizomyria aponina. B. fasciculata. Kg. Alg. Aqu. dulc. Déc. 14. n° 134. — *Sphærotilus thermalis.* Kg. Phyc. Gener. p. 150, Spec. p. 147.

Sur des troncs d'arbres immergés qui garnissent le fond du bassin d'une source d'eau thermale sulfureuse.

Sainte-Rose (Source dite Sofaya). Altitude 450^m. Température constante 31°. Température extérieure de 20 à 25°.

En Août. — *Coll. n° 353 2e Série.*

De couleur rouge carminé sous l'eau.

PALMELLACÉES.

PROTOCOCCUS. Kg. Crn. Fl. du Finist. Genera. Pl. 1.

P. MONTAGNEI. Kg.

Chlorococcum Montagnei. Menegh. Monog. Nost. p. 30. — *Chlorococcum murorum.* Mont. Hist. nat. Cub. Bot. p. 7. — *Protococcus Montagnei.* Kg. Spec. Alg. p. 200.

Recueilli sur les parois extérieures d'un pot à fleurs en terre cuite exposé à l'air et à l'humidité.

Pointe-à-Pitre (Ville).

En Décembre, Janvier. — Rare. — *Coll. n° 194 1re Série.*

Encroûtement vert-olive sombre.

P. CRASSUS. Kg.

> *Chlorococcum crassum*. Menegh. Mspt. — *Chlorococcus crassus*. Nægeli; Rabenh. Fl. Eur. p. 31. sect. 2. — *Protococcus crassus*. Kg. Spec. Alg. p. 197, Tab. Phyc. 1. tab. 4.
>
> Tapisse les parois du mur d'un bassin, près et autour du robinet d'écoulement; eaux douces courantes.
>
> Basse-Terre (Banlieue, Habitation la Jacinthe).
>
> Toute l'année. — Abondant. — *Coll. nº 753.*
>
> Stratum gélatineux épais, de couleur noire verdâtre.

PALMELLA. Ag. Crn. l. c. Genera. Pl. 1.

P. STAGNORUM. Crouan. mscr.

> Flottant dans un canal, près la vanne d'écoulement.
>
> Baillif (Habitation des Pères-Blancs).
>
> En Février. — Très-rare. — *Coll. nº 4 1re Série.*
>
> « Fronde formée d'un gélin consistant, amorphe, translucide, contenant des cellules rondes très-petites, incolores, flottant en très-petits fragments à la surface de l'eau. » Crn.

P. LITTOREA. Crn. mscr.

> En suspension sur les bords d'un étang ou lagon très-voisin de la mer; eaux salées ou tout au moins saumâtres.
>
> Saint-Martin (Lac Simpson).
>
> En Janvier. — Très-rare. — *Coll. nº 20 bis 1re Série.*
>
> « Fronde mucilagineuse, hyaline, contenant des cellules rondes ou oviformes (sporidies?) vert gai, fixée sur des filaments verts inarticulés, simples, très-fins, très-rapprochés, comme soudés (Leptothrix). » Crn.

P. LAXA. Kg.

> *Aphanothece laxa*. Rabenh. Krypt. Fl. von. Sachs. p. 76. — *Palmella laxa*. Kg. Spec. d. 213, Tab. Phyc. 1. tab. 13.
>
> Sur un fragment de bois mort, dans le bassin d'une source sulfureuse à 60°, un peu au-dessous du bouillon.
>
> Matouba (Plateau des Bains-Chauds, versant N.-O. du Nez-Cassé). Altitude 1069m50.
>
> En Octobre. — Rare. — *Coll. nº 599.*
>
> Coloration vert-pomme clair à l'état de vie.

GLŒOCAPSA. Kg. Crn. l. c. Gener. Pl. 1.

G. TROPICA. Cr. mscr.

Tapisse les parois de cavernes anciennes creusées dans des falaises aujourd'hui éloignées du rivage de plus de 300 mètres. Calcaire grossier de formation récente, constamment humidifié par les infiltrations des terrains supérieurs.

Moule (Grottes des falaises du morne Aliard). Altitude 30m au plus.

En Avril, Mai. — *Coll. nos 233 1re Série, 377.*

« Fronde en stratum illimité vert glauque, de consistance gélatineuse, solide, formée de cellules sphériques ou oviformes contenant des sporidies globuleuses réunies par 2 ou par 4. Ces cellules sont dans de grandes vésicules plus ou moins irrégulières, enveloppées par un gélin granuleux incolore subanastomosé. » Crn.

G. CONGLOMERATA Kg.

Glœocapsa conglomerata. Kg. Spec. Alg. p. 216, Tab. Phyc. 1. tab. 20; Rabenh. Fl. Eur. p. 39. sect. 2.

Tapisse les parois de grottes creusées dans des blocs de calcaires grossiers qui bordent la plage, hors de la portée des vagues.

Saint-François (Plage sous le vent du Bourg).

En Mai. — *Coll. no 376.*

De couleur blanc souillé teinté de jaune verdâtre.

ONCOBYRSA. Ag. HYDROCOCCUS. Kg.

O. GUADELUPENSIS. Crn. mscr.

Hydrococcus Guadelupensis. Crn. in Schramm et Mazé. Essai.

Adhère aux roches détachées qui obstruent le lit d'une rivière marine à débordements fréquents, un peu au-dessous du niveau de l'eau.

Gourbeyre (Rivière du Galion, sous l'escarpe du fort Richepance).

En Mars. — Très-rare. — *Coll. no*

« Fronde d'un centime, vert-olive, de consistance gélatineuse, lobée au pourtour et à la surface, à lobes plus ou moins tuméfiés ou déprimés donnant à la fronde l'aspect en miniature du thalle du *Collema pulposum;* la coupe verticale mince du gélin est réticulée ou anastomosée; les filaments que relie ce gélin sont droits ou ondulés, monoliformes, et à la périphérie sont presque droits et moins gros que vers le centre, où ils se transforment en sporidies oviformes plus grosses qu'eux. » Crn.

NOSTOCHINÉES.

SPHŒROZYGA. Ag. Crn. l. c. Gener. Pl. 1.

S. (BELONIA) MICROCOLEIFORMIS. Crouan. mscr.

Hormothamnion enteromorphoides. Grun. Bot. Teil. t. 1. f. 2. (1868). — *Sphœrozyga (Belonia) microcoleiformis.* Crn. in Schramm et Mazé. Essai (1865).

Sur des fragments de madrépores, dans des lagons intérieurs, près de la plage. Recueilli aussi sur des galets détachés, des madrépores immergés, à petite distance du rivage; eaux salées chargées de sable.

Moule (Vieux-Bourg, en dehors de la jetée). — Pointe-à-Pitre (Ilet-à-Cochons, Ilet Pauline). — Port-Louis (Plage du Souffleur). — Basse-Terre (Embouchure du Galion). — Gosier (Anse de la Saline, Ilet Diamant).

En Février, Mars, Avril, Mai, Juin. —*Coll n°s 3 2e Série, 914.*

« Fronde en stratum muqueux, vert glauque, formé par des filaments pénicillés, simples, torruleux, plus ou moins longs, s'atténuant aux extrémités, à articles sphériques interrompus dans leur longueur par une ou deux cellules elliptiques deux fois plus grosses qu'eux. » Crn.

NOSTOC. Vauch., Crn. l. c. Genera. Pl. 1.

N. (HORMOSIPHON) ANTILLARUM. Crn. mscr.

Hormosiphon Antillarum. Crn. in Schramm et Mazé. l. c.

Tapisse les anfractuosités des bords d'une rivière; rochers humidifiés par les infiltrations du terrain supérieur.

Gourbeyre (Rivière du Galion, rive gauche, au-dessus du pont).

En Août. — Très-rare. — *Coll. n° 159 2e Série.*

« Frondes en stratum gélatineux illimité, couleur terre de Sienne, devenant violacée en partie par la dessication, filamentiformes, ondulées, très-serrées, à articles oviformes granuleux à l'intérieur, se séparant à la maturité en organes propagateurs. » Crn.

OSCILLARIÉES.

OSCILLARIA. Bosc. Crn. l. c. Genera. Pl. 2.

MARINES.

† Fronde grosse, articles 4 a 8 fois plus larges que longs.

O. miniata. (Zanard.). Crn. mscr.

Lyngbya miniata. Zanard. Icon. Phyc. Adriat. t. 16. A. ! — *Oscillaria miniata.* Crn. mscr.

Croît sur des rochers envasés, par deux mètres environ de profondeur, en société du *Valonia verticillata.*

Moule (Vieux-Bourg, au large de la Grosse-Roche).

En mai. — Très-rare. — *Coll. nº 290 1re Série.*

De couleur rouge vineux, passant au violet à la lumière.

O. fuscorubra. Crn. mscr.

Croît sur de vieux madrépores immergés, presque au niveau de la mer ; eaux très-vives.

Moule (Caye Fendue, sous le vent).

En Juin. — Rare. — *Coll. nº 1 ter 2e Série.*

« Filaments de 4 centimilles de grosseur et 3 à 4 centimes de longueur, visqueux, agrégés en pinceaux, à articles 6 fois plus larges que longs, ayant une série simple de granules, couleur violacée à l'état vivant, rouge brunâtre à l'état sec. » Crn.

O. corallicola. Crn. musc.

Recueilli sur les brisants du large qui restent à découvert au retrait des lames.

Marie-Galante (Grand-Bourg, devant l'habitation Murat).

En Février. — *Coll. nº 1207.*

« Filaments de 5 centimilles de grosseur et 3 à 4 centimes de longueur, plus ou moins agrégés et contournés, peu atténués vers les sommets, qui sont obtus, articles 6 fois plus larges que longs, couleur verte. » Crn.

D'EAU DOUCE

†† FRONDE FINE, ARTICLES 2 FOIS PLUS LARGES QUE LONGS.

O. THERMALIS. Hass.

Oscillaria thermalis. Hassall. Freshw. Alg. p. 250. n° 9. f. 3.

Presque au niveau de l'eau, dans le bassin de jonction des diverses sources thermo-minérales ou froides qui jaillissent à la base du morne dit Nez-Cassé.

Matouba (Plateau des Bains-Chauds, versant N.-N.-O. du Nez-Cassé). Altitude 1069m. Température moyenne 34°. Température extérieure de 20 à 21°.

En Mai. — *Coll. n° 65.*

Coloration vivante vert gai.

O. SUBSALSA. B. DULCIS. Kg.

Oscillaria subsalsa. Ag. *B. dulcis;* Kg. Spec. Alg. p. 246; Rabenh. Flor. Europ. p. 109, sect. 2.

Recueilli tantôt sur les pierres d'un cassis, tantôt sous l'aqueduc en bois d'une conduite d'eau, et enfin à l'orifice du déservoir d'un canal d'irrigation.

Saint-Claude (Route du Matouba, cassis près du pont Nozières). Altitude 500m environ. — Matouba (Ravine Collin, aqueduc de l'habitation Lignières). Altitude 620m environ. — Route de la Basse-Terre à la Pointe-à-Pitre (Versant S. du Palmiste). — Altitude 200m environ.

En Septembre, Décembre. — *Coll. n°s 216 2e Série, 966, 968.*

Coloration vert-émeraude foncé à l'état de vie.

O. AMERICANA. Kg.

Oscillaria Americana. Kg. Tab. Phyc. 1. tab. 39. Spec. Alg. p. 240.

Flottant dans une source d'eau douce potable.

Matouba (Source de l'habitation Beaupin). Altitude 535m environ.

En Juillet. — *Coll. n° 3.*

De couleur vert-de-gris persistant.

††† FRONDE GROSSE, ARTICLES 4 A 6 FOIS PLUS LARGES QUE LONGS.

O. ANTILLARUM. Kg.

Oscillaria Antillarum. Kg. Tab. Phyc. 1. tab. 43. Spec. Alg. p. 247.

Sur des dépôts terreux, dans le cassis engorgé d'une route coloniale ; eaux pluviales.

Camp-Jacob (Route du Matouba, cassis avant le pont de Nozières). Altitude 500m environ.

En Mai, Juin. — *Coll. no 250 2e Série.*

Coloration vert sombre terne.

O. PRINCEPS. Vauch.

Oscillaria æruginea. Mart. Fl. Crypt. Erlang. p. 306. — *Oscillaria tænioides*. Bory. Dict. class. arthr. fig. 5. d. f. — *Oscillaria princeps*. Kg. Phyc. Gener. p. 190. Tab. Phyc. 1. tab. 44; Spec. Alg. p. 248; Ag. Syst. p. 67.

Sur les feuilles du *Nasturtium officinale,* R. Br., flottant dans un ruisseau d'eau courante un peu saumâtre.

Gosier (Route coloniale, ruisseau du Bassin Poucet).

Presque toute l'année. — *Coll. no 236.*

Vert glauque brillant.

S. G. *PHORMIDIUM.*

MARINES.

† FRONDE GROSSE, ARTICLES 4 A 6 FOIS PLUS LARGES QUE LONGS.

O. (PHORMIDIUM) GLUTINOSA. (Ag.) A. Braün.

Lyngbia glutinosa. Ag. Syst. p. 73. Kg. Phyc. Gener. 222. — *Oscillaria (Phormid.) glutinosa*. A. Braün in Rabenh. Alg. no 205.

Sur des rochers envasés, par 1 mètre 1/2 de profondeur à marée haute.

Moule (Vieux-Bourg, au large de la Grosse-Roche).

En Mai. — Très-Rare. — *Coll. no 289 1re Série.*

Coloration vivante : vert foncé passant au vert vert-de-gris en herbier.

†† FRONDE FINE, ARTICLES 4 FOIS PLUS LARGES QUE LONGS.

O. (») STRAGULUM: (Kg.) Rabenh.

Lcibleinia Stragulum. Kg. Tab. Phyc. 1. tab. 86. — *Phormidium Stragulum.* Rabenh. Fl. Europ. p. 129. Sect. 2.

Croît sur des galets ensablés, à l'embouchure d'une rivière marine; eaux mêlées.

Baillif (Embouchure de la rivière des Pères).

Presque en toute saison. — *Coll. nᵒˢ 1101, 1620.*

De couleur brune jaunâtre à l'état de vie.

††† ARTICLES CARRÉS OU UN PEU PLUS.

O. (») HYDRURIMORPHA. Crn. mscr.

Leptothrix roseola. Crn. in Schramm et Mazé l. c.

Sur des roches madréporiques toujours immergées, par un mètre de profondeur.

Moule (Porte d'Enfer, Vieux-Bourg). — Gosier (Anse de la Saline, Ilet Diamant.)

En Mars, Mai, Novembre. — *Coll. nᵒˢ 654, 769.*

« Filaments très-fins à articles carrés, colorés vers la partie supérieure en violet ou rosé passant assez promptement au vert; réunis (excepté la partie supérieure, où ils sont libres) en membrane gélatineuse, laciniée, de 2 à 5 centimᵉˢ d'étendue. » Crn.

O. (») CÆRULESCENS. Cr. mscr.

Phormidium cœrulescens. — *Leibleinia cespitosa.* Crn. in Schramm et Mazé. l. c.

Croît sur des madrépores ensablés qui restent à découvert à marée basse.

Pointe-à-Pitre (Ilet à Cochons, sous la batterie O.)

En Septembre, Octobre. — *Coll. nᵒˢ 372 2ᵉ Série, 546.*

« Filaments très-fins réunis en petits gazons, articles carrés, couleur bleuâtre passant au vert. » Crn.

O. (») SYMPLOCARIOIDES. Crn. mscr.

Symploca Antillarum. Crn. in Schramm et Mazé l. c.

Recueilli sur des branches, à la sortie d'un lavoir abandonné qui communique avec la mer, sur des rochers ensablés, de vieux madré-pores toujours immergés, par un mètre de profondeur.

Pointe-à-Pitre (Ancien lavoir de Fouillole). — Port-Louis (Plage du Souffleur). — Marie-Galante (Grand-Bourg, plage des Basses).

En Février, Mars, Novembre. — *Coll. n°s 142 1re Série, 1048, 1213, 1794.*

« Filaments réunis en faisceaux agglutinés, très-fins, ayant le facies du *Schizosiphon*. Harvey. » Crn.

Couleur verdâtre.

D'EAU DOUCE.
† Articles 2 fois plus larges que longs.

O. (») spadicea. Carmich.

Phormidium spadiceum. Kg. Phyc. Gener. p. 192. Spec. p. 256; Rabenh. Flor. Europ. p. 126. Sect. 2. — *Oscillaria spadicea.* Carmich.

Sur l'argile qui tapisse le canal d'écoulement d'une source d'eau potable, sur les bords d'un ruisseau d'eau thermale, presque au niveau de l'eau.

Matouba (Habitation Beaupin, près la source). Altitude 535^m environ. — Massif de la Soufrière (Bains Jaunes, ruisseau qui sort du bassin Beauvallon). Altitude 957^m. Température de l'eau 28°.

En Octobre, Décembre. — *Coll. n°s 586, 1097.*

Coloration à l'état de vie, noir velouté ou vert foncé soyeux.

† Articles carrés.

O. (») smaragdinum. Kg.

Phormidium thermarum. var : *Nœgel.* — *Oscillaria (Phormidium) Smaragdinum.* Kg. Tab. Phyc. 1. tab. 49.

Sur des dépôts terreux qui couvrent les bords d'un bassin creusé dans un bloc de trachyte. Eaux thermo-minérales sulfureuses mêlées d'eau froide, à 34°. Température extérieure de 20 à 21°.

Matouba (Plateau des Bains-Chauds, versant N.-N.-O. du Nez-Cassé). Altitude 1069^m.

En Septembie. — Rare. — *Coll. n° 962.*

De couleur vert émeraude soyeux à l'état vivant.

O. (») guyanense. Mont.

Phormidium Guyanense. Mont. Syllog. p. 464.

Recueilli tantôt sur des dépôts terreux, des détritus de végétaux dans des cassis engorgés, tantôt flottant à la surface d'une mare ou réservoir d'eau pluviale.

Camp-Jacob (Route du Matouba, cassis avant le pont de Nozières). Altitude 500^m environ. — Sainte-Anne (Mare de l'habitation Marly).

En Avril, Mai, Septembre. — *Coll. n°s 56 2e Série, 967.*

D'un vert violacé sombre et soyeux ou brun noirâtre foncé.

O. (») AUSTRALIS. Ag.

Phormidium australe. Kg. Phyc. Gen. p. 192. Tab. Phyc. tab. 47. Spec. Alg. p. 254; Rabenh. Flor. Europ. p. 122. sect. 2. — *Oscillaria australis.* Ag. in Regensb. Fl. p. 651.

Sur des roches au fond du lit d'une rivière, en dehors de l'action du courant; eaux douces. Recueilli aussi sur des dépôts terreux dans un cassis engorgé.

Baillif (Embouchure de la rivière des Pères). — Matouba (Route du Grand-Matouba). Altitude 670^m environ.

En Septembre. — *Coll. n°s 32 bis 2e Série, 537, 625.*

Vert émeraude foncé très-brillant.

MICROCOLEUS. Desmaz. Crn. l. c. Gener. Pl. 2.

M. OLIGOTHRIX. (Kg.) Crn. mscr.

Chthonoblastus oligothrix. Kg. Sp. Alg. p. 261. — *Microcoleus oligothrix.* Crn. in Schramm et Mazé. l. c.

Rochers à demi-envasés sur les bords d'une rivière marine; eaux mêlées, aux heures de la marée seulement.

Moule (Rivière de la Baie).

En Septembre. — *Coll. n° 43 1re Série.*

Vert grisâtre à l'état de vie.

LYNGBYÉES.

LYNGBYA. Ag. (LEIBLEINA et LYNGBYA. Endl. et Kg.) Crn. l. c. Genera. Pl. 2.

MARINES.

† FRONDE TRÈS-FINE OU FINE, ARTICLES 5 FOIS PLUS LARGES QUE LONGS.

L. NEMALIONIS. Zanard. *var.* C. FLACCIDA. Rabenh.

Leibleinia flaccida. Kg. Bot. Zeitg. 1847, p. 193; Spec. Alg. p. 277.

— *Leibleinia æruginea*. Kg. Phyc. Gener. p. 221, nº 3. — *Calothrix Nemalionis*. Zanard. — *Lyngbya Nemalionis*. Zanard. *var : C. flaccida*. Rabenh. Flor. Europ. p. 143. sect. 2.

Parasite sur *Spyridia, Centroceras, Callithamnion, Cladophora, Chœtomorpha*, etc.

Moule (Plage, anse de la Couronne). — Pointe-à-Pitre (Ilet-à-Cochons). — Gosier (Grande-Baie, plage de la Mère-Chaigneau). — Anse-Bertrand (Porte d'Enfer). — Port-Louis (Plage du Bourg).

Presque toute l'année. — *Coll.* nᵒˢ *189, 190 2ᵉ Série, 205, 677, 680*.

De couleur vert vert-de-gris pâle passant au gris bleuté à l'air.

L. CÆRULEO-VIOLACEA. Crn. mscr.

Lyngbya polychroa. Menegh.? in Kg. Sp. — *Lyngbya cœruleo-violacea*. Crn. in Schramm et Mazé. l. c.

Mêlé à *Mastichonema Sargassi*, et comme lui parasite sur de vieilles frondes de *Sargassum* flottant à la lame.

Moule (Fond du port).

En Août. — Très-Rare. — *Coll.* nº *308 1ʳᵉ Série*.

« Filaments d'un 1/2 à 1 centimᵉ de longueur, réunis en petites touffes cordelées à la base, libres vers les sommets, à articles finement granuleux 5 fois plus larges que longs, couleur blanc violet à l'état sec. » Crn.

L. DALMATICA. Kg.

Lyngbya æruginosa. Ag. *var : f. dalmatica*. Rabenh. Fl. Europ. p. 138. Sect. 2. — *Lyngbya Dalmatica*. Kg. Tab. Phyc. 1. tab. 86; Spec. Alg. p. 280.

Croît sur des fragments de rochers, à petite distance du rivage. Recueilli aussi flottant à la lame.

Vieux-Fort (Anse Raby).

En Novembre. — Assez rare. — *Coll.* nº *107 1ʳᵉ Série*.

Vert clair ou vert souillé à l'état de vie.

L. SORDIDA. (Kg.) Crn. mscr.

Leibleinia sordida. Kg. Spec. p. 278, Tab. Phyc. 1. tab. 86. — *Leibleinia confervoïdes*. Ag.? — *Lyngbya sordida*. Crn. mscr.

Dans les cavités de roches madréporiques très-chauffées par le soleil, à la lame.

Moule (Récifs du port, près le phare). — Anse-Bertrand (Porte d'Enfer).

En Décembre, Janvier. — Très-rare. — *Coll. nº 709 bis.*

Coloration jaune sale; très-gélatineux.

L. LUTEO-FUSCA. J. Ag.

Lyngbya luteo-fusca. J. Ag. Alg. Med.; Kg. Spec. p. 284. Tab. Phyc. 1. tab. 84; Crn. Florul. Finist. p. 115.

Sur des fragments de madrépores envasés au fond de l'eau, à petite distance du rivage.

Pointe-à-Pitre, rade (Ilet-à-Jarry).

En Décembre. — Rare. — *Coll. nº 181.*

De couleur brune rougeâtre à l'état vivant.

†† FRONDE GROSSE PLUS OU MOINS, A ARTICLES 5 A 9 FOIS PLUS LARGES QUE LONGS.

L. COMPACTA. Crn. mscr.

Lyngbya congesta. Crn. in Schramm et Mazé. l. c. non. *Lyngbya congesta.* Crn. Alg. mar. Finist. nº 338. — *Lyngbya compacta.* Crn. mscr.

Croît en tapis sur des fragments de rochers et sur des galets roulants que bat la lame du large; eaux troubles chargées de sable.

Basse-Terre (Embouchure du Galion, sous le vent).

En Mars, Avril. — Rare. — *Coll. nº 1 2e Série.*

« Filaments courts, se feutrant en se développant, à articles finement granuleux 5 fois plus larges que longs et formant des gazons illimités, vert olive à l'état vivant, vert sombre à l'état sec. » Crn.

L. MUCOSA. Crn. mscr.

Croît sur le sable en-deçà de la limite du flot, dans des lagons ou flaques accidentelles qu'alimente le bris des lames dans la saison des ras de marée.

Moule (Vieux-Bourg, pointe de la Chapelle). — Gosier (Plage de l'habitation Dunoyer).

En Octobre, Novembre. — *Coll. nos 651, 1031.*

« Filaments en touffes arrondies sur le sable, d'un centime de longueur, à articles 5 fois plus larges que longs, muqueux, adhérant fortement au papier, couleur verdâtre, passant au violet par la dessication. » Crn.

L. SCHOWIANA. Kg.

Lyngbya coruscans. Dntrs. *var :* tenuis. Crn. — *Lyngbya Schowiana.* Kg. Tab. Phyc. 1. tab. 87.

Flottant sur des branches couchées au bord d'une source d'eau douce potable. Croît aussi sur des pierres, dans le bassin de la source d'une rivière marine.

Moule (Sources de la rivière du fond du port).

En Novembre. — Rare. — *Coll. n° 627.*

De couleur noir bleuâtre.

L. FLUITANS. Hering.

Lyngbya fluitans. Hering. in. Regensb. Flor. 1846. p. 215; Kg. Spec. p. 285; Rabenh. Flor. Europ. p. 147. sect. 2.

Au niveau de l'eau, sur les madriers qui défendent les culées d'un pont contre les efforts du courant; eaux saumâtres.

Moule (Rivière du fond du port, sous le pont).

En Novembre. — Rare. — *Coll. n° 631.*

De couleur vert-bronze foncé sous l'eau.

L. ÆSTUARII. (Jurg.) Aresch.

Lyngbya œruginosa. Ag. Syst. p. 74. — *Lyngbya œstuarii.* (Jurg.) Areschg. Alg. Scand. Exs. ser. nov. n° 189 !

Recueilli sur le sable, par un mètre de profondeur.

Marie-Galante (Grand-Bourg, basses de l'habitation Murat, près des brisants).

En Février. — Rare. — *Coll. n° 1226 bis.*

De couleur noir verdâtre gélatineux.

L. LITTORALIS. Crn. mscr.

Lyngbya littoralis. Crn. in Schramm et Mazé. l. c.

Sur un conglomérat volcanique détaché de la falaise, que la mer bat sans cesse sans le couvrir entièrement; un peu au-dessus du niveau ordinaire des marées.

Vieux-Fort (Anse de la Petite-Fontaine).

En Septembre. — *Coll. n° 164 2e série.*

« Filaments en mèches longues de 3 centim[es], à articles 9 fois plus larges que longs, de couleur brun verdâtre passant au bleuâtre par la dessication. » Crn.

L. RIGIDISSIMA. Zanard.

> *Lyngbya rigidissima*. Zanard. Pl. mar. Rubri. p.   . tab.
>
> Flottant à la lame.
>
> Moule (Plage du cimetière des Nègres).
>
> En Septembre. — Rare. — *Coll. nº 15 1re Série.*
>
> D'un beau vert sombre intense.

L. ANGUINA. Mont.

> *Lyngbya lætevirens.* Crn. in Schramm et Mazé l. c. — *Lyngbya anguina.* Mont. Prod. Phyc. Nov. p. 16. Syll. nº 1649; Kg. Spec. p. 284, Tab. Phyc. 1. tab. 90; Rabenh. Flor. Europ. p. 147. Sect. 2.
>
> Ramené avec la drague d'un banc de sable blanc où vivent les *Venus Paphia,* par 3 mètres environ de profondeur; eaux vives très-claires.
>
> Pointe-à-Pitre (Ilet-à-Fajou, Grand-Cul-de-Sac).
>
> En mars. — Très-rare. — *Coll. nº 160 1re Série.*
>
> D'un vert d'eau terne, présentant en masse une teinte plus foncée.

L. EROSA. Liebmn.

> *Lyngbya erosa.* Liebm. in Kg. Spec. p. 284; Tab. Phyc. 1. tab. 90. Rabenh. Fl. Europ. p. 147. Sect. 2.
>
> Recueilli sur des fragments de madrépores ensablés, par 1 mètre de profondeur.
>
> Pointe-à-Pitre (Ilet-à-Cochons, sous la batterie O.).
>
> En Février. — Rare. — *Coll. nº 671.*
>
> Vert gai sous l'eau.

L. MAXIMA. Mont.

> *Lyngbya pacifica.* Kg. Spec. p. 284, Tab. Phyc. 1. tab. 90. — *Lyngbya maxima.* Mont. in litteris; Rabenh. Fl. Europ. p. 147. Sect. 2.
>
> Parasite sur de vieilles frondes de *Zostera marina,* croissant sur des bancs de sable vaseux à 300 mètres du rivage, par 1 mètre de profondeur.
>
> Gosier (Grande-Baie, au S.-E.).
>
> En Mai, Novembre. — *Coll. nos 160, 1374.*
>
> Coloration vivante jaune terre de Sienne.

L. CRISPA. Ag.

Lyngbya Cilicium. Kg. Phyc. Genera. p. 225. — *Conferva stuposa.*
Roth. Cat. bot. 3. p. 100. — *Lyngbya crispa*. Ag. Syst. p. 74.

Croît sur des rochers ou de vieux madrépores à demi découverts
aux basses eaux.

Moule (Caye-Fendue). — Anse-Bertrand (Porte d'Enfer).

En Juin, Décembre. — *Coll. n⁰ 111 2e Série.*

De couleur vert sombre ou violet verdâtre dans l'eau.

L. MAJUSCULA. Harv.

Lyngbya majuscula. Harv. Brit. Fl. 2. p. 370; Mack. Fl. Hibern. 2.
p. 238; Kg. Tab. Phyc. 1. t. 90. f. 1. Spec. p. 283; Rabenh. Fl.
Europ. 140. Sect. 2; Lloyd. Alg. Ouest, 135; Crn. Alg. Mar.
Finist. 337, Florul. Finist. p. 115. Gener. 19-20.

Flottant à la lame ou dans des lagons qui reçoivent la marée. Recueilli vivant sur des fragments de madrépores près du rivage.

Sainte-Rose (Ilet Blanc). — Pointe-à-Pitre (Anse d'Arboussier,
Ilet Pauline). — Gosier (Plage du fort l'Union).

En Avril, Mai, Juin, Octobre. — *Coll. nos 378 2e Série, 796, 912.*

Espèce très-variée de coloration, tantôt brun foncé, tantôt vert brunâtre ou vert souillé de gris, selon la profondeur de l'eau.

L. MAJOR. Kg.

Calothrix major. Kg. Actien, 1836. — *Lyngbya major*. Kg. Phyc.
Gener. p. 226. Spec. p. 284. Tab. Phyc. 1. t. 90; Rabenh. Flor.
Europ. p. 140. Sect. 2.

Sur des rochers madréporiques presque au niveau de l'eau, à petite
distance du rivage.

Gosier (Littoral du fort l'Union). — Marie-Galante (Grand-Bourg,
plage des Basses). — Désirade (Plage du Bourg).

En Février, Mai. — *Coll. nos 737, 851, 1214.*

Coloration vert olive ou vert sombre, paraissant noir en masse.

L. MAJOR. Kg. *var :* CRASSA. Crn. mscr.

Lyngbya crassa. Crn. in Schramm et Mazé. l. c.

Flottant à la lame.

Pointe-à-Pitre (Ilet Amic).

En Mai, Septembre. — *Coll. nos 273 2e Série, 1135.*

De couleur noire verdâtre.

4

††† Fronde grosse plus ou moins (*L. Gracilis* exceptée),
articles 3 ou 4 fois plus larges que longs.

L. gracilis. Menegh.

> *Lyngbya gracilis.* Menégh. in Giorn. Bot. 1844. p. 304; Rabenh.
> Flor. Europ. p. 145. Sect. 2.
>
> Parasite sur de vieilles frondes de *Sargassum* recueillies flottantes.
>
> Gosier (Pointe Laverdure, pointe extrême).
>
> En Novembre. — Très-rare. — *Coll. nᵒ 155.*
>
> De couleur noir bleuâtre à l'état frais.

L. violacea. Menegh.

> *Lyngbya violacea.* Menegh. in Giorn. Bot. 1844. p. 304; Rabenh.
> Flor. Europ. p. 144. Sect. 2.
>
> Parasite sur de vieilles frondes de *Zostera marina* recueillies à la
> plage.
>
> Gosier (Plage de la Saline).
>
> En Juillet, Décembre. — Rare. — *Coll. nᵒ 491.*
>
> De couleur brun violacé à l'état de vie.

L. bostrychicola. Crn. mscr.

> Parasite sur les frondes du *Bostrychia periclados* croissant sur
> des palétuviers, à la lame.
>
> Pointe-à-Pitre (Ilet à Jarry, Pointe à Patates).
>
> En Décembre. — Rare. — *Coll. nᵒ 177.*
>
> « Filaments d'un centᵉ de longueur, en touffes non serrées, à
> articles 4 fois plus larges que longs, couleur pensée. » Crn.
>
> La plante dans l'eau affecte une couleur vert jaunâtre soyeux.

L. cyanea. Crn. mscr.

> Parasite sur des tapis de *Jania* qui couvrent des rochers ou de
> vieux madrépores ensablés par un mètre de profondeur.
>
> Vieux-Fort (Anse de la Petite-Fontaine). — Pointe-à-Pitre (Ilet à
> Cochons, sous la batterie O.).
>
> En Septembre. — *Coll. nᵒˢ 165 2ᵉ Série, 547.*
>
> « Filaments dressés de 2 à 3 centᵉˢ de longueur, en touffes non
> serrées, à articles finement granuleux 4 fois plus larges que longs. »
> Crn.
>
> De couleur brun violacé très-vif à l'état de vie.

L. CANTHARIDOSMA. Mont.

Lyngbya cantharidosma. Mont. Phyc. Canar. Plant. Cell. p. 188. Syll. p. 465; Kg. Spec. Alg. p. 285; Rabenh. Fl. Europ. p. 146. Sect. 2.

Croît sur des rochers ensablés, à petite distance du rivage, à basse mer. Se rencontre aussi dans le sable, par un mètre de profondeur.

Pointe-à-Pitre (Ilet à Cochons, sous la batterie O.). — Marie-Galante (Grand-Bourg, basses de l'habitation Murat).

En Janvier, Février. — *Coll. nos 185 1re Série, 1226.*

De couleur violacée à reflets verdâtres sous l'eau.

L. LATILIMBA. Crn. mscr.

Sur des madrépores brisés, à la lame.

Pointe-à-Pitre (Ilet Boissard, sous le vent).

En Février. — Peu abondant. — *Coll. no 297.*

« Filaments de 1 à 3 centes, en fascicules serrés, un peu tordus, libres à la partie supérieure, à articles 4 fois plus larges que longs, à limbe ayant les deux tiers de la grosseur du filament. Couleur vert noirâtre à l'état sec. » Crn.

Dans l'eau, cette plante est d'un beau vert sombre.

L. AGGLUTINATA. Crn. mscr.

Croît sur les récifs du large, par une profondeur d'un mètre; rencontré aussi en suspension dans un lagon où pénètre la marée.

Gosier (Anse de la Saline, Ilet Diamant, au large). — Pointe-à-Pitre (Ilet Pauline, vivier).

En Mars, Juin. — *Coll. nos 770, 913.*

« Filaments mous, de 14 centimes de longueur, s'agglutinant entre eux, à articles 4 fois plus larges que longs, couleur d'un vert pâle à l'état sec. » Crn.

Vert sombre souillé dans l'eau. Cette algue teint le papier en violet foncé.

D'EAU DOUCE.

† FRONDE TRÈS-FINE OU FINE, ARTICLES 4 OU 5 FOIS PLUS LARGES QUE LONGS.

L. CÆRULEA. (Mont.) Crn. mscr.

Leibleinia cærulea. Mont. Guy. no 54, Syll. p. 465. no 1654. —

Lyngbya cœrulea. Crn. mscr.

Flottant à la lame.

Pointe-à-Pitre (Ilet Boissard, au vent).

En Mai — Rare. — *Coll. n⁰ 318 2ᵉ Série.*

Coloration à l'état frais : vert glauque.

L. PUTEALIS. Mont.

Lyngbya putealis. Mont. Ann. Sc. Nat. 13. p. 200. Syll. n⁰ 1651 ; Kg. Spec. Alg. p. 200 ; Rabenh. Flor. Europ. p. 146. Sect. 2.

Recueilli sur les parois sans cesse humidifiées d'un bassin ou réservoir d'eau douce desservant une propriété particulière.

Basse-Terre (Cour intérieure d'une maison).

En Mai, Juillet. — *Coll. n⁰ 116 2ᵉ Série..*

Coloration noir velouté dans l'eau.

L. THERMALIS. Kg.

Lyngbya conglutinata. Kg. Spec. p. 280. — *Lyngbya thermalis.* Rabenh. *var : D. conglutinata.* Rabenh. Flor. Europ. p. 137. Sect. 2. — *Lyngbya thermalis.* Kg. Spec. p. 281, Tab. Phyc. 1. tab. 87.

Sur des fragments de roches au fond d'un réservoir ou bassin artificiel ; eaux saumâtres.

Gosier (Route coloniale, Bassin de Poucet).

En Octobre. — Novembre. — *Coll. n⁰ 383 2ᵉ Série.*

Vert glauque à l'état de vie.

L. ARACHNOÏDEA. Kg.

Lyngbya arachnoïdea. Kg. Spec. p. 282, Tab. Phyc. 1. tab. 88 ; Rabenh. Flor. Europ. p. 147. Sect. 2.

Croît entre les pierres qui forment la maçonnerie intérieure d'un puits, presque au niveau ordinaire de l'eau ; eaux douces.

Pointe-à-Pitre (Route des Grandes Abymes, puits de Joule).

En Mai. — Rare. *Coll. n⁰ˢ 393, 719.*

De couleur noir violacé à l'état de vie.

†† ARTICLES 2 A 3 FOIS PLUS LARGES QUE LONGS.

L. RUFESCENS. Crn. mscr.

Sur des roches madréporiques, près du rivage ; aussi sur des dépôts de sable vaseux qui séjournent au fond d'un cassis engorgé, presque au niveau de l'eau; eaux pluviales.

Moule (Anse des Gros-Mapous, près la Couronne). — Camp-Jacob (Route du Matouba, premier cassis avant le pont de Nozières). Altitude 500^m environ.

En Octobre, Novembre et Décembre. — *Coll. n°s 602, 1029.*

« Filaments de 2 à 2 cent^{es} 1/2 de longueur, réunis en petites cordelettes à la basse, libres vers les sommets, à articles 2 fois 1/2 plus larges que longs, à limbe très-étroit, couleur vert olive ou vert grisâtre par la dessication. » Crn.

††† Articles carrés.

L. GRAVEOLENS. Crn. mscr.

Recueilli aux bords d'une source d'eau froide, sur les détritus de végétaux qui s'y accumulent; eaux douces potables.

Matouba (Plateau des Bains-Chauds, versant N.-N.-O. du Nez-Cassé, source froide jaillissant à un mètre environ d'une source sulfureuse à 60° au moins). Altitude 1069^{m}50. Température extérieure 20 à 21°.

En Janvier. — N'a pu être retrouvé. — *Coll. n° 335 2e Série.*

Filaments très-fins, d'un 5e de millimètre de longueur, en gazons serrés plus ou moins étendus, articles carrés, couleur vert glauque. » Crn.

Vert émeraude sombre dans l'eau.

L. RUBRA. Crn. mscr.

Croît par très-peu de profondeur, dans un sable vaseux à l'abri de rochers à moitié immergés.

Saintes (Anse du Marigot).

En Février. — Très-rare. — *Coll. n° 229 1re Série.*

« Filaments très-fins, en gazons ou fascicules d'un cent^e de longueur, obtus aux extrémités, à articles carrés, couleur rougeâtre. » Crn.

L. RUBRO-VIOLACEA. Crn. mscr.

Sur des madrépores ensablés à 300 mètres du rivage, par 1 mètre de profondeur; eaux très-claires.

Moule (Anse du Gros-Mapou, près de la Couronne).

En Novembre. — *Coll. n° 1030.*

« Filaments en petites mèches plus ou moins cordelées de 1 à

2 cent^{es} de longueur, à articles carrés, de couleur rouge violacé. » Crn. Violet sombre soyeux à l'état de vie.

L. RUBRO-VIOLACEA. *var :* CRASSIOR. Crn. mscr.

Dans les anfractuosités de rochers avancés hors de l'eau que la lame du large humidifie sans jamais l'atteindre.

Anse-Bertrand (Porte d'Enfer).

En Septembre. — Très-rare. — *Coll. nº 577.*

« Filaments 1/4 plus gros, couleur rouge violet plus clair. » Crn.

L. BICOLOR. Crn. mscr.

Croît en touffes épaisses et serrées, presque au niveau de l'eau, sur les bords de sources thermales et thermo-minérales et sur des roches immergées au milieu des bassins desdites sources. Souvent vit en parasite sur *Cladophora thermalis.*

Dolé (Bassin de la Digue, Source Cappès). Altitude de 210 à 223^m environ. — Température moyenne des sources, 33º et 36º. Température extérieure 24º.

Presque toute l'année. — *Coll. n°s 172, 175 2e Série, 1540.*

« Filaments en longues mèches de 9 cent^{es} de longueur, à articles carrés, couleur d'un rouge brun à l'état vivant, passant au bleu par la dessication. » Crn.

L. TORTA. Crn. mscr.

Recueilli à fleur d'eau sur des roches immergées dans le canal de décharge d'une source thermale.

Dolé (Canal principal d'écoulement du bassin de la Digue). Altitude 223^m. — Température de l'eau 28º. Température extérieure 24º.

En Mai, Août, Octobre. — *Coll. nº 184 2e Série, 530.*

« Filaments de 2 cent^{es} de longueur, réunis en petites cordelettes dans une grande partie de leur étendue, à articles carrés, couleur vert jaunâtre vers les sommets, violacé vers la base. » Crn.

De couleur vert émeraude soyeux dans l'eau.

L. FUSCA. Crn. mscr.

Recueilli dans la cuvette du bassin d'une maison particulière; eaux douces froides.

Basse-Terre (Ville).

D'Août à Mai. — *Coll. nº 907.*

« Filaments en gazons ou en mèches de 2 à 3 cent^{es} 1/2 de longueur, articles carrés, couleur brun foncé à l'état sec. » Crn.

Coloration noir velouté à l'état de vie.

L. FONTANA. Crn. mscr.

Lyngbya putealis. var : *minor.* Crn. in Schramm et Mazé. l. c.

Tapisse des blocs de calcaire d'où jaillissent les sources d'une rivière marine; eaux douces.

Moule (Sources de la rivière du fond du port).

En Octobre. — Rare. — *Coll. n° 22* bis *2e Série.*

« Filaments plus ou moins serrés en gazon, de 1 à 1 cent^{e} 1/2 de longueur, à articles carrés, couleur vert glauque à l'état sec. » Crn.

Coloration vivante : vert brillant.

L. FONTANA. *var :* CRASSIOR. Crn. mscr.

Flottant dans le bassin d'une source thermale à 33°.

Dolé (Bassin de la Digue). — Altitude 223^m environ. Température moyenne 33°.

En Août. — *Coll. n° 503.*

« Filaments 1/4 plus gros, couleur vert terne à l'état sec. Crn.

RIVULARIÉES.

SCHIZOSIPHON. Kg. Crn. l. c. Genera. Pl. 2.

S. PILOSUS. (Harv.) Crn. mscr.

Calothrix pilosus. Harvey. Ner. Bor. Amer. — *Schizosiphon pilosus.* Crn. mscr.

Presque au niveau de l'eau, sur des rochers immergés à la lame.

Vieux-Fort (Anse de la Petite-Fontaine).

En Mai. — Rare. — *Coll. n° 356.*

De couleur noir olive sombre.

MASTICHOTHRIX. Kg.

M. LONGISSIMA. Crn. mscr.

Mêlé au *Palmella stagnorum.* Crn. mscr. et recueilli avec lui à la surface de l'eau dans un étang; eaux pluviales.

Baillif (Habitation des Pères-Blancs).

En Février. — Rare. — *Coll. n° 4* bis *1re Série.*

« En forme de poire allongée à la base, s'atténuant en un filament d'un diamètre égal dans toute sa longueur, articulé, à articles d'abord moins d'une fois plus larges que longs, et sous la partie pyriforme une cellule incolore; articles carrés dans la partie filamenteuse, qui a 8 à 9 fois la longueur de la première; couleur vert clair. » Crn.

MASTICHONEMA. Schwabe (1837). Crn. l. c. Genera. Pl. 3. DICHOTHRIX. Zanard. Pl. mar. Rubri. (1858).

M. SARGASSI. Crn. mscr.

> *Amphithrix sargassi.* Crn. in Schramm et Mazé. l. c.

> Parasite sur de vieilles frondes de *Sargassum* recueillies flottant à la lame.

> Moule (Fond du port).

> En Août. — Très-rare. — *Coll.* nᵒ *307 2ᵉ Série.*

> « Fronde vert olivâtre d'un 1/2 centᵉ de longueur, dichotome, sub-filiforme, à dichotomies écartées à la base, rapprochées et fastigiées vers les sommets, qui sont fibreux, à gélin épais, lamelleux, moitié de la grosseur des filaments internes articulés, formant chaque dichotomie; à articles ayant une fois moitié ou un tiers du diamètre, avec une grosse cellule à la base de chacun d'eux. » Crn.

SCYTONÉMÉES.

† FRONDE SIMPLE, A SURFACE CRUSTACÉE PULVÉRULENTE INTERROMPUE.
Drilosiphon. Kg. Spec.

SCYTONEMA. Ag. Crn. l. c. Genera. Pl. 3.

S. JULIANUM. Menegh.

> *Drilosiphon Julianus.* Kg. Spec. — *Scytonema Julianum.* Menegh. in Giorn. Toscan. 1. N. 2. p. 1; Rabenh. Flor. Europ. Sect. 2. p. 280.

> Croît sur les murs humides d'un bassin placé dans l'intérieur d'une cour, au-dessus du niveau ordinaire de l'eau.

> Basse-Terre (Ville).

> Toute l'année. — *Coll.* nᵒ *114 2ᵉ Série.*

> Coloration vert bleuté.

†† Fronde rameuse, espèces terrestres ou subterrestres, articles 2 ou 2 fois 1/2 plus larges que longs.

S. SUBMARINUM. Crn. mscr.

Lyngbya decipiens. Crn. in Schramm et Mazé l. c.

Sur un énorme conglomérat volcanique détaché de la falaise, un peu au-dessus du niveau de l'eau et dans les anfractuosités humides creusées par le bris des lames. Rencontré aussi le long de la falaise, sur des roches humides que la mer ne couvre jamais.

Vieux-Fort (Anse de la Petite-Fontaine). — Bouillante (Ilet-de-Pigeon, Baie de l'O.).

En Mai, Juin, Août, Septembre, Octobre. — *Coll. n*ᵒˢ *144 2e Série, 910, 973.*

« Filaments verts, rameux, flexueux, à gélin épais, lamelleux, entremêlés, formant stratum; ayant l'aspect d'un *Lyngbya* se soudant à des distances assez éloignées, les parties ascendantes recourbées ordinairement en dedans; articles 2 fois plus larges que longs. » Crn.

Vert grisâtre à l'état de vie, passe au vert sombre en séchant.

S. PARIETINUM. Crn. (non Menegh.).

Tapisse les parois latérales de l'escarpe d'un chemin, au point où s'écoulent les eaux des terrains supérieurs; se rencontre aussi sur les roches humides qui bordent certaines parties de routes abritées.

Gourbeyre (Route coloniale nᵒ 1, morne Dragées). — Route stratégique du Camp-Jacob (Habitation Beau-Soleil).

Persiste pendant toute la saison pluvieuse. — *Coll. nᵒ 60 2e Série, 960.*

« Filaments en stratum étendu d'égale épaisseur d'un millimᵉ et plus, un peu tomenteux, de couleur brunâtre, se soudant à distances plus ou moins rapprochées; les parties ascendantes recourbées, divariquées; articles 2 fois 1/2 plus larges que longs. » Crn.

S. TORRIDUM. Ag.

Scytonema torridum. Ag. Syst. p. 23.

Sur des roches hors de l'eau, formant la digue d'un canal artificiel. Recueilli aussi sur un énorme bloc trachytique bordant une route vicinale.

Saint-Claude (Rivière-Noire, prise d'eau du canal Dupuy). — Alti-

tude 700ᵐ environ. — Baillif (Sentier qui conduit à l'église du bourg).
En Mars, Juillet. — *Coll. nᵒˢ 125 2e Série, 311.*
D'un beau brun olivâtre.

††† AQUATIQUES OU SUBAQUATIQUES, ARTICLES 2 OU 3 FOIS PLUS LARGES QUE LONGS.

S. CYANESCENS. Crn. mscr.

Un peu au-dessus du niveau de l'eau, sur les pierres qui forment
l'entourage du bassin d'une source thermale.

Dolé (Bassin de la Digue). — Altitude 223ᵐ 80.

En Mai. — *Coll. nᵒ 182 2e Série.*

« Filaments bleuâtres, rameux, entremêlés, formant stratum, à
rameaux courts ou longs, non *coudés* ni *soudés ;* articles 3 fois plus
larges que longs. » Crn.

S. MYOCHRONS. Ag. *var.* D. COALITUM. Rabenh.

Scytonema coalitum. Nægel. in Kg. Sp. p. 308; Crn. Florule Finist.
p. 117.— *Scytonema myochrons.* Ag. *var : D. coalitum.* Rabenh. Flor.
Europ. p. 254. Sect. 2.

Sur des rochers humides, dans le lit d'une rivière.

Matouba (Rivière Saint-Louis, près la prise d'eau). — Altitude
445ᵐ environ.

En Octobre. — Rare. — *Coll. nᵒ 585.*

De couleur gris verdâtre à l'état de vie.

†††† ARTICLES CARRÉS.

S. VARIUM. Kg.

Scytonema Leprieurii. Mont. *var : Kg.* Spec. — *Scytonema varium.*
Kg. Spec. Alg. p. 307.

Sur des fragments d'argile détachés de la falaise par les infiltrations des eaux pluviales.

Vieux-Fort (Anse de la Petite-Fontaine).

En Mai, Juin, Juillet, Septembre. — *Coll. nᵒˢ 168, 255 2e Série.*
Coloration vivante d'un brun verdâtre feutré très-sombre.

S. COACTILE. Mont.

Scytonema coactile. Mont. Syll. p. 456, nᵒ 1657; Kg. Spec. Alg.
p. 305.

Sur des planches toujours humides formant l'aqueduc d'une prise d'eau. Recueilli depuis sur les dépôts terreux qui s'accumulent aux bords de sources thermales ou flottant à la surface des mêmes sources.

Matouba (Ravine Collin, canal de la prise d'eau de l'habitation Lignières). Altitude 600m environ. — Dolé (Bassin de la Digue). Altitude 223m environ.— Matouba (Bassin des Bains-Chauds, versant N.-O. du Nez-Cassé). Altitude 1069m 50.

En Février, Mai, Septembre, Octobre. — *Coll. nos 69 2e Série, 593, 594, 963, 1178, 1469.*

D'un beau vert émeraude brillant à l'état de vie.

S. COACTILE. *var :* RADIANS. Crn. mscr.

Flottant librement à la surface de mares ou réservoirs d'eau pluviale.

Moule (Mare de l'habitation Caillebot). — Pointe-à-Pitre (Route des Petites-Abymes, mare de l'habitation Chauvel).

En décembre, Février. — *Coll. nos 674, 1160, 1458.*

Même coloration que le précédent; pâlit et jaunit en herbier.

††††† ARTICLES 1, 2 OU 3 FOIS LA LONGUEUR DU DIAMÈTRE.

S. ALLOCHROUM. Kg.

Scytonema penicillatum. Ag. Syst.? — *Scytonema allochroum.* Kg. Spec. p. 304; Tab. Phyc. 1. tab. 17.

Croît sur des rochers humides et détachés, dans le lit d'une rivière très-encaissée, parfois aussi sur les parois même de la falaise qui borde un des côtés du bassin, au-dessous du rapide.

Matouba (Rivière Saint-Louis, au-dessous du rapide dit Saut-d'Eau).

En Août, Octobre. — Rare. — *Coll. nos 6, 611.*

Vert sombre velouté.

S. ELEGANS. Kg. *var :* ANTILLARUM. Crn. mscr.

Scytonema elegans. Kg. Tab. Phyc. 11. tab. 17. *var : Antillarum.* Crn. mscr.

Sur des fragments de branches mortes, des roches immergées dans une flaque formant déversoir d'une source d'eau potable.

Morne de la Grande-Découverte (Source du campement de l'éboulement, Route stratégique de la Basse-Terre à la Pointe-à-Pitre). Altitude 1136m.

En Août. — *Coll. no 150 2e Série.*

D'un beau vert émeraude foncé très-soyeux.

SIROSIPHON. Kg. Crn. l. c. Genera. Pl. 4.

S. PLUVIALE. (Bory.) Crn. mscr.

> *Lemania pluvialis.* Bory. — *Stigonema pluviale.* Bory. Ag. Syst.
> p. 42, Kg. Spec. p. 319. — *Sirosiphon pluviale.* Crn. mscr.

Sur des fragments de roches trachytiques à fleur de sol, sous l'action directe de la pluie et du soleil.

Matouba (Route du Haut-Matouba, premier tournant au-dessus du pont de la Rivière-Rouge.) — Altitude 660^m environ.

Persiste une grande partie de l'année. — *Coll. n°s 328, 1299, 1300.*

Vert bleuté à l'état de vie.

CALOTHRIX. Ag. Crn. l. c. Genera. Pl. 3.

C. SUBMARINA. Crn. mscr.

Croît en tapis serré sur des conglomérats volcaniques détachés de la falaise, sans cesse humidifiés par les infiltrations des terrains supérieurs et aussi par le bris des lames. Presque toujours mêlé au *Schizothrix extensa.* Crn.

Vieux-Fort (Anse de la Petite-Fontaine, près du lieu dit le Gouffre).

Presque toute l'année. — *Coll. n° 1076.*

« Filaments simples, vert jaunâtre, en petites touffes, se coudant à distances assez éloignées en se divaricant, articles carrés. » Crn.

C. CONFERTA. Crn. mscr.

Même station que le *Scytonema allochroum* Kg. avec lequel il vit presque confondu.

Matouba (Rivière Saint-Louis, au-dessous du bassin du rapide dit Saut-d'Eau).

En Octobre. — *Coll. n° 587.*

« Filaments d'un beau vert en stratum feutré, très-mince, se soudant en se redressant comme ceux des *Scytonema,* articles carrés ou un peu plus longs que le diamètre. » Crn.

TOLYPOTHRIX. Kg. Crn. l. c. Genera. Pl. 3.

T. GUADALUPENSIS. Crn. mscr.

Recueilli flottant isolément dans des mares ou réservoirs d'eaux pluviales.

Moule (Mare de l'habitation Caillebot).

En Février, Août, Décembre. — Rare. — *Coll. nos 256 1re Série.*

« Filaments en touffes suborbiculaires, de 2 à 3 cent^{es}, vert olive, pseudorameux, d'un diamètre égal, articles carrés. » Crn. Espèce voisine du *T. œgagropila.* Kg.

Coloration vivante : vert émeraude soyeux.

T. EXTENSA. Crn. mscr.

Tapisse de longues draperies pendantes quelques parties de la falaise, qu'humidifient sans cesse les infiltrations des terrains supérieurs.

Vieux-Fort (Falaises du massif du Houëlmont, Anse de la Petite-Fontaine).

Toute l'année. — *Coll. nos 361, 1082.*

« Filaments très-fins, simples, continus, granuleux à l'intérieur, formant des stratums indéfinis. De couleur brun pourpré à l'état de vie. Crn. »

ZYGNÉMÉES.

MOUGEOTIA. Ag. Crn. l. c. Genera. pl. 5.

M. (SIROGONIUM) MATOUBÆ. Crn. mscr.

Dans des ruisseaux ou des cours d'eau de peu de profondeur, sur des roches au milieu du courant; eaux douces très-claires.

Matouba (Ruisseau de la ravine de l'habitation Planel). Altitude 705^m environ. — Matouba (Rivière aux Écrevisses, cassis au-dessus du pont). Altitude 540^m environ. — Basse-Terre (Parc du Vieux-Gouvernement).

En Avril, Mai, Juillet, Octobre, Novembre et Décembre. — *Coll. nos 2, 620, 1709.*

Vert pré brillant.

M. (SIROGONIUM) FLUVIATILIS. Crn. mscr.

Sur des pierres, au milieu d'un petit ruisseau d'eau froide qui descend du plateau des Bains-Chauds.

Matouba (versant N.-N.-O. du Nez-Cassé, au-dessous du plateau des Bains-Chauds). Altitude 1003^m environ.

En Octobre. — Rare. — *Coll. no 597.*

De couleur vert tendre dans l'eau.

M. (SIROGONIUM) MAJUSCULA. Crn. mscr.

> Recueilli flottant dans des mares ou réservoirs d'eau pluviale.
>
> Moule (Grande mare de l'habitation Zévallos, près l'Usine). — Moule (2e mare de l'habitation Caillebot). — Pointe-à-Pitre (Mare de la Banlieue).
>
> En Juin, Novembre, Décembre. — *Coll. nos 652, 911.*
>
> Coloration vivante vert sombre brillant.

M. (SIROGONIUM) PELLUCIDA. *var :*

> Flottant dans un cassis de la route coloniale n° 1.
>
> Route de la Basse-Terre à la Pointe-à-Pitre (Morne-Salé, avant-dernier cassis).
>
> En Mai. — Rare. — *Coll. n° 1380.*
>
> Vert intense brillant.

M. (SIROGONIUM) ANTILLARUM. Crn. mscr.

> Flottant parmi les herbes, dans une mare abandonnée. Rencontré dans un bassin ou réservoir de conduite d'eau; eaux douces.
>
> Moule (Habitation Lécluse, mare de la partie N.-O.). — Basse-Terre (Banlieue, habitation la Jacinthe).
>
> En Décembre, Mai. — *Coll. nos 681, 854.*
>
> D'un joli vert pré un peu sombre.

STAUROSPERMUM. Kg. l. c. Genera. Pl. 5.

S. ANTILLARUM. Crn. mscr.

> *Staurospermum Antillarum.* Crn. in Schramm et Mazé.
>
> Croît d'ordinaire dans des flaques d'eau presque stagnante, tantôt très-claire, tantôt chargée de concrétions ferrugineuses.
>
> Massif central de la Guadeloupe (à la base de la crète Badio, versant N. du Mateyliane). Altitude 1157m environ. — Matouba (Parc du Vieux-Gouvernement). Altitude 652m environ. — Plateau de la Soufrière (Porte d'Enfer). Altitude 1460m.
>
> En Mars, Mai, Juillet. — *Coll. nos 58, 128 2e Série.*
>
> De couleur brune violacée à reflets verdâtres persistants.

SPIROGYRA. Link. Crn. l. c. Genera. Pl. 6.

S. LONGATA. Kg.

> *Zygnema longatum.* Ag. Syst. p. 80. — *Zygnema quininum.* Kg.

Alg. Dec. n° 97. — *Conjugata longata*. Vauch. Hist. p. 71. — *Zygnema œstivum*. Hassall. in Ann. Nat. Hist. XI. p. 433. — *Spirogyra longata*. (Vauch.). Kg. Phyc. Germ. p. 222. Sp. Alg. p. 439; Tab. Phyc. 5. p. 6. tab. 20; Rabenh. Flor. Europ. p. 238. sect. 3.

Flottant parmi les herbes dans des mares ou réservoirs d'eau pluviale. Recueilli aussi dans le bassin d'une source thermo-minérale à 33°.

Pointe-à-Pitre, banlieue (Mare de l'habitation Papin). — Moule (Mare de l'habitation Caillebot). — Lamentin (Ravine Chaude). Altitude

En Janvier, Février, Mars. — *Coll. n°s 303, 317.*

Coloration vert tendre passant souvent au jaune souillé à l'air.

S. æstivum. (Hass.) Kg.

Flottant dans des mares ou des flaques d'eau dormante au milieu du lit d'une rivière.

Pointe-à-Pitre (Route des Petites-Abymes, mare de l'habitation Chauvel). — Gourbeyre (Lit du Galion, au-dessus du pont).

En Février, Mai. — *Coll. n° 298.*

Vert émeraude à l'état de vie.

S. quinina. (Ag.) Kg.

Zygnema quininum. Ag. Syst. p. 80; Kg. Spec. Alg. p. 440, Tab. Phyc. 5. p. 7. tab. 22.

Flottant à la surface d'une mare ou réservoir d'eau douce pluviale de la banlieue de la Pointe-à-Pitre.

Petites-Abymes (Mare de l'habitation Guillaume).

En Avril. — *Coll. n° 1728.*

D'un joli vert tendre à reflets soyeux.

S. quinina. *var :* c. inæqualis. Nægel.

Agglutiné aux pierres et à la terre qui forment les côtés d'un canal de prise d'eau, près la vanne d'écoulement; eaux douces.

Baillif (Habitation les Pères-Blancs).

En Février. — Très-Rare. N'a pu être retrouvé depuis. — *Coll. n° 9 bis 1re Série.*

Vert sombre pâlissant à l'air.

S. BIFARIA. (Bailey.) Kg.

> *Sygnema bifarium*. Bailey. — *Spirogyra bifaria*. Kg. Tabul. Phycol. V. p. 10, tab. 31; Rabenh. Fl. Europ. p. 247. sect. 3.
>
> Flottant à la surface d'un bassin d'eau douce courante.
>
> Basse-Terre (Jardin du Trésor public). — Matouba (Habitation Beaupin). — Lamentin (Rivière).
>
> En Janvier, Mai, Août. — *Coll. nos 495, 1137, 1413.*
>
> Vert intense dans l'eau, jaunit et brunit à l'air.

S. THERMALIS. Crn. mscr.

> En suspension dans une source thermale, près le point d'émergence d'un des bouillons.
>
> Dolé (Bassin de la Digue, trou dit de Mme Landry). Altitude 223m environ. Température 34°, parfois 35.
>
> En mai. — Très-Rare. — *Coll. no 185 2e Série.*
>
> Coloration à l'état de vie vert émeraude foncé.

S. CALIDA. Crn. mscr.

> *Spirogyra calida*. Crn. in Schramm et Mazé. l. c.
>
> Flottant dans le bassin d'une source thermo-minérale.
>
> Lamentin (Bassin de la source dite Ravine Chaude).
>
> En Mars. — *Coll. no 762.*
>
> De couleur vert intense.

S. OVIGERA. Mont.

> *Spirogyra ovigera*. Mont. Crypt. Guy. Alg. no 48, Syllog. p. 463; Rabenh. Flor. Europ. p. 247. sect. 3.
>
> Sur les culées d'un pont en ruines, à l'embouchure d'une petite rivière où pénètre la marée. Recueilli flottant à l'embouchure d'un petit cours d'eau allant à la mer.
>
> Petit-Bourg (Embouchure de la Rivière). — Gosier (Grande-Baie).
>
> En Janvier, Novembre. — *Coll. nos 1064, 1156.*
>
> Vert brunâtre souillé.

ZYGOGONIUM. Kg.

S. LÆVE. Kg.

> *Mougeotia lævis*. Arch. in Micr. Journ. 1867. — *Zygogonium læve.* Kg. Spec. Alg. p. 447; Tabul. Phyc. V. p. 4. tab. 13.

Croît sur des détritus de végétaux, au fond d'une flaque d'eau pluviale, dans une dépression naturelle du rocher.

Plateau de la Soufrière (Morne de l'Observation, au N.-E.). Altitude 1460ᵐ.

En Juillet. — *Coll. nᵒ 127 2ᵉ Série.*

D'un gris verdâtre persistant; filaments laineux.

LEDA.

L. CAPUCINA. Bory.

Mougeotia capucina. Ag. Syst. p. 84. — *Zygnema capucinum.* Duby. II. p. 974. — *Staurospermum capucinum.* Kg. Phyc. Germ. p. 226.

Sur l'argile humide de l'escarpe de la trace stratégique de la Basse-Terre à la Pointe-à-Pitre. — Morne de la Grande-Découverte (près la ravine Bois-de-Bout). Altitude 1110ᵐ environ.

En Août. — Très-rare. — *Coll. nᵒˢ 152, 153 2ᵉ Série.*

Noir violacé persistant.

CONFERVÉES.

ULOTHRIX. Kg. Crn. l. c. Genera. Pl. 6.

U. VARIANS. Kg.

Hormiscia monoliformis var : D. VARIANS. Rabenh. Alg. nᵒ 370; Flor. Europ. p. 362, sect. 3. — *Ulothrix varians.* Kg. Phyc. Germ. p. 196.; Spec. Alg. p. 348.

Flottant au fil du courant, dans un canal d'irrigation; eaux douces.

Matouba (Parc du Vieux-Gouvernement, allée latérale). Altitude 652ᵐ environ.

En Mai. — Très-rare. — *Coll. nᵒ 52 2ᵉ Série.*

Vert pré à l'état de vie. Cette espèce a complétement disparu depuis.

U. RUPICOLA. Bailey.

Sur des vieux madrépores qui découvrent à marée basse.

Pointe-à-Pitre (Ilet Boissard, Ilet à Jarry, Pointe-à-Patates).

En Décembre, Février. — *Coll. nᵒˢ 385 2ᵉ Série, 687.*

De couleur jaune terre de Sienne, visqueux.

U. THERMALIS. Crn. mscr.

Adhère aux parois d'un mur en maçonnerie qui partage le bassin d'une source thermale à 36°.

Dolé (Source Capès). Altitude 215^m environ.

En Juillet, Août. — Rare. — *Coll. n° 351 2e Série.*

Coloration vivante : brune noirâtre.

U. MUSCILA. Kg. *var. gracilis.* Crn. mscr.

Tapisse les parois des rochers entre lesquels s'écoule le trop-plein d'une source thermo-minérale à 36° en moyenne.

Matouba (Deuxième bassin des Bains-Chauds). Altitude 1050^m environ.

En Avril. — Assez rare. — *Coll. n° 1275.*

Vert émeraude brillant sous l'eau.

ŒDOGONIUM. Link. Crn. l. c. Genera. Pl. 7.

Œ. PARVULUM. Kg.

Œdogonium parvulum. Kg. Spec. Alg. p. 364; Rabenh. Flor. Europ. p. 357, sect. 3.

Au-dessous du robinet d'une fontaine qui alimente le bassin d'une cour.

Basse-Terre (Ville).

Presque toute l'année. — *Coll. n° 115 2e Série.*

D'un beau vert brillant à l'état de vie.

Œ. DUBIUM. Kg. Sp.

Œdogonium dubium. Kg. Spec. Alg. p. 369; Tab. Phyc. 3. p. 13. Tab. 39. — *Vesiculifera dubia.* Hassall. pl. 53. f. 14.

Tapisse les bords d'une source presque froide, qui alimente un bassin d'eau thermale. Recueilli flottant dans le cassis d'une grande route.

Morne Goyavier, à la base (Bains-Jaunes, au-dessus du bassin Beauvallon). Altitude 957^m. — Route de la Basse-Terre à la Pointe-à-Pitre (Premier cassis après la rivière de la Grand'Anse).

En Août, Juin. — *Coll. n°s 898, 1449, 1450.*

De couleur vert clair un peu terne.

Œ. MENEGHINIANUM. Kg.

Œdogonium Meneghinianum. Kg. Phyc. German. p. 200; Spec. Alg. p. 367; Tab. Phyc. 3. p. 13, tab. 39. Hilse, in Rabenh. Alg. nº 1179; Flor. Europ. p. 356, sect. 3.

Flottant parmi les herbes, aux bords d'une source d'eau froide. Recueilli sur les rochers humides qui forment le canal de conduite du bassin de réunion de toutes les sources du plateau des Bains-Chauds, dans le lit d'une rivière.

Matouba (Source de l'habitation Beaupin). Altitude 535m environ. — Matouba (Plateau des Bains-Chauds, parois supérieures du bassin où se réunissent les eaux froides et chaudes de toutes les sources). Altitude 1067m. Température moyenne 34°. — Matouba (Lit de la rivière Rouge). Altitude 650m.

En Septembre, Octobre. — *Coll.* nos *590, 595, 964.*

Coloration à l'état de vie : vert jaunâtre plus ou moins sombre, souvent vert-pomme.

Œ. CAPILLACEUM. Kg.

Vesiculifera virescens. Hass. Freshw. Pl. 50. f. 5. — *Œdogonium capillaceum.* Kg. Phyc. Gener. p. 255; Spec. Alg. p. 367. Tab. Phyc. 3. p. 13, tab. 39; Rabenh. Krypt. Flor. Von Sachs, 1, p. 259; Flor. Europ. p. 353, sect. 3.

Au-dessous du tuyau d'écoulement d'un ruisseau d'eau douce.

Gourbeyre (Route coloniate nº 1, au pied du versant S.-E. du morne le Palmiste).

Presque toute l'année. — *Coll.* nº *217.*

Vert sombre à l'état vivant.

Œ. CAPILLARE. (D. C.) Kg.

Vesiculifera princeps. Hass. Ann. Nat. Hist. p. 195. — *Œdogonium capillare* (D. C.) Kg. Spec. Alg. p. 308; Tab. Phyc. 3. p. 13 tab. 40; Crn. Florul. Finist. p. 123.

Recueilli sur le soubassement d'une fontaine publique, sur les murs intérieurs d'un canal de conduite, d'un bassin de réserve, dans la cuvette d'un fossé d'écoulement, etc.

Basse-Terre (Fontaine de la place de l'Église). — Baillif (prise d'eau de l'habitation les Pères-Blancs, Bassin de l'habitation Amé-Noël). — Basse-Terre (Route coloniale nº 1, fossés au-dessous du grand quartier).

En Janvier, Mars, Mai, Juin, Juillet, Août, Octobre. — Très-abondant. — *Coll. nos 116, 222, 884, 451.*

Vert-pré un peu terne.

Œ. CAPILLARE. var : *B. Natans.* Kg.

Conferva capillaris. Ag. Syst. p. 96 ; Kg. Alg. Déc. n° 36. — *Ceramium capillare.* D. C. — *Conferva alternata.* Dillw. — *Tiresias crispa.* Bory. Dict. class. Arthr. f. 13. — *Prolifera crispa.* Vauch. Tab. 14. fig. 2. — *Ulothrix rivularis.* Kg. l. c. n° 49. — *OEdogonium capillare.* var : *B. natans.* Kg. Spec. Alg. p. 368.

Dans un ruisseau d'eau douce près de la plage, dans la cuvette d'un fossé qui reçoit les eaux d'infiltration des terrains supérieurs, et aussi dans le canal de déversement d'un bassin d'eau thermale.

Capesterre (Ruisseau de la savane au vent du bourg.) — Basse-Terre (Route coloniale n° 1, au-dessous du grand quartier.) — Dolé (Canal de déversement des eaux de la digue).

Presque toute l'année. — *Coll. nos 315, 332, 452.*

Coloration vivante : vert-pré.

Œ. STAGNALE. Kg.

OEdogonium stagnale. Kg. Spec. Alg. p. 368; Tab. Phyc. 3. p. 13 ; Tab. 41. Rabenh. Krypt. Flor. v. 1. p. 261. Flor. Europ. p. 356, sect. 3.

Sur des branches mortes, des feuilles de *Nymphea,* dans des mares ou des ruisseaux fangeux; eaux douces.

Camp-Jacob (Cour du pavillon des aides de camp). — Moule (Sources de la rivière du fond du port). — Gourbeyre (Rivière du Galion, rive gauche).

En Janvier, Septembre, Octobre.— *Coll. nos 158 2e Série, 931, 932.*

Tantôt jaune verdâtre, tantôt vert-pré souillé.

Œ. CATENULATUM. Kg.

OEdogonium catenulatum. Kg. Spec. Alg. p. 368; Rabenh. Fl. Europ. p. 356, Sect. 3.

Croît sur des branches inclinées que baignent les eaux de la rivière au moment des crues.

Moule (Rivière de la Baie, 2e tournant).

En Avril. — Rare. — *Coll. n° 88 2e Série.*

De couleur vert noirâtre à l'état vivant.

Œ. LUCENS. Zanard.

Œdogonium lucens. Zanard. Prosp. dell. Flor. Venet. p. 38; Kg. Spec. Alg. p. 370; Rabenh. Flor. Europ. p. 356.

Flottant dans les flaques, des réservoirs ou bassins artificiels, dont il garnit parfois les murs intérieurs, au niveau de l'eau.

Basse-Terre (Banlieue, habitation la Jacinthe, Vieux-Gouvernement). — Gosier (Ancien lavoir de Fouillole). — Marie-Galante (Grand-Bourg).

En toute saison. — *Coll.* n^os *948, 965, 1225.*

Coloration vivante : vert jaunâtre.

Œ. THERMALE. Crn. mscr.

Flottant à la surface du réservoir d'une source thermale à 33°.

Lamentin (Ravine-Chaude). — Altitude . Température

En Avril, Mars. — *Coll. n° 47.*

De couleur vert clair dans l'eau.

Œ. ANTILLARUM. Crn. mscr.

Sur des roches immergées dans un bassin ou réservoir d'eau douce chargée de productions calcaires. Recueilli aussi flottant dans un canal de dérivation, sur les parois duquel la plante a son point d'attache.

Gosier (Bassin Poucet, à 4 kilomètres de la Pointe-à-Pitre). — Camp-Jacob (Canal Dupuy, habitation Michaux).

En Octobre, Novembre. — *Coll.* n^os *143, 144, 900, 1778.*

D'un beau vert terne.

Œ. LÆTEVIRENS. Crn. mscr.

Sur les parois du soubassement d'une fontaine publique, au-dessous du robinet; eaux douces potables.

Basse-Terre (Fontaine du cours Nolivos).

Toute l'année. — *Coll. n° 112.*

D'un beau vert-pré brillant à l'état de vie.

Œ. GRANDE. Kg.

Œdogonium grande. Kg. Phyc. Germ. p. 200; Spec. Alg. p. 366; Tab. Phyc. 3. p. 11; Rabenh. Krypt. Fl. von Sachs. I. p. 260; Flor. Europ. p. 353, sect. 3.

Sur les parois du mur d'une fontaine publique; eaux douces potables. Basse-Terre (Fontaine du quartier. — Petite-Guinée).

En Avril. — *Coll. nº 389.*

Coloration vivante : vert gai brillant.

CONFERVA. J. Ag. Crn. l. c. Genera. Pl. 7.

C. AFFINIS. Kg.

Conferva bombycina var : *B. stagnorum*. Kg. Alg. Dec. 15, nº 150. — *Conferva subtilis*. Kg. l. c. p. 202. — *Conferva affinis*. Kg. Spec. Alg. p. 370; Phyc. German. p. 202; Tab. Phyc. 3. p. 14; Rabenh. l. c. Alg. nº 43; Flor. Europ. p. 322, sect. 3.

Sur des détritus de végétaux, dans le fond d'un bassin qui reçoit les eaux d'une source ferrugineuse froide.

Matouba (Parc de l'ancien Gouvernement). — Altitude 652ᵐ environ.

Presque toute l'année. — *Coll. nº 591.*

Vert jaunâtre à l'état de vie.

C. ANTILLARUM. Kg.

Conferva Antillarum. Kg. Bot. Zeitg. 1847. p. 167; Spec. Alg. p. 372; Tab. Phyc. 3. p. 15; Rabenh. Flor. Europ. p. 326, sect. 3.

Dans des flaques d'eau presque saumâtre, à l'embouchure d'une rivière, sur les bords de ruisseaux ou de canaux d'eau douce courante.

Baillif (Rivière des Pères, près l'embouchure, rive droite).— Saint-Claude (Ravine aux Avocats). — Basse-Terre (Bassin de la cour des bureaux du Contrôle).

En Mars, Mai, Octobre. — *Coll. nºˢ 186, 220 2ᵉ Série.*

De coloration vert brillant ou brun verdâtre, selon la composition de l'eau.

C. FONTINALIS. Berk. *var :* B. GLOBULIFERA. Rabenh.

Conferva globulifera. Kg. Alg. Dec. nº 114; Spec. Alg. p. 372; Tab. Phyc. 3. p. 14. tab. 45; Rabenh. Krypt. Flor. p. 246; Flor. Europ. p. . — *Conferva fontinalis*. Berk. *var :* B. *globulifera*. Rabenh. Flor. Europ. p. 323, sect. 3.

Sur une gouttière en bambou servant à l'écoulement du trop-plein d'une source; eau douce potable.

Matouba (Habitation Beaupin). — Altitude 536ᵐ environ.

En Juillet, Octobre. — *Coll. nº 588.*

Coloration à l'état de vie : vert-pomme.

C. PARASITICA. D. C.

Flottant parmi les herbes, aux alentours du point d'émergence d'une source d'eau potable.

Matouba (Source de l'habitation Beaupin).— Altitude 535^m environ.

En Juillet. — Rare. — *Coll. n° 4.*

De couleur vert clair.

Cette espèce ne comptait qu'un spécimen, qui a disparu dans l'incendie de la Pointe-à-Pitre.

C. SAXATILIS. Crn. mscr.

Conferva saxatilis. Crn. in Schramm et Mazé. l. c.

Sur des roches sans cesse humidifiées par les eaux pluviales.

Massif de la Guadeloupe (Versant N. du morne l'Incapable, sur la trace stratégique de la Basse-Terre à la Pointe-à-Pitre). Altitude 1065^m environ.

En Mars. — Très-rare. — *Coll. n° 232 1re Série.*

D'un beau vert vert-de-gris clair, passant au jaune verdâtre à l'air.

PSICHOHORMIUM. Kg.

P. MAJUS. Kg.

Conferva major. Rabenh. Flor. Europ. p. 325, sect. 3. — *Psichohormium majus.* Kg. Tabul. Phycol. 3, p. 16, tab. 49.

Sur les parois d'un bassin dans l'intérieur d'une cour, un peu au-dessus du niveau ordinaire; eau douce.

Basse-Terre, ville (Bassin d'une propriété particulière).

En Août. — *Coll. n° 539.*

Coloration vivante : gris bleuté.

CHŒTOMORPHA. Kg.

CH. TORTUOSA. Dillw.

Conferva tortuosa. Dillw. Conf. t. 46; Ag. Syst.; Duby. Bot.; J. Ag. Alg. Med. et Adr. p. 12; Harv. Phyc. Brit. t. 150; Crn. Alg. mar. Finist. 354; Florul. Finist. p. 124.

Flottant à la lame.

Désirade (Plage du bourg). — Moule (Vieux-Bourg, pointe de la Chapelle).

En Juin, Décembre. — *Coll. n°s 610, 704.*

CH. IMPLEXA. Kg.

Conferva sutoria. Berk. Glean. Alg. t. 14. f. 3; Harv. Phyc. Brit. t. 150; Crn. Alg. mar. Finist. 352; Florul. Finist. p. 124. — *Chœtomorpha implexa.* Kg. Spec. Alg. p. 376; Tab. Phyc. 3, t. 51.

A son point d'attache sur des rochers ensablés toujours immergés, et flotte en longs cordons emmêlés à la surface de l'eau.

Moule (Vieux-Bourg).

En Février. — *Coll. no 275 1re Série.*

Vert brillant à l'état de vie.

CH. IMPLEXA. *var : y.* MONTAGNEANA. Kg.

Conferva implexa. Mont. Flor. Cub. Pl. Cell. p. 14. — *Chœtomorpha implicata.* Kg.— *Chœtomorpha implexa.* J. Ag. *var : y Montagneana;* Kg. Spec. Alg. p. 376.

Recueilli flottant dans des lagons d'eau dormante, à petite distance de la plage; eaux salées.

Moule (Vieux-Bourg, Plage). — Pointe-à-Pitre (Ilet à Cochons, Lagons sous le vent).

En Janvier, Mars. — *Coll. no 5 bis 1re Série, 710.*

D'un vert sombre terne à l'état vivant.

CH. JAVANICA. Kg. *forma.* TENUIS. Crn.

Sur des fragments de madrépores envasés jusqu'à la limite des flots.

Pointe-à-Pitre (Ilet à Monroux).

En Décembre. — *Coll. no 696.*

Coloration vivante vert sombre terne.

CH. LINOÏDES. Kg.

Conferva linoïdes. Ag. Syst. p. 98. — *Chœtomorpha linoides.* Kg. Bot. Zeitg. 1847, p. 167; Spec. Alg. p. 377.

Très-abondant sur les rochers et galets qui bordent la plage à la limite du flot; eaux claires généralement très-remuées.

Basse-Terre (Baie).— Saintes (Anses du Vent).— Port-Louis (Anse du Souffleur). — Marie-Galante (Plage du Grand-Bourg). — Baillif (Embouchure de la rivière des Pères).— Pointe à-Pitre (Ilet Pauline). Bouillante (Anse du village). — Moule (Vieux-Bourg).

En Janvier, Octobre, Novembre, Décembre. — *Coll. nos 215, 218, 976.*

De couleur vert gai luisant.

Cɴ. ʟɪɴᴏïᴅᴇꜱ. Kg. *var :*

Recueilli en longs filaments sur des rochers ensablés, près du rivage, parfois en parasite sur de grandes Fucoïdées.

Moule (Fond du port, Rade).

En Août. — Rare. — *Coll. nᵒ 252 1ʳᵉ Série.*

Vert sombre à l'état de vie.

Cɴ. ᴄʜʟᴏʀᴏᴛɪᴄᴀ. Kg.

Conferva chlorotica. Mont. Fl. Alg. p. 164. — *Chœtomorpha chlo-rotica.* Kg. Spec. Alg. p. 377.

Flottant à la lame.

Gosier (Plage du fort l'Union). — Pointe-à-Pitre (Ilet à Cochons, sous la batterie O.). — Marie-Galante (Grand-Bourg, les bancs).

En Février, Septembre. — *Coll. nᵒˢ 302, 548, 1201.*

De couleur vert clair à l'état frais.

Cɴ. ᴅᴜʙʏᴀɴᴀ. Kg.

Conferva Dubyana. Kg. Phyc. Gener. p. 260. — *Conferva ærea.* Duby. — *Chœtomorpha Dubyana.* Kg. Spec. Alg. p. 378. Tab. Phyc. 3, p. 18, tab. 56.

Flottant en longs paquets emmêlés, dans une baie étroite et bien abritée; eaux calmes.

Saintes (Anse du Marigot).

En Mars. — *Coll. nᵒ 335.*

Coloration vivante : vert-pomme brillant.

Cɴ. ᴠᴀꜱᴛᴀ. Kg.

Conferva vasta. Kg. Phyc. Gen. p. 260. — *Chœtomorpha vasta.* Kg. Spec. Alg. p. 378.

A la plage, dans le sable. Recueilli flottant au milieu des brisants du large.

Moule (Fond du Port, brisants du large).

En Avril, Mai, Juin. — *Coll. nᵒˢ 274 1ʳᵉ Série, 214, 215, 216 2ᵉ Série.*

Coloration vert foncé terne.

Cɴ. ᴠᴀꜱᴛᴀ. *var :* B. ɪɴꜰʟᴀᴛᴀ. Kg.

Chœtomorpha vasta. var : *B. inflata,* Kg. Spec. Alg. p. 378.

Parasite sur de vieilles frondes de *Sargassum* flottant à la lame.

7

Moule (Fond du port).

En Mai. — *Coll. n⁰ 378 bis.*

Vert sombre.

Ch. BILLARDIERII. Kg.

Chœtomorpha Billardierii. Kg. Bot. Zeitg, 1847, p. 166; Spec. Alg. p. 379.

A la plage, sur le sable.

Moule (Vieux-Bourg).

En Mai. — *Coll. n⁰ 378.*

Coloration vivante : vert clair un peu jaunâtre.

Ch. PACHYNEMA. Mont.

Conferva pachynema. Mont. in. Phytog. Canar. Sect. ult. p. 184. — *Chœtomorpha pachynema.* Mont. Syllog. p. 460; Kg. Spec. Alg. p. 379. Tabul. Phyc. 3, p. 19, tab. 60.

Flottant en grosses touffes dans une sorte de lac ou de grand étang qui communique avec la mer; eaux saturées de sel.

Saint-Martin (Lac Simpson).

En Décembre, Janvier, Avril. — *Coll. n⁰ 21 1ʳᵉ Série, 813.*

Vert sombre à l'état vivant.

Ch. ANTENNINA. Kg.

Conferva antennina. Bory. Mont. in d'Urv. Voy. Pôle. S. Bot. 1, p. 4. — *Chœtomorpha antennina.* Kg. Spec. Alg. p. 379; Tab. Phyc. 3, p. 19, tab. 60.

Recueilli sur des pierres taillées formant le cassis d'un chemin d'exploitation rurale; eaux douces courantes. Vit aussi sur des rochers ensablés, à la limite du flot, en société du *Chœtomorpha implexa;* eaux salées.

Moule (Cassis près l'habitation Hurel). — Moule (Fond du port).

En Février, Août. — *Coll. n⁰ 275 1ʳᵉ Série.*

De coloration brun verdâtre dans l'eau. Cette espèce n'est pas permanente; elle a disparu sans qu'on puisse en retrouver la trace.

Ch. MEDIA. Kg.

Conferva media. Ag. Syst. p. 100. — *Chœtomorpha media.* Kg. Spec. Alg. p. 380.

Très-abondant sur les rochers et galets qui bordent la plage, à la limite du flot.

Basse-Terre (Baie). — Saintes (Anses du vent). — Moule (Fond du port). — Port-Louis (Anse du Souffleur). — Marie-Galante (Plage du Grand-Bourg). — Gosier (Plage de la Saline).

De Décembre à Juin. — *Coll. nᵒ 25 1ʳᵉ Série.*

Vert-pré à l'état de vie.

CH. TENUISSIMA. Crn. mscr.

Chœtomorpha tenuissima. Crn. in Schramm et Mazé.

Parasite sur *Gelidium rigidum.*

Pointe-à-Pitre (Ilet à Cochons, batterie O.). — Vieux-Fort (Anse Dupuy, anse de la Petite-Fontaine). — Saintes (Anse du Marigot).

En toute saison. — *Coll. nᵒ 218 1ʳᵉ Série.*

Coloration vert-émeraude pâle dans l'eau.

CH. LANOSA. Crn. mscr.

Chœtomorpha lanosa. Crn. in Schramm et Mazé. l. c.

Recueilli à la lame, sur des rochers à demi-découverts, parmi les *Ulva*, les *Cladophora*, etc.

Moule (Rade du Vieux-Bourg). — Pointe-à-Pitre (Ilets Amic et Boissard, anse d'Arboussier).

D'Août à Décembre. — *Coll. nᵒˢ 251 1ʳᵉ Série, 163 2ᵉ Série.*

De couleur vert-pré ou vert-pomme.

CH. GENICULATA. Mont.

Conferva linum. — Mont. Ann. 2. 13, p. 199. — *Chœtomorpha geniculata.* Mont. Guy. nᵒ 45; Spec. Alg. p. 460.

Se rencontre tantôt en paquets emmêlés, à la surface de l'eau, tantôt fixé aux rochers qui bordent les rives d'un cours d'eau où remonte la marée; eaux salées ou tout au moins saumâtres. — Saint-Martin (Lac Simpson). — Moule (Rivière du fond du port).

En Décembre, Janvier, Septembre. — *Coll. nᵒ 304 1ʳᵉ Série, 84 2ᵉ Série.*

Vert jaunâtre sombre dans l'eau.

CH. GENICULATA. Mont. *var :*

Croît sur des rochers qui découvrent entièrement à marée basse, en société de *Cladophora* et de *Gelidium ;* eaux fortement remuées par le ressac.

Moule (Vieux-Bourg), fond du port.—Anse-Bertrand (Porte d'Enfer).

En Février, Octobre. — *Coll. n° 6 bis 2e Série.*

D'un joli vert brillant à l'état de vie.

CH. SUBMARINA. Crn. mscr.

Tapisse le pied d'une falaise que lavent alternativement les eaux pluviales provenant des terrains supérieurs où cesse le flot lors des grandes marées.

Vieux-Fort (Anse de la Petite-Fontaine).

En Février. N'a plus reparu. — *Coll. n° 342 2e Série.*

Vert clair tendre dans l'eau.

CH. GRACILIS. Kg.

Conferva gracilis. — Kg. Phyc. Gener. p. 259 (non Griff.). — *Conferva Kutzingii.* Menegh.—*Chœtomorpha gracilis.* Kg. Phyc. German. p. 293, Spec. Alg. p. 376.

Sur les parois intérieures d'un ancien lavoir abandonné où pénètre la marée.

Pointe-à-Pitre (Ancien lavoir de Fouillole).

En Janvier. — Rare. — *Coll. n° 940.*

Coloration vivante : vert clair très-gai.

CH. GRACILIS. Kg. *var :* TENUIOR. Crn. mscr.

Flottant sur les bords d'un canal de desséchement où remonte la marée.

Morne-à-l'Eau (Canal des Rotours).

En Mai. — *Coll. n° 1379.*

Vert-émeraude à l'état vivant.

CH. BREVIARTICULA. Zanard.

Flottant à la plage. — Gosier (Plage du fort l'Union).

En Mars. — *Coll. n° 606.*

De couleur jaune pâle verdâtre.

CH. INTESTINALIS. Kg.

Conferva intestinalis. Ag. Syst. p. 99. — *Chœtomorpha intestinalis.* Kg. Spec. Alg. p. 380.

Croît sur des rochers battus par la lame, à la limite du flot.

Capesterre (Plage du Bourg).

En Mars, Septembre. — *Coll.* n^os *760, 1452.*

D'un joli vert tendre à l'état de vie.

HORMOTRICHUM. Kg.

H. DIDYMUM. Kg.

Hormotrichum didymum. Kg. Spec. Alg. p. 381 ; Tab. Phyc. 3, p. 20, tab. 63.

Dans un ruisseau qui se rend à la mer à travers les galets de la plage. Baillif (Plage au vent du bourg).

En Septembre. — Rare. — *Coll.* n^o *536.*

Vert-pré terne.

RHIZOCLONIUM. Kg.

RH. ARENOSUM. *var :* B. OCCIDENTALE. Kg.

Rhizoclonium arenosum. var : *B. occidentale.* Kg. Spec. Alg. p. 384; Tab. Phyc. 3, p. 22, tab. 69.

Sur des roches au fond d'un cassis qui traverse le chemin d'une habitation roucouyère.

Haut-Matouba (Habitation Revel). Altitude 612^m environ.

En Octobre. — *Coll.* n^o *589.*

Coloration vivante : vert-pré.

RH. CONGESTUM. Crn. mscr.

Rhizoclonium congestum. Crn. in Schramm et Mazé. l. c.

Sur les roches, dans le lit d'un ruisseau d'eau chaude qui alimente le bassin d'une source thermo-minérale. Température moyenne 32°.

Massif de la Soufrière, Bains-Jaunes (Bassin Beauvallon), à la base du morne Goyavier. Altitude 957^m.

En Décembre. — *Coll.* n^o *1098.*

De couleur vert sombre terne.

RH. SUBRAMOSUM. Cr. mscr.

Conferva subramosa. Crn. mscr.

Parasite sur des frondes de *Sargassum, Acantophora,* recueillies à la plage.

Capesterre (Plage du bourg). — Moule (Fond du port). — Pointe-à-Pitre (Ilet à Cochons, lagon sous le vent).

En Février, Octobre. — *Coll. n⁰ 115, 258, 269.*

Vert sombre ou vert pâle, selon le milieu.

Rh. HIEROGLYPHICUM (Ag.) Kg.

Conferva hieroglyphica. Ag. in Flor. 1827. p. 636. — *Conferva aponina.* Kg. Alg. excis. n⁰ 145. — *Rhizoclonium aponinum.* Kg. Tabul. Phyc. 3. t. 70; Rabenh. Krypt. Flor. Sachs. t. p. 248. — *Rhizoclonium affine.* Kg. Spec. Alg. p. 385; Tab. Phyc. f. 3. — *Rhizoclonium Antillarum.* Kg. Spec. Alg. p. 384. Tab. Phyc. f. 3. — *Rhizoclonium hieroglyphicum.* Kg. Spec. Alg. p. 385. Rabenh. Flor. Europ. p. 329, sect. 2.

Recueilli tantôt dans la cuvette d'un fossé d'écoulement tantôt à l'orifice du tuyau d'échappement d'un réservoir ou bassin d'irrigation; eaux douces courantes. Se rencontre aussi très-fréquemment flottant à la lame; eaux salées.

Gourbeyre (Fossés de la route coloniale n⁰ 1, au-dessus de l'habitation Saint-Charles). — Basse-Terre (Banlieue, habitation la Jacinthe). — Canal (Plage du bourg). Désirade (Anse des Galets).

En Avril, Mai, Septembre, Octobre, Décembre. — *Coll. n⁰ˢ 573, 574, 834, 850.*

Coloration vivante: vert-pomme, parfois vert jaunâtre, selon le milieu.

Rh. HIEROGLYPHICUM, *forma* CALIDA. Crn. mscr.

Rhizoclonium calidum. Kg. Tabul. Phyc. 3, f. 3. — *Rhizoclonium hieroglyphicum,* forma *Calida.* Crn. mscr.

Sur des racines de palétuviers, au-dessus du niveau ordinaire des eaux d'une petite rivière marine; eaux mêlées.

Moule (Rivière du fond du port).

En Novembre. — *Coll. n⁰ 633.*

Coloration vivante : vert-olive foncé.

Rh. SARGASSICOLUM. Crn. mscr.

Conferva sargassicola. Crn. mscr.

Parasite sur des frondes de *Sargassum* recueillies flottant à la lame.

Moule (Plage du cimetière des Nègres). — Capesterre (Plage du bourg). — Saintes (Anse du Marigot).

En Janvier, Juin, Novembre. — *Coll. nᵒˢ 745, 897, 1426, 1463, 1635.*

Coloration vert-de-vessie terne.

RH. SARGASSICOLUM, *forma* TENUIS. Crn. mscr.

Conferva sargassicola, forma *Tenuis*. Crn. mscr.

Parasite sur de vieilles frondes de *Sargassum* échouées à la plage. Moule (Fond du port).

En Décembre. — *Coll. nᵒ 703.*

De couleur vert-de-vessie foncé.

RH. SARGASSICOLUM, *forma* SPIRALIS. Crn. mscr.

Conferva sargassicola, forma *Spiralis*. Crn. mscr.

Parasite sur *Plocaria confervoïdes* croissant dans le sable, à petite distance du rivage.

Sainte-Anne (Plage du bourg).

En Décembre. — *Coll. nᵒ 690.*

Vert pâle brillant dans l'eau.

RH. IMPLEXUM. (Dillw.) Kg. ?

Conferva implexa. Dillw. tab. B.; Harv. — *Conferva tortuosa.* Lyngb. tab. 49. — *Conferva intricata.* Grev. Edin. p. 315. — *Rhizoclonium implexum.* Kg. Spec. Alg. p. 386; Tab. Phyc. 3, p. 23, tab. 73.

En suspension à la surface de l'eau, dans un réservoir qui communique avec la mer; eaux salées.

Pointe-à-Pitre (Ilet à Bily).

En Avril. — *Coll. nᵒ 788.*

Coloration vivante : vert-pomme terne.

RH. APONINUM. Kg. *var : ?*

Flottant à la surface de l'eau et près du bord, dans un bras de rivière presque sans courant; eaux douces. — Moule (Rivière du fond du port).

En Novembre. — *Coll. nᵒ 629.*

De couleur vert sombre dans l'eau.

RH. TROPICUM. Crn. mscr.

Conferva tropica. Crn. mscr.

Tapisse les parois intérieures d'un puits, au-dessus du niveau de l'eau, eaux mêlés.

Port-Louis (Bourg, à la lame).

En Avril. — *Coll. n° 144.*

D'un beau vert intense.

Rh. JULIANUM (Menegh.) Kg.

Conferva Juliana. Menegh. — *Rhizoclonium Julianum.* Kg. Tab. Phyc. 3, p. 22, tab. 72.

Tapisse les parois du canal d'écoulement d'une habitation caféyère. Trois-Rivières (Chemin de l'anse).

En juin. — *Coll. n°s 1436, 1437.*

Coloration : vert intense.

Rh. LANOSUM. Crn. mscr.

Conferva lanosa. Crn. mscr.

Au pied de la falaise, dans une flaque d'eau douce provenant des infiltrations des terrains supérieurs et ne recevant que l'eau salée. Vieux-Fort (Anse de la Petite-Fontaine, près du Gouffre).

Presque toute l'année. — *Coll. n°s 1179, 1245, 1496.*

Vert gai soyeux dans l'eau.

CLADOPHORA. Kg.

MARINES.

Cl. HOSPITA. Kg. *var :* B. NUDA. Kg.

Conferva hospita. Mertens. *var : Nuda.* Kg. — *Cladophora hospita. var : B. Nuda.* Kg. Phyc. gen. p. 271, Spec. Alg. p. 388, tab. Phyc. 3, p. 23, tab. 76.

Flottant à la lame.

Capesterre (Plage du bourg).

En Décembre. — *Coll. n° 639.*

De couleur vert sombre.

Cl. COMOSA. Kg.

Cladophora comosa. Kg. Spec. Alg. p. 380, tab. Phyc. 3, p. 23, tab. 79.

Porté à la plage par les courants du large.

Basse-Terre (Rade et plage, près le débardère). — Baillif (Plage du cimetière militaire).

En Octobre, Novembre. — *Coll. n° 146.*

Coloration vert-pomme à reflets soyeux.

CL. STRICTA. Kg.

> *Cladophora stricta.* Kg. Tab. Phyc 3, p. 24, tab. 80.
>
> Sur des galets ensablés qui forment la barre d'une rivière ; eaux mêlées sans cesse remuées par la lame du large.
>
> Baillif (Embouchure de la rivière des Pères).
>
> En Avril. — Rare. — *Coll. n⁰ 4 ter 2ᵉ série.*
>
> Vert-émeraude à l'état de vie ; pâlit et jaunit en herbier.

CL. ALYSSOÏDEA. Menegh.

> *Cladophora alyssoïdea.* Menegh. Giorn. Bot. Ital. p. 305 ; Kg. Spec. Alg. p. 391. Tab. Phyc. 3, p. 25, tab. 87.
>
> Sur des roches calcaires qui découvrent à marée basse.
>
> Moule (Anse des Gros-Mapous, près la Couronne).
>
> En Novembre. — *Coll. n⁰ 1039.*
>
> De couleur vert-olive sous l'eau.

CL. ALYSSOÏDEA. Menegh. *var :* GRACILLIMA. Crn. mscr.

> Sur des fragments de coquilles ensablées, très-près du rivage ; eaux calmes.
>
> Gosier (Anse Laverdure).
>
> En Juin. — *Coll. n⁰ 75.*
>
> De couleur vert-olive dans l'eau.

CL. PROLIFERA (Roth.) Kg.

> *Conferva prolifera.* Roth. Cat. 1, tab. 3, f. 2 ; Ag. Syst. p. 119. — *Ceranium catenatum.* Deland. — *Cladophora prolifera.* Kg. Spec. Alg. p. 370 ; Tab. Phyc. 3, p. 24, tab. 82.
>
> A la plage, sur le sable.
>
> Gosier (Anse Laverdure). — Capesterre (Plage de la Grande-Rivière, anse du Bananier).
>
> En Juillet. — *Coll. n⁰ˢ 472, 1917.*
>
> Vert sombre à l'état frais.

CL. HORMOCLADIA. Kg.

> *Cladophora Hutchinsiæ. var : Divaricata.* Harv. Herb. — *Cladophora hormocladia.* Kg. Spec. Alg. p. 391 ; Tab. Phyc. 3, p. 25, tab. 87.

8

Sur des rochers profondément immergés, à l'endroit où les lagons d'une rivière joignent leurs eaux à celles de la mer.

Moule (Port, embouchure de la rivière).

En Décembre, Mai. — *Coll. n° 16 1re Série.*

Vert pâle dans l'eau.

CL. MACALLANA. Harv.

Conferva macallana (Harv.) Crn. mscr. — *Cladophora macallana.* Harv. Phyc. Brit. t. 84; Kg. Spec. Alg. p. 392; Tab. Phyc. 3, p. 25, tab. 86.

Croit sur des fragments de rochers ensablés, à petite distance du rivage, d'où elle se détache pour former d'énormes bancs flottant à la lame.

Saintes (Anse du Marigot).

En Octobre. — *Coll. n° 303 2e Série.*

Vert jaunâtre souillé à l'état vivant.

CL. FASCICULARIS. Kg.

Conferva fascicularis. Ag. Syst. p. 114. — *Cladophora fascicularis.* Kg. Phyc. Gener. p. 268, Spec. Alg. p. 393; Tab. Phyc. 3, p. 26, tab. 90.

Recueilli sur des petits galets ensablés, des fragments de coquilles et des madrépores, par des profondeurs moyennes d'un mètre; eaux généralement calmes et très-limpides.

Moule (Lagons près l'embouchure de la rivière). — Sainte-Rose (Ilet Blanc).

En Avril, Mai. — *Coll. nos 142, 376 2e Série.*

Coloration vert intense dans l'eau.

CL. FASCICULARIS. Mertens.

Conferva fascicularis. Mert. Mont. Flor. Boliv. p. 4, t. 7. Syll. p. 457.

Recueilli flottant à la lame ou sur le sable de la plage, après les raz de marée.

Moule (Fond du port). — Sainte-Anne (Plage du bourg). — Gosier (Plage de l'habitation Dunoyer, Anse Laverdure). — Moule (Plage de la baie).

En Janvier, Février, Mars, Mai, Octobre, Novembre, Décembre, — *Coll. nos 688, 730, 711, 607.*

Coloration à l'état frais : vert clair.

CL. FASCICULARIS, *forma* DENUDATA. Crn. mscr.

Recueilli flottant à la lame.

Saintes (Anse du Marigot). — Capesterre (Plage du bourg). — Désirade (Plage).

En Janvier, Mars. — *Coll.* n° *228, 330, 334.*

De couleur vert intense à l'état frais.

CL. FASCICULARIS, *forma* GLOMERATA. Crn. mscr.

A la plage, sur le sable.

Gosier (Anse Laverdure). — Sainte-Anne (Plage du Bourg).

En Avril, Juillet. — *Coll.* n° *469, 1730, 1760.*

Vert clair.

CL. FASCICULARIOÏDES. Crn. mscr.

Flottant à la lame.

Gosier (Anse Laverdure).—Saint-François (Plage au vent du bourg). — Moule (Fond du port).

En Février, Mai, Juin. — Rare. — *Coll.* n°ˢ *374, 731, 1386.*

Coloration vert olivâtre dans l'eau.

CL. OVOÏDEA. Kg.

Cladophora ovoïdea. Kg. Phyc. gener. p. 266, Spec. Alg. p. 393; Tab. Phyc. 3, p. 26, tab. 92.

Sur des galets ensablés, près l'embouchure d'une rivière; eau trouble. Se rencontre fréquemment flottant à la lame.

Baillif (Embouchure de la rivière des Pères, au vent). — Saint-François (Plage du bourg). —Moule (Plage du cimetière des Nègres, pointe de la Chapelle. — Sainte-Anne (Plage sous le vent du bourg). — Gosier (Anse Laverdure). — Saintes (Anse du Marigot).

En Janvier, Mai, Octobre, Novembre, Décembre. — *Coll.* n°ˢ *241 2e Série, 920, 921, 922, 1044, 1232, 1640.*

De couleur vert-pré sombre.

CL. OVOÏDEA, *forma* CRASSICAULIS. Crn. mscr.

Croît sur des fragments de madrépores ensablés, par un mètre de profondeur; eaux souvent agitées.

Gosier (Anse de la Saline, îlet Diamant, à l'Ouest).

En Mars. — *Coll.* n° *767.*

Coloration : vert olivâtre dans l'eau.

CL. ovoïdea. *var :*

> Flottant à la lame.
> Canal (Plage du bourg).
> En Avril. — *Coll. n° 835.*
> Vert.

CL. anisogona. Kg.

> *Conferva anisogona.* Mont. Voy. P. Sud. p. 11, tab. 13, f. 3. — *Cladophora anisogona.* Kg. Spec. Alg. p. 395; Tab. Phyc. 3, p. 27, tab. 99. Mont. Syll. p. 457.
>
> Flottant à la lame. Recueilli vivant, dans les cavités abritées de roches madréporiques, à la lame.
>
> Saintes (Anse du Marigot). — Moule (La baie).
>
> En Mai, Octobre. — *Coll. n°s 855, 862, 862 bis, 1065.*
>
> De couleur vert clair.

CL. eckloni. Kg.

> *Conferva Eckloni.* Suhr. *Cladophora Eckloni.* Kg. Phyc. genera. p. 270; Spec. Alg. p. 395; Tab. Phyc. 4, p. 1, tab. 2.
>
> A la plage, sur le sable.
>
> Moule (Vieux-Bourg, plage).
>
> En Mars, Avril. — *Coll. n° 53 2e Série.*
>
> Vert de poireau brillant.

CL. eckloni. Kg. *var :*

> Couvre des rochers presque toujours immergés, même aux plus basses marées; eaux plus ou moins troublées, soit par les eaux d'une rivière, soit par les vases du fond.
>
> Moule (Vieux-Bourg).
>
> En Août. — *Coll. n° 1466.*
>
> Vert gai presque terne.

CL. sertularina. Kg.

> *Conferva sertularina*; Mont. Ann. Sc. Nort. — *Conferva sertularina.* Kg. Spec. Alg, p. 396; Tab. Phyc. 4. p. 2, tab. 5.
>
> Tantôt sur des rochers ou des galets couverts d'un sable vaseux, eaux salées et troubles, tantôt en parasite sur des feuilles de *Thalassia* couvrant les bords d'une rivière où pénètre le flot.

Moule (Fond du port, Rivière du fond du port).

En Février, Septembre, Octobre. — Rare. — *Coll. nos 265, 303 1re Série.*

Coloration : vert-pomme brillant dans l'eau.

CL. SERTULARINA. Kg. *var :*

Croît sur des rochers toujours immergés et couverts de sable mélangé de vase; eaux troubles. Recueilli en parasite sur des frondes de *Polysiphonia violacea* croissant à flottaison sur les culées d'un pont.

Moule (Vieux-Bourg, Rivière du fond du port). — Gosier (Lavoir de Fouillole).

En Février, Mai, Août, Novembre. — *Coll. no 632.*

Vert pâle translucide dans l'eau.

CL. MAURITIANA. Kg.

Conferva fascicularis? Harv.; Hook. Journ. Bot. 5, 1. p. 157. — *Cladophora mauritiania.* Kg. Spec. Alg. p. 399.

Flottant à la lame.

Moule (Vieux-Bourg).

En Avril. — *Coll. no 243 2e série.*

Coloration : jaune pâle à l'état de vie.

CL. ALBIDA. Kg.

Conferva albida. Dillw. — *Cladophora albida.* Kg. Spec. Alg. p. 400. Tab. Phyc 4, p. 4, tab. 5.

Croît sur des rochers ensablés, par $0^m 30$ de profondeur; eaux claires ou troubles indifféremment.

Port-Louis (Pointe des Sables). — Baillif (Embouchure de la rivière des Pères).

En Juin, Juillet. — *Coll. nos 1400, 1481, 1483.*

Vert tendre souillé.

CL. ALBIDA. Kg. *var :*

A l'embouchure d'une rivière, sur des rochers ensablés que la lame du large bat sans cesse, sans les couvrir entièrement; eaux mêlées.

Baillif (Embouchure de la rivière des Pères).

En Février, Mars. — *Coll. no 325 2e Série.*

D'un beau vert-émeraude à l'état vivant.

Cl. GRACILIMA. Crn. mscr.

Cladophora gracilima. Crn. in Schramm et Mazé, l. c.

Vit sur des madrépores ensablés que la mer ne laisse jamais à découvert; eaux vaseuses ou troubles.

Moule (Vieux-Bourg).

En Février. — *Coll. n° 272 1re Série.*

Vert tendre, le plus souvent terne.

Cl. CRASSICAULIS. Crn. mscr.

Cladophora crassicaulis. Crn. in Schramm et Mazé, l. c.

Sur des rochers ensablés restant à découvert à marée basse, en société du *Spyridia filamentosa;* eaux claires souvent agitées par le ressac.

Moule (Vieux-Bourg, Plage de la baie).

En Novembre et Décembre. — *Coll. n° 658.*

Vert pâle dans l'eau.

Cl. CRASSICAULIS, *forma* DENUDATA. Crn. mscr.

Cladophora crassicaulis, forma *denudata.* Crn. in Schramm et Mazé, l. c.

Galets ensablés toujours immergés, à petite distance du rivage par un mètre environ de profondeur.

Moule (Vieux-Bourg).

En Mai. — Très-rare. — *Coll. n° 282 1re Série.*

Vert clair à l'état de vie.

Cl. CHAROÏDES. Chauvin.

Flottant près du rivage.

Gosier (Pointe Laverdure). — Moule (Fond du port).

En Février, Septembre. — *Coll. n°s 105, 260.*

Coloration : vert foncé olivâtre.

Cl. BICOLOR. J. Ag.

Cladophora bicolor. J. Ag.

Sur des galets, à la limite du flot, parmi les *Ulva* et les *Enteromorpha.*

Moule (Vieux-Bourg).

En Juillet. — Très-rare. — *Coll. 92 1re Série.*

Vert de poireau à l'état vivant.

CL. BICOLOR. J. Ag. *var :*

Clodophora bicolor. J. Ag. *var :* Crn. in Schramm et Mazé, l. c.

A flottaison, sur les parois intérieures du mur d'entourage d'un vivier qui communique avec la mer.

Pointe-à-Pitre (Ilet Boissard).

En Octobre. — Très-rare. — *Coll. no 370 1re Série.*

Coloration vert-pré dans l'eau. Exemplaire unique, disparu dans l'incendie de la Pointe-à-Pitre.

CL. BRYOÏDES. Kg.

Au fond de l'eau, dans des lagons intérieurs qui communiquent avec la mer.

Pointe-à-Pitre (Ilet à Cochons, lagons sous le vent).

En Février. — *Coll. nos 267, 268, 268 bis.*

De couleur vert jaunâtre souillé dans l'eau.

CL. FLAVESCENS. (Roth.) Kg.

Conferva flavescens. Roth. cat. 2, p. 224; Dillw. t. E.; Ag. Syst.; Crn. Flor. Finist. p. 125. — *Cladophora flavescens.* Kg. Sp. Alg. p. 42; Tab. Phyc. 4, t. 23.

Flottant dans un lagon qui touche au rivage; eaux salées.

Pointe-à-Pitre (Ilet à Cochons, lagon sous le vent).

En Février. — *Coll. no 270.*

Vert jaunâtre souillé. Espèce très-rare.

CL. CONFERTA. Crn. mscr.

Cladophora conferta. Crn. in Schramm et Mazé, l. c.

Tantôt sur des rochers couverts de plus d'un mètre d'eau, tantôt sur des rochers à la lame et que la mer laisse à découvert aux basses marées. Recueilli très-souvent flottant à la lame.

Moule (Plage de la baie). — Gosier (Plage de la Saline). — Pointe-à-Pitre (Ilet Pauline).

En Juin, Juillet, Août, Octobre, Novembre, Décembre. — *Coll. nos 253 1re Série, 656, 679, 701, 915, 1037.*

Coloration vivante : vert sombre terne.

CL. DICHOTOMO-DIVARICATA. Crn. mscr.

Cladophora dichotomo-divaricata. Crn. in. Schramm et Mazé, l. c.

Croît sur des rochers constamment immergés, en société de *Clado-phora sertularina ; var :*

Moule (Vieux-Bourg).

En Mai. — *Coll. n° 283 1re Série.*

Vert clair teinté de jaune. — Exemplaire unique, disparu dans l'incendie de la Pointe-à-Pitre.

CL. ZOSTERICOLA Crn. mscr.

Cladophora zostericola. crn. in. Schramm et Mazé, l. c.

Parasite sur de vieilles frondes de *Zostera marina* flottant à la lame.

Pointe-à-Pitre (Ilet à Cochons, sous le vent). — Port-Louis (Plage du Souffleur).

En Juin, Octobre. — *Coll. n° 1 ter 1re Série, 375 2e Série.*

D'un joli vert-émeraude persistant.

CL. CRISTALLINA. Kg.

Conferva cristallina. Roth. cat. 1, p. 196; Duby. Bot. Chauv. Alg. Norm. 57. — *Cladophora cristallina.* Kg. Spec. Alg. p. 401; Tab. Phyc. 4, t. 19. Lloyd. Alg. Ouest. 274; Crn. Alg. mar. Finist. 368.

Vit sur des roches madréporiques découvrant à basse mer; eaux claires, très-remuées.

Moule (Vieux-Bourg, fond du port).

En Février, Septembre. — *Coll. n° 304 1re Série.*

Coloration : vert clair grisâtre ou jaunâtre.

CL. OBTUSATA. Zanard.

Cladophora obtusata. Zanard.

Flottant à la lame. Recueilli vivant sur des rochers ensablés, par un mètre de profondeur.

Gosier (Anse et plage de la Saline).

En Juillet. — *Coll. n°s 480, 481.*

De couleur vert foncé à l'état de vie.

CL. INCRUSTANS. Grunow.

Cladophora incrustans. Grunow.

Le long de la falaise, à un mètre environ au-dessus du niveau de l'eau, sur des conglomérats toujours humides, soit par le bris des lames, soit par les infiltrations des terrains supérieurs.

Vieux-Fort (Anse Turlet).

En Août. — *Coll. n° 508.*

Vert sombre terne. Exemplaire incomplet.

CL. SUBMARINA. Crn. mscr.

Cladophora submarina. — Crn. in Schramm et Mazé. l. c.

Dans des dépressions naturelles de la falaise recevant le bris des lames du large.

Moule (Anse de Groayé, porte d'Enfer).

En Octobre. — *Coll. n⁰ 8 2ᵉ Série.*

Coloration : vert-pré très-tendre.

CL. DELICATULA. Mont. ?

Cladophora delicatula. Mont. Guy. n⁰ 41, Syll. p. 458, n⁰ 1623.

Recueilli sur des galets détachés, des fragments de coquilles, à petite distance du rivage; eaux calmes chargées de productions calcaires. Parasite sur *Laurencia papillosa* croissant à la lame.

Pointe-à-Pitre (Ilet Boissard). — Gosier (Grande-Anse, anse La-verdure, pointe S.)

En Juin, Juillet. — *Coll. n⁰ 473.*

De couleur brune verdâtre à l'état de vie.

CL. CRUCIGERA. Grunow.

Conferva heteronema. Ag. Syst. var.: *Cladophora crucigera.* Grunow. Bot. Theil.

Flottant à la lame. Recueilli vivant sur une branche morte ensablée à la lame.

Moule (Plage du fond du port). — Marie-Galante (Saint-Louis, plage du Bourg, au sud).

En Février, Mars. — *Coll. n⁰ˢ 366, 1185, 1187.*

Vert clair à l'état frais.

CL. LUTEOLA. Crn. mscr.

Sur des assises de calcaires que bat sans cesse la lame du large. Anse-Bertrand (Porte d'Enfer).

En Septembre. — Rare. — *Coll. n⁰ 575.*

De couleur jaune orangé pâle sous l'eau.

CL. CATENATOÏDES. Crn. mscr.

Même habitat que le *Cladophora luteola* Crn., avec lequel il vit confondu.

Anse-Bertrand (Porte d'Enfer).

En Septembre. — Rare. — *Coll. n⁰ 576.*

Coloration : vert clair terne

9

CL. GLEBIFERA. Kg. *var.:* OCCIDENTALIS. Crn. mscr.

A la lame, dans une flaque surchauffée par le soleil; roches madréporiques creusées par les lames.

Moule (Vieux-Bourg, pointe de la Chapelle).

En Décembre. — *Coll. n⁰ 673.*

Vert sombre jaunâtre dans l'eau.

CL. MEXICA. Crn. mscr.

Cladophora Mexica. Crn. mscr. in Schramm et Mazé, l. c.

Flottant à la lame.

Marie-Galante (Plage du Grand-Bourg).

En Janvier. — *Coll. n⁰ 160 2ᵉ Série.*

Coloration à l'état frais : vert sombre terne.

Un seul exemplaire un peu jeune.

CL. BRASILIANA. Mart.

Cladophora Brasiliana. Martens.

Flottant dans le canal de déversement d'un lagon du littoral; eaux
mêlées.

Gosier (Grande-Baie).

En Mars. — Rare. — *Coll. n⁰ 305.*

Coloration : jaune verdâtre à l'état frais.

CL. LONGIARTICULATA. Kg.

Cladophora longiarticulata. Kg. Tab. Phyc. 3, p. 26, tab. 94. —
Cladophora utriculosa : B. *longiarticulata.* Kg. Spec.

Flottant à la lame.

Marie-Galante (Grand-Bourg, plage de Trianon).

En Février. — *Coll. n⁰ 1192.*

De couleur vert clair à l'état frais.

CL. GRACILIS. Griff. *var.*

A la plage, sur le sable.

Sainte-Anne (Plage du bourg).

En avril. — *Coll. n⁰ 1719.*

Vert-pré brillant.

CL. RUDOLPHIANA (Ag.) Harv.

Conferva Rudolphiana. Ag. Aufz. 1827. — *Cladophora Rudolphiana.*

Harv. Phyc. Brit. Pl. 86; Kg. Spec. Alg. p. 404; Tab. Phyc. 4. p. 6, tab. 26.

Flottant à la lame.

Moule (Fond du port.)

En mai. — *Coll. nº 1316.*

D'un beau vert-pomme soyeux.

CL. RUCHINGERI. (Ag.). Kg.

Conferva Ruchingeri. Ag.— *Cladophora Ruchingeri.* Kg. Phyc. Germ. p. 211; Spec. Alg. p. 404; Tab. Phyc. 4. p. 6, tab. 28.

Vit en parasite sur *Digenea simplex* à l'accore de bancs de sable vaseux couverts de madrépores. Recueilli souvent aussi flottant à la lame.

Moule (Fond de la rade). — Marie-Galante (Grands récifs des Basses), pointe de Doyon.

En Février, Octobre. — *Coll. nºˢ 1196, 1218, 1217, 1467, 1479, 1854.*

Coloration vivante : vert-émeraude brillant.

CL. TRANQUEBARIENSIS. (Ag.) Kg.

Conferva Tranquebariensis. Ag. Syst. p. 111. — *Cladophora Tranquebariensis.* Kg. Spec. Alg. p. 409; Tab. Phyc. 4. p. 9, tab. 44.

Flottant à la lame.

Port-Louis (Pointe des sables, près du canal Faujas.)

En Juin. — *Coll. nº 1396.*

Vert sombre souillé.

CL. JAVANICA. Kg. ?

Cladophora Javanica. Kg. Spec. Alg. p. 409; Tab. Phyc. 4. p. 9. tab. 45.

Croît sur des galets toujours immergés, par 0ᵐ70 de profondeur; eaux très-remuées, un peu troubles.

Baillif (embouchure de la rivière des Pères).

En Février.

Vert clair à reflets soyeux.

CL. VIRGULATA (Grunow).

Conferva virgulata. Grunow. Bot. Theil.

Sur des rochers ensablés, des racines de *Coccoloba uvifera*, que la marée couvre à certaines heures.

Moule (Vieux-Bourg, fond du port).

En Mai — *Coll. nos 1313, 1328, 1457.*

D'un joli vert-pré à l'état vivant.

CL. LAXA. Kg.

Cladophora laxa. Kg. Phyc. Germ. p. 209; Spec. Alg. p. 394; Tab. Phyc. 3, p. 27. tab. 96.

Flottant à la lame.

Marie-Galante (Grand-Bourg, récif des Basses).

En février. — *Coll. no 1555.*

Coloration à l'état frais : vert tendre.

CL. (ÆGAGROPILA) REPENS. Kg.

Conferva repens. J. Ag. Alg. Med. p. 13. — *Conferva spongiosa.* Zanard. — *Cladophora repens.* Harv. Phyc. Brit. t. 236; Crn. Alg. mar. Finist. 358. — *Cladophora (œgagropila) repens.* Kg. Spec. Alg. 416.

Sur des bois morts, à la limite du flot, sur des rochers, au bord d'une rivière où remonte le flot.

Pointe-à-Pitre (Anse de Fouillole). — Moule (Rivière de la Baie).

En Août. — *Coll. nos 305 1re Série, 941.*

De couleur vert olivâtre persistant.

CL. (ÆGAGROPILA) ENORMIS. Kg.

Conferva enormis. Mont. Canar. — *Cladophora (œgagropila) enormis.* Kg. Spec. Alg. p. 416; Tab. Phyc. 3, p. 15, tab. 69.

Flottant à la lame ou parasite sur *Blodgettia.*

Gosier (Anse de la Saline). — Saint-Martin (Anse du Marigot).

En Février, Avril et Décembre. — *Coll. nos 312, 828, 1468.*

Vert grisâtre à reflets brillants.

CL. (ÆGAGROPILA) SUBTILIS. Kg.

Conferva (œgagropila) subtilis. Crn. mscr. — *Cladophora (œgagropila) subtilis.* Kg. Tab. Phyc. 4, p. 15, tab 72.

Parasite sur *Digenca simplex*, flottant à la lame.

Saintes (Anse Rodrigues). — Pointe-à-Pitre (Anse de Fouillole).

En Juin, Août. — *Coll. nos 876, 942.*

Coloration vivante : vert gai.

Cl. (ÆGAGROPILA) TRICHOTOMA. Kg.

Conferva trichotoma. Ag. Syst. p. 121. — *Cladophora (ægagropila) trichotoma.* Kg. Spec. Alg. p. 414; Tab. Phyc. 4, p. 14, tab. 64.

Sur des rochers détachés, à petite distance du rivage, à marée basse ; eaux très-claires.

Moule (Vieux-Bourg, près la distillerie Beaudean).

En Octobre. — *Coll.* nos *263 1re Série.*

Vert de poireau brillant.

Cl. (ÆGAGROPILA) MEMBRANACEA. Kg.

Conferva membranacea. Ag. Syst. p. 120. — *Cladophora (ægagro-pila) membranacea.* Kg. Spec. Alg. p. 415; Tab. Phyc. 4, p. 14, tab. 64.

A la plage, sur le sable. Recueilli vivant sur des rochers avancés découvrant à la marée.

Moule (Plage du bourg, porte d'Enfer). — Anse-Bertrand (Porte d'Enfer). — Port-Louis (Anse du Souffleur). — Saintes (Anse Ro-drigues, anse du fond Curé). — Petit-Bourg (Plage).

Presque en toute saison. — *Coll.* nos *370, 505, 657, 653.*

Coloration vivante : vert intense.

L. (ÆGAGROPILA) MEMBRANACEA var. : *cespitosa.* Kg.

Conferva cespitosa. Bory. — *Cladophora (ægagropila) membranacea,* var. : *cespitosa.* Kg. Spec. Alg. p. 415.

A la plage, sur le sable.

Moule (Fond du port).

En Mai. — *Coll.* no *380.*

De couleur vert clair.

Cl. (ÆGAGROPILA) SOCIALIS. Kg. ?

Cladophora (ægagropila) socialis. Kg. Spec. Alg. p. 416; Tab. Phyc. 4, p. 15, tab. 71.

Parasite sur *Laurencia.*

Gosier (Anse Laverdure).

En Décembre. — *Coll.* no *691.*

Vert-pré brillant.

Cl. (ÆGAGROPILA) COMPOSITA. Harv. et Hook.

Cladophora (ægagropila) composita. Harv. et Hook. Journ. Bot. 1,

p. 167; Kg. Spec. Alg. p. 415; Tab. Phyc. 4, p. 14, tab. 67.
Flottant à la lame.
Gosier (Anse Laverdure).
En Octobre. — *Coll. n° 1307.*
Coloration à l'état frais : vert sombre

EAUX DOUCES.

Cl. MACROGONYA. Kg. *var.*

Sur des branches mortes complétement immergées dans le lit d'une rivière, en dehors de l'action du flux; eaux douces.
Moule (Rivière de la Baie, 2° coude).
En Avril. — Rare. — *Coll. n° 85 2e Série.*
Coloration : vert grisâtre ou jaunâtre.

Cl. ŒDOGONIA. Mont.

Cladophora Rœttleri. Kg. Spec. Alg. p. 409; Tab. Phyc. 4, p. 10, tab. 46. — *Cladophora œdogonia.* Mont. Guy. n° 40; Syll. p. 458.
Garnit d'une sorte de tapis le fond de canaux qui reçoivent le trop-plein d'une source thermale; eaux chaudes mélangées d'eau froide. Recueilli aussi flottant dans des bassins d'eau douce courante ou tapissant les murs toujours humides d'une fontaine publique et d'une prise d'eau.
Dolé (Canal qui longe la route coloniale n° 1, au-dessus du 2° pont). —Basse-Terre (Fontaine du quartier dit *Petite-Guinée,* prise d'eau de la rivière aux Herbes, bassins de l'habitation *la Jacinthe*).
Toute l'année. — *Coll. nos 174 1re Série, 113, 436, 502, 504.*
Varie de couleur: vert-pomme dans les eaux chaudes, vert-pré dans tous autres milieux.

Cl. PENICILLATA. Kg. forma OCCIDENTALIS. Crn. mscr.

Sur les roches qui garnissent le lit d'une rivière, par 0m10c de profondeur; eaux douces courantes.
Moule (Rivière du fond du port)
En Novembre. — *Coll. n° 628.*
Vert-émeraude terne.

EAUX THERMALES.

Cl. THERMALIS. Crn. mscr.

Croît sur des roches, sur des pierres qui forment l'entourage de sources thermales à 33 et 36°.

Dolé (Bassin de la Digue, source Cappès).

Presque toute l'année. — *Coll. nos 173, 177 2e Série.*

Forme sous l'eau de jolis gazons d'un vert sombre brillant.

CL. THERMALIS. *var.*

Flottant dans le bassin d'une source thermo-minérale à 33º.

Lamentin (Source dite *Ravine-Chaude*). Altitude

En Avril. — *Coll. no 46.*

Coloration à l'état de vie : vert sombre brillant.

CHROOLEPUS. Ag. Crn. l. c. Genera. Pl. 8.

CH. FLAVUM. Kg.

Trentepohlia polycarpa. Ag. Nees. et Mont. Voy. de la Bonite, Bot. p. 16. — *Mycenima? flavum.* Hook. et Arnott. — *Chroolepus flavum.* Kg. Phyc. German. p. 284; Spec. Alg. p. 428; Tab. Phyc. 4, p. 22, tab. 96.

Tapisse de larges plaques les roches toujours humides qui forment la base du piton le plus élevé du cône de la Soufrière. Recueilli aussi sur le tronc d'un *Freziera undulata,* près du col du Sans-Toucher.

Cône de la Soufrière (Piton Dolomieu). Altitude 1455 mètres environ. — Col du Sans-Toucher. Altitude 1188 mètres.

Très-abondant de Février à Juillet. — Persiste presque toute l'année. — *Coll. nos 123, 133, 155 2e Série.*

D'une belle couleur rouge orangée à l'état vivant.

CHANTRANSIA. Desv. Crn. l. c. Genera. pl. 7.

CH. CÆRULESCENS. Mont.

Chantransia cærulescens. Mont. Guy. no 29; Syll. p. 404, no 1443.

Sur de vieilles racines, des fragments de roches, dans des ruisseaux d'eau douce courante, à diverses altitudes.

Sainte-Rose (Sofaya, ravine des Bois-Couchés) (*Cyrilla racemosa*). Altitude 465m environ.

Petit-Bourg (Ravine Saint-Nicolas, près du rivage).

En Mars, Septembre. — *Coll. nos 22, 579.*

Coloration vivante : brun velouté nuancé de bleu.

DRAPARNALDIA. Bory, Crn. l. c. Genera. pl. 8.

D. GLOMERATA (Vauch.) Ag.

Batrachospermum glomeratum. Vauch. Conf. Tab. 12, f. 1. — *Con-*

ferva mutabilis. E. Bot. tab. 1746. — *Draparnaldia adulta.* Bory.
— *Draparnaldia glomerata.* Ag. Syst. p. 58; Lyngb. Hydr. t. 64;
Duby. Bot. Desmaz. exsc. 53; Lloyd. Alg. Ouest. 90; Kg. Spec. Alg.
p. 356; Tab. Phyc. 3, p. 3, tab. 12; Crn. Flor. Finist. p. 128.

Recueilli sur des détritus de feuilles, des éclats de roches, dans des
ruisseaux d'eau douce courante.

Matouba (Ruisseau de la ravine de l'habitation Planel, canal de
l'habitation). Altitude 704^m environ.

En Février, Avril, Juillet, Novembre. — *Coll. n° 67.*

D'un beau vert-pré tendre, translucide.

D. DENUDATA. Crn. mscr.

Draparnaldia denudata. Crn. in Schramm et Mazé l. c.

Flotte dans le courant d'un ruisseau qui alimente le bassin d'une
source thermale, tout en **restant** fixé, par la base, aux pierres qui
garnissent le lit du cours d'eau.

Massif de la Soufrière, à la base du morne Goyavier (Bains-Jaunes,
au-dessus du bassin dit *de Beauvallon*). Altitude 957^m. Température
moyenne, 34°.

En Juillet, Mars, Novembre. — *Coll. n° 129 2e Série.*

Vert-pré à l'état de vie.

D. NATANS. Crn. mscr.

Flottant entre deux eaux, dans un canal d'irrigation qui traverse
l'allée principale d'une habitation abandonnée; eau douce.

Matouba (Parc du Vieux-Gouvernement). Altitude 652^m environ.

En Octobre. — *Coll. n° 592.*

Coloration vivante : vert-émeraude soyeux.

D. FLUVIATILIS. Crn. mscr.

Croît sur des roches calcaires toujours immergées, un peu au-dessous
d'un bassin d'où jaillissent les sources d'une rivière; eaux complète-
ment douces.

Moule (Sources de la rivière du fond du port).

En Novembre. — *Coll. n° 621.*

D'un beau vert sombre à reflets soyeux.

D. THERMALE. Braun.

Draparnaldia thermale. Braun.

Flottant dans le bassin d'une source thermale.

Recueilli vivant sur les roches trachytiques que baigne un ruisseau d'eau chaude.

Massif de la Soufrière, à la base du morne Goyavier (Bassin Beauvallon). Altitude 957ᵐ. Température moyenne 34°.

Dolé (Ruisseau qui alimente le bassin de la ravine dite Bain-d'Amour). Altitude 195ᵐ environ. Température 30°.

En Août, Octobre. — *Coll. nᵒˢ 902, 928.*

Coloration : vert-émeraude nuancé de jaune aux extrémités.

D. ACUTA. Kg.

Draparnaldia acuta. Phyc. Germ. p. 230; Spec. Alg. p. 356; Tab. Phyc. 3, p. 3, tab. 13.

Sur des pierres immergées dans un cassis qui traverse la route stratégique.

Haut-Matouba (Ravine Mondésir). Altitude 689ᵐ environ.

En Octobre, Novembre, Décembre, Janvier. — *Coll. nᵒˢ 621, 1146.*

D'un joli vert-pomme.

MICROTHAMNION Nœgeli.

M. STRICTISSIMUM Rabenh.

Microthamnion strictissimum. Rabenh. Krypt. Flor. v. Sachs. p. 266; Flor. Europ. sect. 3, p. 375.

Dans des flaques d'eau pluviale, à mi-côte d'un morne.

Saintes (Morne Mirre, au pied de l'escarpe du fort Napoléon).

En Janvier. — Très-rare. — *Coll. nᵒ 1273.*

Coloration vivante : vert-émeraude soyeux.

STIGEOCLONIUM. Kg.

S. PLUMOSUM. Kg.

Stigeoclonium plumosum. Kg. Spec. Alg. p. 356; Tab. Phyc. 3, p. 3, tab. 11.

Recueilli sur les pierres qui forment le cassis d'un chemin d'exploitation rurale; eaux douces courantes.

Saint-Claude (Habitation Belost). Altitude 160ᵐ.

N'a pas de saison, paraît ou disparaît selon l'abondance de l'eau. — *Coll. nᵒ 191 1ʳᵉ. Série.*

D'un joli vert-pré à l'état de vie.

10

BATRACHOSPERMÉES.

COMPSOPOGON. Mont.

C. LEPTOCLADOS. Mont.

> *Compsopogon leptoclados.* Mont. Guy. n° 32; Syll. p. 462; Kg. Tab. Phyc 7, p. 36, tab. 89.
>
> Sur les culées d'un pont en ruine, aujourd'hui couvertes par la mer, eaux mêlées.
>
> Petit-Bourg (Embouchure de la rivière).
>
> En Janvier, Février, Novembre. — *Coll.* n°s *229, 1063, 1163.*
>
> Coloration : vert clair à l'état de vie.

C. LEPTOCLADOS. Mont. *var.*

> Recueilli vivant sur des branches mortes, des fragments de racines flottant dans un ruisseau d'eau douce.
>
> Petit-Bourg (Ravine Favard, affluent de la rivière Lézarde). Altitude 115ᵐ.
>
> En Février, Mai. — *Coll.* n°s *1162, 1863.*
>
> Même coloration que l'espèce type.

BATRACHOSPERMUM. Roth. Crn. J. c. Genera. pl. 8.

B. CAYENNENSE. Mont.

> *Batrachospermum monoliforme,* var : *Guyanense.* Mont. Ann. Sc. nat. XIII, p. 200, cent. II, n° 8. — *Batrachospermum Cayennense.* Mont. in. Kg. Spec. Alg. p. 537; Syll. p. 401.
>
> Dans le lit d'un ruisseau, sur des roches à peine immergées, auxquelles il adhère par un point d'attache unique ; eaux douces généralement très-claires.
>
> Matouba (Cours d'eau de la ravine dite *Grande-Costière,* principal affluent de la rivière aux Écrevisses). Altitude 650ᵐ environ.
>
> En Mars, Avril, Mai, Juin, Juillet, Août. — *Coll.* n°s *68 2e Série, 509, 718.*
>
> Brun violacé dans l'eau.

B. TORRIDUM. Mont.

> *Batrachospermum torridum.* Mont. Guy. n° 21. Syll. p. 401.
>
> Presque au niveau de l'eau, sur des roches, dans des rivières ou ruisseaux à cours le plus ordinairement tranquille.

Matouba (Cours d'eau de la ravine dite |*Grande-Costière*, principal affluent de la rivière aux Écrevisses). Altitude 650ᵐ environ.

Petit-Bourg (Ravine Saint-Nicolas).

En Mai, Juin, Juillet, Septembre. — *Coll.* nᶜˢ *67 2ᵉ Série, 580.*

De couleur vert violacé dans l'eau.

B. NODIFLORUM. Mont.

Batrachospermum nodiflorum. Mont. Guy. n° 24; Syll. p. 402.

Croît sur des fragments de roches cristallines, dans un ruisseau qui traverse la trace stratégique de la Basse-Terre à la Pointe-à-Pitre.

Morne de la Grande-Découverte (Ravine dite Bois-de-Bout). Altitude 1100ᵐ environ.

En Août. — *Coll.* n° *147 2ᵉ Série.*

Coloration : vert foncé à l'état vivant.

B. VAGUM. Ag. *var :* GUYANENSE. Mont.

Batrachospermum vagum. Ag. *var : Guyanense.* Mont. Guy. n° 26, Syll. p. 402.

Croît sur l'argile jaunâtre qui tapisse le fond d'une source potable sur le versant du morne de la Grande-Découverte. Recueilli aussi dans un des réservoirs naturels de la savane aux Ananas.

Morne de la Grande-Découverte (Première source de la trace stratégique, au-dessus du campement dit *de l'Éboulement.* Altitude 1136ᵐ environ.

Savane aux Ananas (Au-dessus du campement dit *des Sans-Touchers*, sources). Altitude 980ᵐ.

En Août. — *Coll.* nᵒˢ *148, 149 2ᵉ Série.*

De couleur vert bleuâtre se maintenant à l'air.

B. KERATOPHYTUM. Bory. *var :* B. CHALYBEUM. Crn. mscr.

Recueilli d'abord sur des racines flottantes, dans un ruisseau d'eau froide ferrugineuse, à 200ᵐ environ d'une source thermo-minérale; rencontré plus tard sur des roches, des fragments de branches mortes, dans un ruisseau d'eau douce courante.

Sainte-Rose (Morne de l'établissement thermal de Sofaya). Altitude 450ᵐ environ. — Matouba (Ruisseau de la ravine de l'habitation Planel, près du pont). Altitude 705ᵐ environ. — Petit-Bourg (Ravine

Favard, affluent de la Lézarde). — Matouba (Revers du morne de la Grande-Découverte, ravine affluent de la rivière Rouge.

Presque toute l'année. — *Coll. nos 352 2e Série, 1161, 1174, 1265.*

Coloration : vert noirâtre nuancé de bleu, dans l'eau.

CAULERPÉES.

CAULERPA.

C. PROLIFERA. Lamour.

Phyllerpa prolifera. Kg. Spec. Alg. p. 494; Tab. Phyc. 7, p. 2, tab. 3. — *Fucus prolifer.* Forsk. Flor. Ægypt, Ar. p. 193. — *Fucus Ophioglossum.* Web. et Mohr; Turn. Hist. tab. 58. — *Ulva repens.* Clement. — *Ulva nitida.* Bert. Amœn. Bot. p. 94. — *Ulva prolifera.* D. C. Fl. Fr. p. 5. — *Caulerpa ocellata.* Lamour. J. Bot. 1809. — *Caulerpa prolifera.* Lamour. l. c. p. 136; Ag. Sp. 1, p. 444; J. Ag. Alg. Med. p. 24; Duby. Bot. Gall. p. 959.

Recueilli dans le sable, près du rivage, et par 0m60 de profondeur, souvent aussi sur la coquille du *Strombus gigas.*

Saint-Martin (Lac Simpson). — Port-Louis (Anse du Souffleur). — Gosier (Pointe Laverdure). — Saintes (Anses sous le vent).

En Mars, Août. — *Coll. nos 131 1re Série, 1523, 1525.*

Coloration : vert sombre luisant nuancé de jaune.

C. PROLIFERA. Ag. *var :* FIRMA. Kg.

Phyllerpa prolifera var. : *firma.* Kg. Spec. Alg. p. 495; Tab. Phyc. 7, p. 2, tab. 3. — *Caulerpa prolifera.* Ag. var. : *firma.* Kg.

À la plage, flottant. Recueilli vivant, dans le sable, à petite distance du rivage.

Saint-Martin (Anse du Marigot). — Sainte-Rose (Îlet du Carénage).

En Janvier, Avril, Août, Novembre.— *Coll. nos 388 2e Série, 1075.*

Vert sombre très-brillant.

C. FREYCINETII. Ag.

Fucus serrulatus. Forsk. Fl. Ægypt. Arab. p. 189. — *Caulerpa serrulata.* J. Ag. — *Caulerpa Freycinetii.* Ag. Spec. 1, p. 446; Bory. Voy. Coq. tab. 22, f. 2; Kg. Spec. Alg. p. 495; Tab. Phyc. 7, p. 2, tab. 4.

Croît sur le sable, dans des canaux profonds qui séparent des bancs de *Zostera marina* presque toujours immergés. Ramené avec la drague d'une profondeur de 50^m environ sur des fragments de madrépores; se rencontre aussi fréquemment sur la coquille des *Strombes*.

Moule (Vieux-Bourg, rade). — Saintes (Anses sous le vent).

De Mars à Juillet. — *Coll.* n^{os} *71 1re Série, 347 2e Série, 1829.*

Coloration vivante : vert tendre brillant.

C. TAXIFOLIA. Ag.

Caulerpa pennata. Lamour. I. Bot. 1809, p. 143. — *Fucus taxifolius.* Vahl. — *Caulerpa taxifolia.* Ag. Spec. I. p. 435; Kg. Sp. Alg. p. 495; Tab. Phyc. 7, p. 3, tab. 5. — *Caulerpa falcata.* Kg. Tab. Phyc. 7, p. 3, tab. 5.

Dans le sable, parmi des débris de madrépores arrachés aux récifs du large par le choc des lames; eaux peu profondes. Recueilli assez souvent sur la coquille du *Strombus gigas*.

Moule (Plage du cimetière des Nègres). — Saintes (Anse du Marigot). — Marie-Galante (Plage du Grand-Bourg, anse Trianon).

De Février à Octobre. — *Coll.* n^{os} *352, 895, 1564.*

Vert plus ou moins sombre, selon l'âge de la plante.

C. TAXIFOLIA *var. :* B. CRASSIFOLIA. Ag.

Fucus pinnatus Linné; Turn. Tab. 53. — *Caulerpa crassifolia.* var.: B. *crassifolia.* Ag. Spec. I., p. 436; Kg. Spec. Alg. p. 495.

Croît entre des fragments de vieux madrépores, à la limite du flot; eaux calmes, chargées de productions calcaires; se rencontre très-souvent sur la coquille des *Strombes*.

Pointe-à-Pitre (Ilet Dufresny). — Saintes (Anse sous le vent).

En Décembre, Mai, Juin. — *Coll.* n^{os} *1066, 1068.*

Coloration vivante : vert noirâtre nuancé de jaune.

C. MEXICANA. Sond. *var. :* HARVEYANA. (Kg.) Crn. mscr.

Caulerpa Mexicana. Sond; Harvey. Ner. Bor. Amer. — *Caulerpa Harveyana.* Kg. Tab. Phyc. 7, p. 3, tab. 5. — *Caulerpa Mexicana.* Sond. *var. : Harveyana.* Crn. mscr.

Recueilli sur des bancs de sable vaseux, à petite distance de la plage, dans des eaux généralement très-calmes; se rencontre souvent sur la coquille du *Strombus gigas,* où il est assez abondant pendant une saison (Mars à Septembre).

Pointe-à-Pitre (Ilets Pauline, Amic, Boissard, plage de l'habitation

Houëlbourg). — Moule (Fond du port, bancs de sable, plage du cimetière des Nègres). — Saintes (Anses sous le vent).

Toute l'année. — *Coll.* n^{os} *164 bis 1re Série, 925, 1067, 1168, 1224, 1276, 1514, 1524, 1543, 1885.*

Tantôt vert gai nuancé de jaune aux extrémités, tantôt vert très-sombre, selon la profondeur où vit la plante.

C. PECTINATA. Kg.

Caulerpa pectinata. Kg. Spec. Alg. p. 495; Tab. Phyc. 7, p. 3, tab. 5.

Flottant à la lame.

Moule (Vieux-Bourg, fond du port, plage de la Couronne).

En Août, Novembre, Décembre. — *Coll.* n^{os} *93 1re Série, 634, 1951.*

De couleur vert sombre à l'état frais.

C. PECTINATA. Kg. *var.*

Croît dans un sable vaseux mélangé de fragments de coquilles; eaux peu profondes généralement troubles.

Pointe-à-Pitre (Anse de Fouillole). — Marie-Galante (Grand-Bourg, rade). — Moule (Vieux-Bourg).

En Avril, Mai, Août. — *Coll.* n^o *26 2e Série.*

Vert sombre terne sous l'eau.

C. PLUMARIS. Ag.

Fucus plumaris. Forsk. Fl. Ægypt. Arab. p. 190. — *Caulerpa myriophylla.* Lamour. I. Bot. 1809, p. 143. — *Fucus taxifolius.* Turn. Hist. Fuc. tab. 54. — *Fucus sertularioïdes.* Gmel. Fuc. p. 151, tab. 15. — *Caulerpa plumaris.* Ag. Spec. 1, p. 436; Kg. Spec. Alg. p. 496. Tab. Phyc. 7, p. 4, tab. 6.

Croît en touffes très-fournies dans le sable ou la vase, entre des fragments de rochers, de vieux madrépores ensablés; eaux calmes, mais généralement peu profondes.

Pointe-à-Pitre (Les îlets, les bancs de la passe, anse d'Arboussier). — Saintes (Ilet à Cabris, anses Rodrigues, du Marigot, du Mouillage). — Marie-Galante (Grand-Bourg, rade, anse de Trianon). — Vieux-Habitants (Plage au vent du bourg). — Sainte-Rose (Ilets Blanc, du Carénage). — Saint-Martin (Anse du Marigot).

Toute l'année. — *Coll. nos 23 1re Série, 178, 393 2e Série, 1043, 1219.*

Coloration à l'état de vie : vert sombre luisant.

C. PLUMARIS. Ag. *var. : elegans.* Crn. mscr.

Dans le sable, sur les bancs intérieurs d'une baie ouverte, protégée par une ligne de brisants; eaux souvent agitées.

Marie-Galante (Rade du Grand-Bourg).

En Mars. — Très-rare. — *Coll. no 230 2e Série.*

De couleur vert jaunâtre.

C. PLUMARIS. Ag. *var. :*

Dans un lagon artificiel qui reçoit les eaux du large à chaque marée; fond de sable mélangé de vase.

Pointe-à-Pitre (Ilet Boissard).

En Août. — *Coll no*

Coloration vert sombre.

Cette espèce curieuse, qui n'était représentée que par un exemplaire, a disparu lors de l'incendie de la Pointe-à-Pitre.

C. DISTICHOPHYLLA. Sond.

Caulerpa distichophylla. Sond. Enum. Pl. Preiss; Kg. Spec. Alg. p. 496; Tab. Phyc. 7, p. 4, tab. 8.

Croît sur le sable vaseux, dans un réservoir où pénètre la marée.

Pointe-à-Pitre (Vivier de l'îlet Bily).

En avril. — *Coll. nos 266 2e Série, 789.*

De couleur vert sombre.

C. SELAGO. Turn. Ag.

Fucus selago. Turn. Hist. tab. 55. — *Chauvinia selago.* Kg. Spec. Alg. p. 497; Tab. Phyc. 7, p. 5, tab. 11. — *Caulerpa selago.* Ag. Spec. p. 442.

Flottant à la lame.

Saint-Martin (Anse de la Grand'Case).

En Mai. — Rare. — *Coll. no 871.*

Noir verdâtre passant au jaune-rouille aux extrémités des frondes.

C. ERICIFOLIA. Ag.

Fucus ericifolius. Turn. Hist. Fuc. tab. 56. — *Chauvinia ericifolia.*

Kg. Spec. Alg. p. 497; Tab. Phyc. 7, p. 5, tab. — *Caulerpa erici-folia*. Ag. Spec. p. 442.

Croît sur des bancs de sable blanc, par un mètre de profondeur; eaux presque calmes.

Moule (Plage du cimetière des Nègres). — Marie-Galante (Plage de l'habitation Murat). — Gosier (Plage du fort l'Union).

En Mars, Avril, Août. — *Coll. nos 36, 94 1re Série, 1222.*

De couleur vert sombre, terne.

C. ERICIFOLIA. *var.*

Même habitat que l'espèce type, fond de sable mélangé de débris de coquilles.

Moule (Plage du cimetière des Nègres).

Marie-Galante (Plage de l'habitation Murat, dite *les Basses*).

En Mars, Avril. — *Coll. no 94 bis 1re Série.*

Même coloration que l'espèce type.

C. CUPRESSOÏDES. Ag.

Chauvinia cupressoïdes. Kg. Spec. Alg. p. 497; Tab. Phyc. 7, p. 6, tab. 13. — *Fucus cupressoïdes*. Wahl. Turn. Hist. Fuc. tab. 195. — *Caulerpa hypnoïdes*. Lamour. Journ. Bot. p. 145. — *Caulerpa cupressoïdes*. Ag. Spec. p. 441.

Vit d'ordinaire sur des bancs de sable vaseux, par un mètre de profondeur; eaux troubles salées ou saumâtres.

Saint-Martin (Lac Simpson). — Pointe-à-Pitre (Ilet à Jarry, anse de Fouillole). — Saintes (Anse du Marigot).

En Septembre, Décembre, Mai. — *Coll. nos 389 2e Série, 175, 861.*

Vert sombre dans l'eau.

C. CUPRESSOÏDES. *var.:* ALTERNIFOLIA. Crn. mscr.

Caulerpa alternifolia. Crn. in Schramm et Mazé. l. c.

Croît sur des fragments de rochers, de vieux madrépores, sur des fonds de sable mélangés de vase, dans des eaux presque calmes et chargées de productions calcaires.

Marie-Galante (Rade du Grand-Bourg, anse de Trianon). — Pointe-à-Pitre (Ilet à Cochons, îlet Boissard, îlet à Fajou, anse d'Arboussier). — Gosier (Grande-Baie, plage du fort l'Union).

Toute l'année. — Très-abondant. — *Coll. nos 204 1re Série, 194, 237 2e Série, 255, 329, 342, 601, 1221.*

Coloration : vert gai terne à l'état de vie.

C. CLAVIFERA. Ag.

Chauvinia clavifera. Kg. Spec. Alg. p. 498; tab. Phyc. 7, p. 6, tab. 14. — *Fucus clavifer.* Turn. Hist. tab. 57. — *Fucus racemosus.* Forsk. Ægypt. Arab. p. 191. — *Caulerpa clavifera.* Ag. Spec. Alg. et Syst. p. 437.

Croît dans des fonds de sable vaseux, sur des fragments de madrépores, des bois immergés, des racines de palétuviers, par 0m 30 à 0m 40 de profondeur; eaux généralement calmes, mais troubles.

Moule (Fond du port). — Pointe-à-Pitre (Ilet Pauline, anse d'Arboussier).

En Janvier, Février, Avril, Octobre. — *Coll. nos 256, 797, 938, 939.*

De couleur vert jaunâtre terne ou vert sombre dans l'eau.

C. CLAVIFERA. *var.* : CONDENSATA. (Kg.) Crn. mscr.

Chauvinia clavifera var. : *condensata.* Kg. Tabul. Phyc. vol. 7, p. 6, tab. 14. — *Caulerpa clavifera var.* : *condensata* (Kg.) Crn. mscr.

Sur des rochers madréporiques à demi-ensablés, à petite distance de la plage ou découvrant à la marée.

Saintes (Anse Pompierre).— Sainte-Rose.— Moule (Porte-d'Enfer, anse Grouyé). — Pointe-à-Pitre (Ilet Boissard).

En Janvier, Mars, Avril. — *Coll. nos 936, 937, 1742.*

Coloration à l'état de vie : vert-pré brillant.

C. CLAVIFERA *var.* : UVIFERA. Ag.

Caulerpa uvifera. Mont. — *Chauvinia clavifera. var.* : *uvifera.* Kg. Spec. Alg. p. 498; Tab. Phyc. 7, p. 6, tab. 14. — *Fucus uvifer.* Turn. Hist. tab. 230; Schimp. Un. Itin. nos 47 et 920. — *Caulerpa clavifera var.* : *uvifera.* Ag. Spec. Alg. p. 446.

Même habitat que l'espèce type, avec laquelle il vit souvent confondu, quoique bien moins abondant. Se rencontre parfois sur la coquille du *Strombus gigas.*

Pointe-à-Pitre (Ilet à Cochons, îlet Boissard). — Saintes (Anses sous le vent). — Moule (Porte-d'Enfer, anse Sainte-Marguerite). — Sainte-Rose (Ilet Blanc). — Port-Louis (Anse du Soufleur).

Presque toute l'année. — *Coll.* n^os *919, 935, 992.*

Coloration à l'état de vie : vert-pré brillant.

C. SEDOÏDES. Ag.

Chauvinia sedoïdes. Kg. Spec. Alg. p. 498; Tab. Phyc. 7, p. 6, tab. 15.
— *Caulerpa lentilifera.* J. Ag. Sec. Harvey. — *Caulerpa sedoïdes.*
Ag. Spec. 1, p. 438.

Croît sur des rochers et galets découvrant à basse mer. Recueilli
aussi sur des bancs de sable blanc toujours immergés, par 1 mètre ;
eaux très-claires.

Pointe-à-Pitre (Ilet Boissard). — Gosier (Anse Laverdure, au large).

En Février, Mai. — *Coll.* n^os *1387, 1743, 1903.*

De couleur vert foncé brillant.

C. WEBBIANA. Mont.

Chauvinia Webbiana. Kg. Spec. Alg. p. 499; Tab. Phyc. 7, p. 7,
tab. 16. — *Caulerpa Webbiana.* Mont. Ann. Sc. nat. 1838, p. 129;
ejusdem in Webb. et Berth. Plant. cellul. Canar. p. 178; Syll. p. 453.

Trouvé pour la première fois flottant à petite distance de la plage,
parmi des *Halyseris, Laurencia,* etc. Recueilli vivant sur la coquille
du *Strombus gigas.*

Moule (Vieux-Bourg, pointe de la Chapelle). — Saintes (Anses sous
le vent).

En Mai, Juin, Août. — *Coll.* n^os *71 1re Série, 76, 302, 1359.*

Coloration vivante : vert-émeraude clair pointillé de noir.

C. PUSILLA. Mart. et Hering.

Chauvinia pusilla. Kg. Spec. Alg. p. 500. — *Stephanocœlium pu-
sillum.* Kg. Bot. Zeitg. 1847. — *Caulerpa pusilla.* Mart. et Hering.

Croît en touffes épaisses sur les pierres et les pilotis qui forment la
bordure des quais du port de la Pointe-à-Pitre, un peu au-dessous du
niveau ordinaire des marées. Recueilli aussi sur les racines de palétuviers immergés qui bordent des îlets madréporiques de la rade.

Pointe-à-Pitre (Quais de la ville). — Pointe-à-Pitre (Ilet à Fajou,
îlet à Jarry, îlet à Boissard, sous le vent).

Presque toute l'année. Novembre et Décembre exceptés. — *Coll.*
n^os *136 1re Série, 1355, 1355 bis.*

D'un beau vert foncé très-brillant sous l'eau.

C. INDICA. Sond.

Chauvinia indica. Sonder. Herb. Kg. Tab. Phyc. 7, p. 5, tab. 10.

Fottant à la lame. — Recueilli vivant sur la coquille des Strombes.

Saintes (Anse Rodrigues. — Saintes (Anses sous le vent).

En Juillet, Novembre. — Coll. nos 969, 1069.

Coloration vert sombre à l'état de vie.

C. TRIANGULARIS. Crn. mscr.

Vit sur la coquille du Strombus gigas.

Saintes (Anses sous le vent).

En Janvier. — Très-rare. — Coll. no

D'un vert brunâtre foncé très-luisant.

C. FASTIGIATA. Mont.

Herpochœta fastigiata. Mont. cent. 1, no 16, Syll. p. 453; Kg. Spec. Alg. p. 494; Tab. Phyc. 7, p. 1, tab. 1. — Caulerpa fastigiata. Mont. Plant. cell. Cub. p. 19, tab. 2, f. 3.

Croît au niveau de l'eau, sur des rochers ensablés, près de lagons où pénètre la marée.

Moule (Baie).

En Octobre. — Coll. no 1033.

Coloration vivante vert noirâtre brillant.

C. FASTIGIATA. Mont. var. : CONFERVOÏDES. Crn. mscr.

Flottant en paquets emmêlés dans un bassin fermé où pénètre le flot à chaque marée; fond de sable très-vaseux. — Rencontré vivant sur des galets envasés.

Pointe-à-Pitre (Ilet Boissard, vivier). — Anse d'Arboussier (Ilet à Fajou, au vent, près le débarcadère; Ilet à Cochons, lagons intérieurs).

En Février, Avril, Août, Décembre. — Coll. nos 381 2e Série, 26 1743.

De couleur vert jaunâtre foncé.

ACÉTABULARIÉES.

ACETABULARIA. Lamour.

A. CRENULATA. Lamour.

Tubularia acetabulum. var. : B. Gmel. Syst. Nat. p. 3833; Brown. Jam. Hist. p. 74, tab. 40; Esper. Zoophyt. Tab. 1, f. 1-4. — Acetabu-

laria crenulata. Lamour. Hist. Polyp. p. 249, Pl. 8, f. 1; Expos. méth. p. 20, tab. 69, f. 1; Kg. Spec. Alg. p. 510.

Dans des eaux tranquilles, peu profondes, souvent troubles et fortement chauffées par le soleil, sur des rochers ensablés, des bois immergés, le plus souvent même dans le sable. Se rencontre assez fréquemment en parasite sur l'*Halimeda* et le *Dasycladus*.

Saint-Martin (Lac Simpson). — Moule (Fond de la rade). — Pointe-à-Pitre (Ilet Boissard, îlet à Jarry, passage de la Gabare). — Gosier (Pointe Laverdure).

N'a pas de saison, persiste toute l'année; entre en végétation en décembre. — *Coll. n° 45 1re Série, 1347.*

Coloration : vert tendre à l'état jeune, passe au blanc grisâtre avec l'âge.

A. POLYPHYSOÏDES. Crn. mscr.

Acetabularia polyphysoïdes. Crn. in. Schramm et Mazé. l. c.

Mêlé à des *Centroceras*, en tapis sur des rochers ensablés qui ne restent à découvert qu'aux plus basses marées.

Pointe-à-Pitre (Ilet à Cochons, sous la batterie O).

En Février. — Très-rare. — *Coll. n° 223 1re Série.*

Vert brillant à l'état de vie.

HALIMÉDÉES.

HALIMEDA. Lamour.

H. OPUNTIA. Lamour.

Flabellaria opuntia. Lamk. Ann. Mus. 20, p. 203. — *Corallina opuntia.* Ell. et Sol. tab. 20, b.; Kg. Phyc. Gener. Tab. 43. H. — *Halimeda multicaulis.* Schimp. Un. Itin. n° 92. — *Halimeda opuntia.* Lamour. Expos. méth. p. 27, tab. 20, fig. 6; Decaisn. Class. Alg; Kg. Spec. Alg. p. 504; Tab. Phyc. 7, p. 8, tab. 21.

Sur des fragments de rochers, de débris de madrépores ensablés, à faible distance du rivage.

Marie-Galante (Rade du Grand-Bourg). — Pointe-à-Pitre (Ilet à Cochons, au vent; îlet Boissard). — Saintes (Anse du Marigot). — Saint-Martin (Anse du Marigot).

En toute saison. — *Coll. nos 104 2e Série, 390, 427, 933, 934, 1621.*

De couleur vert pâle, nuancé de jaune.

II. OPUNTIA. Lamour. *var.* :

Sur des roches madréporiques couvertes d'un sable vaseux; eaux presques calmes.

Marie - Galante (Rade du Grand - Bourg).

En Janvier. — *Coll. no 148 1re Série.*

Coloration : vert foncé luisant.

II. PLATYDISCA. Decne.

Halymeda platydisca. Decne. in. Nov. Ann. sc. nat. XVIII, p. 102; Kg. Spec. Alg. p. 504.

Vit habituellement sur des rochers, de vieux madrépores immergés dans des eaux calmes et abritées. Se rencontre le plus habituellement sur la coquille des *Strombes.*

Saint-Martin (Anse du Marigot). — Saintes (Anses sous le vent).

En toute saison. — *Coll. nos 33, 74 2e Série.*

De couleur vert tendre à l'état de vie.

II. TUNA. Lamour.

Corallina tuna. Ell. et Sol. p. 111, tab. 20, fig. *a.* — *Flabellaria tuna.* Lamarck. Ann. Mus. t. 20, p. 302. — *Halimeda sertolara.* Zanard. — *Fucus sertolara.* Bert. — *Halimeda tuna.* Lamour. Expos. méth. p. 27; Polyp. flex. p. 309, Kg. Spec. Alg. p. 504.

Sur des roches madréporiques, à petite distance du rivage. Souvent à la plage, sur le sable.

Moule (Vieux-Bourg, rade). — Moule (Fond du port). — Pointe-à-Pitre (Ilet Boissard). — Gosier (Anse Laverdure).

En toute saison. — *Coll. nos 50 2e Série, 390, 847, 993, 1625, 1790.*

De couleur vert sombre ou vert jaunâtre, selon que la plante est en végétation ou à l'état de repos.

II. INCRASSATA. Lamour.

Corallina incrassata. Ell. et Soland. tab. 20, fig. *d* 1-6. — *Flabellaria incrassata.* Lamk. Ann. Mus. t. 20, p. 302. — *Halimeda incrassata.* Lamour. Expos. méth. p. 26, tab. 20, f. *d* ; Kg. Spec. Alg. p. 504.

Dans des creux garnis de graviers sablonneux, au milieu des bancs de *Zostera marina* qui couvrent les hauts-fonds des rades et des baies. Ainsi que l'*Halimeda platydisca*, semble rechercher la coquille du *Strombus gigas.*

Moule (Vieux-Bourg, fond du port). — Pointe-à-Pitre (Les îlets).
— Saint-Martin (Anse du Marigot). — Marie-Galante (Rade du Grand-
Bourg). — Saintes (Anse du Marigot, anse Rodrigues, îlet à Cabris).
— Port-Louis (Anse Rambouillet).

Presque toute l'année. — *Coll.* nos *36 1re Série, 390* ter, *830.*

Coloration vivante : vert grisâtre.

H. TRIDENS. Lamour.

Corallina tridens. Ell. et Sol. p. 109, tab. 20, f. *a.* — *Halimeda
tridens.* Lamour. Expos. méth. p. 27, tab. 20, f. *d;* Kg. Spec. Alg.
p. 595; Tab. Phyc. 7, p. 9, tab. 22.

Assez abondant sur les côtes ou près des îlets où se rencontrent des
lieux fermés ou abrités; eaux calmes peu profondes, fond de sable
vaseux mélangé de débris de coquilles.

Pointe-à-Pitre (Ilet Boissard, vivier, îlet Bily). — Moule (Vieux-
Bourg). — Saint-Martin (Lac Simpson). — Saintes (Anse Rodrigues,
anse du Marigot). — Marie-Galante (Grand-Bourg). — Canal (La
Baie).

Toute l'année. — *Coll.* nos *149 1re Série, 103, 104 2e Série, 31,
800, 1516.*

D'un joli vert-pré sous l'eau.

H. MONILE. Lamour.

Corallina monile. Ell. et Sol. p. 110, tab. 20, f. *c.* — *Halimeda
monile.* Lamour. Exp. méth. p. 26; Polyp. flex. p. 306; Kg. Spec.
Alg. p. 505, Tab. Phyc. 8, p. 11, tab. 26.

Croît dans un sable vaseux mélangé de débris de coquilles; eaux
généralement tranquilles.

Saint-Martin (Lac Simpson, près le débarcadère de l'habitation
Durat). — Canal (La baie).

Persiste toute l'année. — *Coll.* nos *137 1re Série, 351.*

Varie de couleur : tantôt vert bleuté, tantôt vert jaunâtre.

H. CYLINDRICA. Decne.

Halimeda cylindrica. Decne. Nov. Ann. sc. nat. 18, p. 103; Kg.
Spec. Alg. p. 505.

Croît dans un sable vaseux, à petite distance du rivage, par 0m 60c
de profondeur.

Saint-Martin (Simpson bay).

En Avril, Juin. — *Coll. n⁰ 819.*

Coloration vivante : vert jaunâtre foncé.

H. TRILOBA. Decne.

Halimeda triloba. Decne. Nov. Ann. sc. nat. 18, p. 102; Kg. Spec
Alg. p. 504; Tab. Phyc. 7, p. 9. tab. 22.

Sur des bancs vaseux qui ne découvrent jamais, par 0ᵐ90 de profondeur.

Canal (La baie). — Pointe-à-Pitre, rade (Plage de l'habitation
Houëlbourg).

En Juin, Août. — *Coll. nᵒˢ 1515, 1896.*

D'un vert jaunâtre souillé.

UDOTEA. Lamour.

U. PHŒNIX. (Lamour). Crn. mscr.

Rhipocephalus phœnix. Kg. Spec. Alg. p. 506. Tab. Phyc. 8, p. 49
tab. 27.— *Nesea phœnix.* Lamour. l. c. p. 256. — *Penicillus phœnix*
Lamk. Ann. Mus. t. 20, p. 299; Decne.— *Udotea phœnix* (Lamour)
Crn. mscr.

Croît sur des bancs de sable blanc, dans des eaux généralement
calmes et peu profondes. Se recueille aussi sur de vieux madrépores
immergés dans des dépressions naturelles, au milieu de bancs de
Zostères.

Saint-François (Plage au vent du bourg). — Pointe-à-Pitre (Ilet à
Cochons au S.-O.; îlet Amic sous le vent). —Petit-Bourg (A la plage).
Gosier (Anse Laverdure, au large; anse Dumont). — Canal (La baie).
— Moule (Vieux-Bourg, plage).

De Mars à Septembre, Octobre. — *Coll. nᵒˢ 176 1ʳᵉ Série, 848,
1521, 1604 bis.*

Coloration à l'état de vie : vert grisâtre bleuté.

U. PHŒNIA. *var. :* ELATIOR. Crn. mscr.

Udotea phœnix. var. : *elatior.* Crn. mscr. — *Udotea plumula.* Crn.
in Schramm et Mazé. l. c.

Sur un fond de sable blanc, dans des eaux calmes, protégées par
des récifs immergés.

Moule (Récifs de la Couronne). — Saint-François (Au vent du bourg)
En Avril. — *Coll. n⁰ 24 1ʳᵉ Série.*

De couleur vert grisâtre terne.

FLABELLARIA. Lamour. (Reform.). Chauv. Ess.

F. CONGLUTINATA. Lamk.

> *Corallina conglutinata*. Ell. et Soland. p. 125, tab. 25; — *Udotea*
> *conglutinata*. Lamour. Polyp. flex. p. 312; Expos. méthod. p. 28,
> tab. 25; Kg. Spec. p. 502. — *Flabellaria conglutinata*. Lamk; Chauv.
> Recherch. p. 123.

> Recueilli sur des madrépores dragués dans les eaux profondes et
> aussi sur la coquille du *Strombus gigas*.

> Moule (Plage du cimetière des Nègres, au large). — Saintes (Anses
> sous le vent).

> En toute saison. — *Coll. n°s 99 1re Série, 1358, 1358* bis.

> D'un vert blanchâtre à l'état jeune. Se nuance de jaune en passant
> à l'état adulte.

F. INCRUSTATA. Chauv.

> *Corallina flabellum*. Ell. et Soland. p. 124. — *Corallina pavonia*.
> Esper. Zooph. tab. 8 et 9. — *Flabellaria pavonia*. Lamk. — *Udotea*
> *flabellata*. Lamour. Polyp. flex. p. 311, tab. 12; Expos. méthod.
> n° 27, tab, 24; Kg. Spec. Alg. p. 502; Tab. Phyc. 7, p. 8, tab. 20.
> — *Flabellaria incrustata*. Chauv. Rech. p. 123.

> Dans le sable vaseux, sur des bancs abrités parmi les *Zostera marina;*
> eaux claires ou troubles, indifféremment.

> Saintes (Anses du vent). — Saint-Martin (Pointe Rund-Hill). —
> Pointe-à-Pitre (Anse d'Arboussier, îlets de la rade). — Gosier (Plage
> du fort l'Union). — Port-Louis (Anse du Souffleur).

> En toute saison. — *Coll. n°s 93 1re Série, 886.*

> De couleur vert de poireau terne.

F. LUTEOFUSCA. Crn. mscr.

> *Flabellaria luteofusca*. Crn. mscr.

> Croît dans un fond de sable vaseux, entre des fragments de rochers
> et de madrépores brisés.

> Saint-Martin (Lac Simpson, près l'embarcadère de l'habitation Dural
> (Anse du Marigot).

> Presque toute l'année. — *Coll. n°s 1403, 1904.*

> Coloration brune noirâtre persistante.

F. FIAMBRIATA. Chauvin. ?

Codium flabelliforme. Ag. Sp. p. 455. — *Rhipozonium lacinulatum.* Kg. Phyc. gener. p. 309. — *Flabellaria fimbriata.* Chauv. Rech. p. 123.

Dans le sable, sur des bancs de *Zostera* abrités par les récifs du large. Moule (Vieux-Bourg).

En Avril. — *Coll. n° 65 1re Série.*

Coloration : vert brunâtre.

AVRAINVILLEA. Decne.

A. NIGRICANS. Decne.

Fradelia fuliginosa. Chauv. Rech. p. 121. — *Avrainvillea nigricans.* Decne. Mém. corall. ou Polyp. calc.; Kg. Spec. Alg. p. 503.

Croît dans le sable vaseux, au milieu de bancs épais de *Zostera marina,* en société de l'*Udotea flabellata.*

Moule (Rade, Porte-d'Enfer). — Pointe-à-Pitre (Ilet Boissard). — Gosier (Plage du fort l'Union). — Port-Louis (Anse du Souffleur). — Marie-Galante (Grand-Bourg, récifs des Basses).

Presque toute l'année. — *Coll. nos 133, 175 1re Série, 490, 641, 743, 1200.*

Coloration vivante : brun noirâtre.

A. LÆTEVIRENS. Crn. mscr.

Sur un fragment de madrépore porté à la plage par la lame du large. Gosier (Anse Laverdure).

En Janvier. — Très-rare. — *Coll. n° 233.*

De couleur vert clair terne.

A. SORDIDA. (Mont.) Crn. mscr.

Udotea sordida. Mont. Pl. cell. Philipp. p. 1; Kg. Spec. Alg. p. 503. — *Chloroplegma sordidum.* Zanard. Pl. mar. rubri. t. XI, f. 1. — *Rhipilia tomentosa.* Kg. Tab. Phyc. 8, p. 12, tab. 28. — *Avrainvillea sordida.* (Mont.) Crn. mscr.

Recueilli sur des bancs de sable mélangé de vase, par un mètre de profondeur ; eaux calmes. Se rencontre aussi sur la coquille du *Strombus gigas.*

Pointe-à-Pitre (Ilet à Jarry, pointe Patates). — Saintes (Anses sous le vent).

12

En Avril, Mai, Juin, Juillet, Décembre. — *Coll. n° 30 2e Série,
174, 174* bis.

De couleur brune olivâtre à l'état de vie.

A. SORDIDA. *var. :* LONGIPES. Crn. mscr.

Rhipilia longicaulis. Kg. Tab. Phyc. 8, tab. 28. — *Avrainvillea sordida.* var. : *longipes.* Crn. mscr.

Sur des fragments de madrépores ensablés, par un mètre de profondeur, souvent aussi sur la coquille des Strombes.

Marie-Galante (Grand-Bourg, récifs des Basses). — Saintes (Anses sous le vent).

En Janvier, Février, Avril. — *Coll. n*os *1126, 1234.*

Même coloration que l'espèce type.

PENICILLUS.

P. CAPITATUS Lamk.

Corallocephalus penicillus. Kg. Spec. Alg. p. 505; Tab. Phyc. 7,
p. 8, tab. 20. — *Nesea penicillus.* Lamour. Polyp. flex. p. 253. —
Corallina penicillus. Ell. et Sol. p. 126, tab. 25, f. 4. — *Penicillus
capitatus.* Lamark. Ann. Mus. t. 20, p. 299.

A petite distance du rivage, sur des fonds de sable vaseux, où il
croît presqu'en famille; eaux souvent calmes, toujours troubles.

Saintes (Anse du Marigot; anse Pompierre). — Marie-Galante
(Grand-Bourg, plage). — Saint-Martin (Lac Simpson). — Pointe-à-
Pitre (Ilet à Jarry; îlet à Fajou, au vent). — Moule (Vieux-Bourg).

En Décembre, Février, Mars, Avril. — *Coll. n*os *156 1*re *Série,
343, 488* bis, *709*a.

Coloration vert-pré brillant sous l'eau.

P. ELONGATUS. Decne.

Corallocephalus elongatus. Kg. Spec. Alg. p. 505. — *Penicillus
elongatus.* Decne. Ann. sc. nat. XVIII, p. 109.

Même habitat que le précédent, avec lequel il croît le plus souvent
confondu.

Saintes (Anse du Marigot). — Saint-Martin (Lac Simpson). —
Pointe-à-Pitre (Ilet à Fajou, au vent).

En Janvier, Février, Avril, Mai. — *Coll. n*os *166 1*re *Série, 709*d,
1070, 1071, 1072.

Vert grisâtre ou vert sombre, selon l'âge de la plante; la coloration persiste en herbier.

P. LAMOUROUXII. Decne.

Corallocephalus Lamourouxii. Kg. Spec. Alg. p. 506; Tab. Phyc. 8, p. 13, tab. 29. — *Penicillus Lamourouxii.* Decne. l. c.

A la plage. Recueilli vivant sur des bancs de sable vaseux, par un mètre de profondeur; eaux calmes.

Saint-Martin (Anse du Marigot). — Pointe-à-Pitre (Ilet à Jarry, pointe à Patates. — Saint-François (Plage au vent du bourg). — Anse-Bertrand (Porte-d'Enfer).

En Mars, Juillet, Décembre. — *Coll. nos 488, 663, 779.*

De couleur vert blanchâtre.

P. LONGIARTICULATUS. Crn. mscr.

Penicillus longiarticulatus. Crn. in. Schramm et Mazé. l. c.

Vit et croît dans le sable, tantôt entre les récifs du large, tantôt sur des bancs de Zostères peu distants de la plage; eaux généralement claires.

Moule (Récif de la Couronne). — Marie-Galante (Rade du Grand-Bourg). — Pointe-à-Pitre (Ilet à Jarry). — Gosier (Grande-Baie, pointe Laverdure, anse de la Saline). — Saint-Martin (Lac Simpson).

En Avril, Mai, Juin, Septembre, Novembre. — *Coll. nos 88 1re Série, 1074.*

Vert grisâtre passant irrégulièrement au vert sombre entre les articulations.

P. CLAVATUS. Crn. mscr.

Dans le sable, presque au rivage; eaux troubles très-salées.

Saint-Martin (Lac Simpson).

En Février. — Très-rare.

Vert grisâtre dans l'eau. — *Coll. no 166, 1re Série.*

ULVACÉES.

BANGIA. Lyngb.

B. (GONIOTRICHUM) ELEGANS. Chauv.

Porphyra elegans. (Chauv. Crn. Gener. 73. — *Goniotrichum elegans.* Zanard, Notiz. — *Bangia Zanardinii.* Menegh. — *Bangia elegans.* Chauv. Alg. Norm. Fasc. 7, no 159; Harv. Phyc. Brit. t. 246.

Dragué avec d'autres algues, par 10ᵐ de profondeur, dans une anse assez abritée.

Saintes (Anse du Mouillage).

En Décembre, Mars. — *Coll. nᵒ*

Coloration vivante : rouge violacé.

Cette espèce est portée ici pour mémoire. L'exemplaire unique a disparu dans l'incendie de la Pointe-à-Pitre.

B. DUMONTIOÏDES. Crn. mscr.

Bangia Dumontioïdes. Crn. in Schramm et Mazé. l. c.

Sur des madriers qui défendent les culées d'un pont, à l'embouchure d'une rivière où remonte le flux, sur des galets au niveau de l'eau; eaux saumâtres et eaux salées indifféremment. Recueilli aussi flottant, à la lame.

Moule (Rivière du fond du port). — Baie-Mahault (Jetée de l'habitation Surgy). — Gosier (Grande-Baie).

En Août, Septembre. — *Coll. nᵒˢ 250 1ʳᵉ Série, 542, 545.*

D'un beau violet foncé dans l'eau.

B. LUTEA. J. Ag.

Bangia lutea. J. Ag. Alg. Med. p. 14; Kg. Spec. Alg. p. 359; Tab. Phyc. 3, p. 8, tab. 27.

Recueilli sur les galets qui bordent la plage et que bat sans cesse la lame du large.

Basse-Terre (Embouchure du Galion, sous le vent).

En Février. — Très-rare. — *Coll. nᵒ 754.*

Coloration : jaune d'or brillant.

N'a pas reparu depuis 1869.

B. FUSCO PURPUREA. Lyngb.

Porphyra fusco purpurea. (Dillw. Conf.) Crn. Fl. Finist. Frontispice. — *Bangia fusco purpurea.* Lyngb. Hyd. tab. 24, f. c.; Harv. Phyc. Brit. t. 96; J. Ag. Alg. Med. p.   ; Kg. Spec. Alg. p. 360; Tab. Phyc. 3, p. 9, tab. 29; Lloyd. Alg. Ouest. 210; Crn. Alg. mar. Finist. nᵒ 393.

Flottant un peu au large.

Saintes (Anse du Marigot, sous le fort Napoléon).

En Décembre, Mars. — *Coll. nᵒ 859.*

A l'état frais : pourpre brun.

B. GRATELOUPICOLA. Crn. mscr.

Porphyra Grateloupicola. Crn. mscr.

Parasite sur des frondes de *Grateloupia prolongata* vivant sur des galets roulants, à la lame.

Basse-Terre (Embouchure de la rivière des Pères).

En Février. — *Coll. nº 756.*

De couleur pourpre violacé dans l'eau.

ENTEROMORPHA. Link.

EN. PERCURSA. J. Ag.

Ulva percursa. Ag. Spec.; Crn. Flor. Finist. p. 130, Gener. 70. — *Schizogonium percursum.* Kg. Spec. Tab. Phyc. II, t. 99. — *Tetranema percursum.* Aresch. Alg. Scand. Exsc. ser. nov. nº 125. — *Enteromorpha percursa.* J. Ag. Alg. Med. p. 15; Harv. Phyc. Brit. t. 352; Le Jol. Alg. mar. Cherbg. nº 128.

Recueilli sur des débris de racines, à la lame.

Pointe-à-Pitre (Anse d'Arboussier).

En Octobre. — *Coll. nº 377 2e Série.*

Vert foncé brillant à l'état de vie.

Même observation que pour le *Bangia elegans.*

EN. CLATHRATA. J. Ag.

Ulva clathrata (Roth.) Ag. Spec. Icon. Alg. Europ. t. 17. — *Enteromorpha clathrata.* J. Ag. Alg. Med.; Harv. Phyc. Brit. t. 340; Kg. Tab. Phyc. 6, p. 12, tab. 33; Crn. Florul. Finist. p. 131.

Recueilli sur des pieux ensablés, des racines de palétuviers, des fragments de bois mort que la mer ne couvre que partiellement.

Gosier (Grande-Baie, anse Laverdure). — Sainte-Anne (Plage du bourg). — Marie-Galante (Saint-Louis, au sud du bourg).

En Janvier, Février, Avril, Novembre. — *Coll. nos 360 2e Série, 156, 1186, 1726.*

Coloration à l'état de vie : vert clair soyeux.

EN. COMPRESSA (Linn.) Grev.

Ulva compressa. Linn. Spec. p. 433; Ag. Spec. et Icon. Alg. Europ. t. 16; J. Ag. Alg. Med. p. 17; Duby. Bot. Gall. p. 963; Desmaz. Exs. 8; Lloyd. Alg. O. 103; Crn. Florul. Finist. p. 131. — *Conferva compressa*. Roth.— *Enteromorpha compressa*. Grev. Alg. Brit. p. 180 ; Kg. Spec. p. 480; Tab. Phyc. 6, p. 13, tab. 38; Harv. Phyc. Brit.· tab. 355; Crn. Alg. Finist. 382 ; Areschg. Alg. Scand. Exs.

A la limite du flot, sur des rochers ensablés, des galets roulants, des racines de palétuviers, des arbres immergés *(Coccoloba uvifera)*, que la mer laisse à découvert à certaines heures.

Baillif (Plage). — Basse-Terre. — Vieux-Fort. — Moule. — Gosier. — Port-Louis. — Marie-Galante. — Saintes.

Presque en toute saison. — *Coll. n°s 82, 207 1re Série, 1315, 1372.*

Vert-émeraude sous l'eau ; jaunit et pâlit à l'air.

EN. COMPRESSA. Grev. *var.*

Croît dans les mêmes conditions et souvent dans les mêmes lieux que le type.

Sainte-Anne (Plage du Bourg). — Gosier (Grande-Baie, anse La - verdure. — Moule (Port). — Saintes (Anse du Marigot).

En Janvier, Février, Juin, Novembre, Décembre. — *Coll. n°s 694, 728, 1636, 1639.*

D'un beau vert brillant, peut-être moins foncé que dans l'espèce type.

EN. INTESTINALIS. Link.

Enteromorpha intestinalis. Link. ; Harv. Phyc. Brit. t. 154; Kg. Tab. Phyc. 6, p. 11, tab. 31.

Dans un marais voisin du littoral et qui communique avec la mer par les couches inférieures du terrain.

Pointe-à-Pitre, banlieue (Marais que traverse le chemin de fer de d'Arboussier, à sa sortie de l'usine).

En Février. — *Coll. n° 1733.*

Coloration vert clair

EN. INTESTINALIS. Linck., *forma* FILIFORMIS. Crn.

Enteromorpha intestinalis. a. *capillaris*. Kg. Spec.— *Enteromorpha pilifera.* Kg. Tab. Phyc. 6, p. 11, tab. 30. — *Enteromorpha percursa.* Crn. Alg. mar. Finist. 377 (non J. Ag.). — *Enteromorpha intestinalis,* forma *filiformis.* Crn. Florul. Finist. p. 130.

Flottant dans une flaque d'eau douce ou tout au plus saumâtre. Rencontré aussi dans un marais voisin du littoral.

Saint-Martin (Savane de l'habitation Durat). — Pointe-à-Pitre, banlieue (Marais voisin du chemin de fer de l'usine d'Arboussier).

En Février, Décembre. — *Coll.* n°s *1402, 1734.*

Même coloration que l'espèce type.

En. INTESTINALIS. *var. :* TUBULOSA. Kg.

Enteromorpha intestinalis var.: *g tubulosa.* Kg. Spec. Alg. p. 478.
— *Enteromorpha tubulosa.* Kg. Tab. Phyc. 6, p. 11, tab. 32.

A la plage, sur le sable. Recueilli vivant dans une flaque d'eau douce.

Moule (Plage de la Baie). — Saint-Martin (Ravine Dormoy).

En Janvier, Décembre. — *Coll.* n° *712.*

Tantôt vert-pomme, tantôt vert-pré.

En. INTESTINALIS. *var. :* PROLIFERA. Crn. mscr.

Flottant à la lame.

Moule (Fond du port).

En Mai. — *Coll.* n° *1346.*

Vert-pomme très-pâle.

En. COMPLANATA. Kg.

Enteromorpha complanata. Kg. Phyc. Germ. p. 248; Spec. Alg. p. 480; Tab. Phyc. 6, p. 14, tab. 39.

Sur des galets ensablés qui ne restent à découvert qu'aux plus basses marées.

Capesterre (Plage du bourg).

En Septembre. — *Coll.* n° *961.*

De couleur vert tendre à l'état de vie.

En. COMPLANATA. *var.:* G. CRINITA. Kg.

Enteromorpha complanata. var.: *g crinita.* Kg. Spec. Alg. p. 480; Tab. Phyc. 6, p. 14, tab. 39.

Croît sur des racines flottant au fil du courant; eaux mêlées.

Moule (Rivière de la Baie, près l'embouchure).

En Décembre. — *Coll.* n° *678.*

De couleur vert-émeraude sombre.

En. COMPLANATA. *var. :* D. CONFERVACEA. Kg.

Bangia velutina. Ag. Syst. p. 75. — *Scytosiphon velutinus.* Lyngb. tab. 16. — *Schizogonium callophyllum.* Kg. Phyc. Germ., p. 194.

— *Enteromorpha complanata.* var. : *d confervacea.* Kg. Spec. Alg. p. 480.

Vit sur des pierres, au fond du lit d'une rivière, par 0ᵐ 60 de profondeur; eaux mêlées.

Moule (Rivière de la Baie).

En Janvier. — *Coll. nº 714.*

Vert-pré brillant.

EN. MARGINATA. J. Ag.

Enteromorpha marginata. J. Ag. Alg. Med. p. 16; Kg. Spec. Alg. p. 481; Tab. Phyc. 6, p. 15, tab. 41.

Recueilli sur un fragment de branche morte flottant à la lame.

Pointe-à-Pitre (Ilet à Monroux, îlet Billy). — Sainte-Anne (Plage).

En Avril, Mai, Décembre. — *Coll. nᵒˢ 697, 1435, 1759.*

Coloration vivante : vert clair.

EN. MARGINATA. *var. :* B. LONGIOR. Kg.

Enteromorpha marginata. var. : *longior.* Kg. Tab. Phyc. 6, p. 15, tab. 41.

Flottant à la lame ou à la surface d'un lagon d'eau saumâtre.

Pointe-à-Pitre (Anse d'Arboussier, îlet Pauline, lagon, rivière du Coin. — Baie-Mahault (Plage).

En Mai, Août, Septembre, Octobre. — *Coll. nᵒˢ 367, 543, 1133, 1613.*

De couleur vert tantôt clair tantôt sombre.

EN. CONTORTA. Crn. mscr.

Schizogonium contortum. Kg. Tab. Phyc. 2, p. 32, tab. 99. — *Enteromorpha contorta.* Crn. mscr.

Flottant près du rivage. — Sainte-Anne (Plage du bourg).

En Mai. — *Coll. nº 609.*

Vert-pré laineux.

ULVA. Linné.

U. LACTUCA. Linn.

Enteromorpha Grevillei. Thur. Mém. Soc. Sc. nat. Cherbg.; Desmaz. Exs. — *Ulva lactuca.* Linn.; Ag. Spec.; Harv. Phyc. Brit. t. 243; Kg.

Spec. p. 474, Tab. Phyc. 6, p. 6, t. 12; Lloyd. Alg. Ouest. 13; Crn. Alg. Mar. Finist. 386; Florul. Finist. p. 130.

Rochers ensablés, à la lame. — Moule (Vieux-Bourg).

En Avril, Mai. — *Coll.* n^{os} *82* bis *1re Série.*

Vert foncé brillant, jaunissant à l'air.

U. LATISSIMA (Linn). Ag.

Ulva latissima. Linn. Spec.; Ag. Spec. et Syst.; J. Ag. Alg. Med. p. 17; Harv. Phyc. Brit. t. 171; Lloyd. Alg. Ouest. 24; Crn. Alg. mar. Finist. 387; Gener. 71; Aresch. Alg. Scand. Exs. ser. nov. 26.

A la plage, sur le sable.

Moule (Fond du port). — Pointe à-Pitre (Ilet Boissard).

En Mai. — *Coll.* n^{os} *4 2e Série.*

Coloration vivante : beau vert brillant.

U. LATISSIMA *var. :* LOBATA. Crn.

Ulva latissima var. : *lobata.* Crn. Florul. Finist. p. 131.

Flottant à la lame.

Anse-Bertrand (Plage du bourg).

En Avril. — *Coll.* n^o *669.*

De couleur verte.

U. LOBATA (Kg). Crn. mscr.

Phycoseris lobata. Kg. Spec. Alg. p. 477, Tab. Phyc. 6, p. 10, tab. 27. — *Ulva lobata.* Crn. mscr.

A la plage, sur des galets et rochers ensablés.

Pointe-à-Pitre (Ilet à Cochons, au vent, plage Apollon-Bernard). — Saint-François (Plage du bourg).

En Février, Mai. — *Coll.* n^{os} *278, 1344.*

Coloration à l'état frais, vert-pré très-clair.

U. RIGIDA. Ag.

Ulva rigida. Ag. Spec et Syst. p. 189; J. Ag. Alg. Med. 17; Crn. Florul. Finist. p. 131. — *Phycoseris rigida.* Kg. Spec. p. 477, Tab. Phyc. 6, p. 9, tab. 23.

Croît au niveau de l'eau, sur des conglomérats volcaniques détachés de la falaise, des rochers ensablés, à petite distance du rivage; eaux sans cesse remuées par le ressac.

13

Vieux-Fort (Anse de la Petite-Fontaine. — Basse-Terre (Cale de la direction du port).

En Janvier, Août. — *Coll. n°s 275 2e Série, 219.*

D'un beau vert sombre persistant.

U. LÆTEVIRENS. Arechg.

Sur des galets roulants, à la limite du flot; eaux souvent remuées, toujours chargées de sable.

Basse-Terre (Plage du Marché). — Pointe-à-Pitre (Anse d'Arboussier, îlet à Cochons, plage Bernard, îlet Boissard).

En Février, Avril, Mai, Juin, Décembre. — *Coll. n°s 10 2e Série, 668, 1340, 1752.*

Vert intense à l'état de vie.

U. CAPENSIS. Areschg.

Recueilli en société d'*Enteromorpha compressa, var.* : sur de vieilles chaudières en fonte que la lame bat sans cesse. Croît aussi sur des roches madréporiques, à la limite du flot.

Moule (Port). — Pointe-à-Pitre (Ilet à Monroux).

En Mars, Décembre. — *Coll. n°s 24* bis *2e Série, 698.*

Vert brillant à l'état de vie.

U. FASCIATA. Delile.

Phycoseris fasciata. Mont. Fl. d'Alg. p. 151 ; Syll. p.   ; Kg. Spec. Alg. p. 477. — *Ulva divisa.* Suhr. — *Ulva fasciata.* Delile. Egypt. p. 153.

Assez abondant sur certaines parties du littoral, galets ensablés, à la lame.

Basse-Terre (Baie). — Moule (Fond du port). — Gosier (Plage de la Saline).

De Décembre à Mai. — *Coll. n° 59 1re Série.*

CHLORODESMIS. Bailey et Harv.

CHL. COMOSA. Bailey.

A petite distance du rivage, sur des fragments de madrépores envasés ; eaux troubles très-remuées.

Pointe-à-Pitre (Ilet à Fajou, au vent).

En Avril. — *Coll. n° 338.*

Coloration : vert brunâtre dans l'eau.

SIPHONÉES.

BRYOPSIS. Lamour. Crn. l. c. Genera. Pl. 11.

B. LEPRIEURII. Kg.

Bryopsis Leprieurii. Kg. Spec. Alg. p. 490, Tab. Phyc. 6, p. 27, tab. 75.

Croît au niveau de l'eau, à la base de blocs de calcaires porphyritiques sans cesse battus par la lame, souvent aussi sur des roches madréporiques, à la limite du flot.

Gosier (Pointe Laverdure, plage de la mère Chaigneau). — Sainte-Anne (Plage du bourg).

Presque toute l'année. — *Coll.* n⁰ˢ *85, 165, 692.*

De couleur vert foncé, à reflets soyeux.

B. BALBISIANA. Lamour.

Bryopsis Balbisiana. Lamour. Ess., p. 66, tab. 7; J. Ag. Alg. Med. p. 19; Kg. Spec. Alg. p. 490, Tab. Phyc. 6, p. 27, tab. 74.

Rochers ensablés à la lame.

Moule (Récifs de la Couronne). — Pointe-à-Pitre (Ilet à Cochons). — Vieux-Fort (Anse Turlet).

En Février, Juin, Octobre. — *Coll.* n⁰ *433.*

Vert sombre très-foncé.

B. PENNULATA. Liebmann.

Bryopsis pennulata. Liebmann. Herb. Bind.; Kg. Spec. Alg. p. 492, Tab. Phyc. 6, p. 27, tab. 76.

Sur des conglomérats volcaniques détachés de la falaise que la mer ne laisse jamais à découvert, dans des cavités creusées par la lame du large sur la ligne des récifs extérieurs; eaux très-claires.

Vieux-Fort (Anse Turlet, anse Raby, pointe extrême). — Moule. (Vieux-Bourg, roche caverneuse). — Baillif (Pointe du Gros-François). Bouillante (Anse de Pigeon).

En toute saison. — *Coll.* n⁰ˢ *44 1ʳᵉ Série, 433* bis, *569.*

Coloration vivante: vert bleuâtre brillant dans l'eau.

B. PLUMOSA. Huds.

Bryopsis plumosa. Huds.; J. Ag. Alg. Med. p. 21; Kg. Spec. Alg. p. 493, Tab. Phyc. 6, p. 29, tab. 83.

Dans les cavités de roches de transport, à la lame ; eaux calmes. Recueilli en parasite sur les frondes du *Plocaria Cornudamœ*, var.

Pointe-à-Pitre (Ilet Pauline). — Saintes (Anse du Marigot).

En juin, Octobre, Novembre. — *Coll. n°s 882, 916, 959.*

Vert sombre, à l'état de vie.

B. PLUMOSA *var.:* RAMULOSA. Harv.

Bryopsis ramulosa. Mont. Pl. cell. Cuba. p. 16 ; Syll. p. 405 ; Kg. Spec. Alg. p. 491, Tab. Phyc. 6, p. 26, tab. 72. — *Bryopsis plumosa,* var.: *ramulosa.* Harv. Ner. Bor. Amer.

Vit d'ordinaire un peu au-dessous du niveau de l'eau, sur des conglomérats volcaniques immergés, sur des fragments de madrépores, des rochers ensablés ; eaux peu profondes, généralement claires.

Bouillante (Anse de Pigeon). — Vieux-Fort (Anse de la Petite-Fontaine, anse Turlet). — Pointe-à-Pitre (Ilet à Cochons, lagons sous le vent, îlet Boissard). — Saintes (Anse du Marigot). — Gosier (Plage du fort l'Union, anse Laverdure, anse de la Saline). — Marie-Galante (Saint-Louis, plage). — Sainte-Anne (Plage du bourg).

Toute l'année. — *Coll. n°s 207 1re Série, 200, 263, 344, 395* bis, *497, 1183, 1456, 1868.*

Coloration à l'état de vie : vert foncé brillant.

B. PLUMOSA. *var.:* DENSA. Harv.

Bryopsis plumosa. var.: *B. densa.* Harv. Ner. Bor. Amer.

Dans les cavités des roches madréporiques qui garnissent le fond d'une baie creusée par les lames du large.

Moule (Baie de Grouyé, Porte-d'Enfer).

En Novembre. — *Coll. n° 656.*

Vert noirâtre luisant.

B. PENNATA. Lamour.

Bryopsis pennata. Lamour. Journ. Bot. 1809, II, p. 134, tab. 3, f. 1 ; Ag. Syst. p. 178, Kg. Spec. Alg. p. 493.

Sur des fragments de madrépores, des rochers ensablés peu profondément immergés ; eaux calmes.

Pointe-à-Pitre (Ilet Boissard). — Bouillante (Anse de Pigeon). — Moule (Fond du port).

En janvier, Mars, Mai. — *Coll. n°s 210 1re Série, 171.*

De couleur vert sombre sous l'eau.

B. PENNATA. Lamour. var.

Dans le sable, sur des débris de roches; eaux très-claires.

Saintes (Anse du Marigot).

En Février, Mars. — *Coll. n⁰ 226 1ʳᵉ Série.*

Vert jaunâtre à l'état de vie.

B. THUYOÏDES. Kg.

Bryopsis thuyoïdes. Kg. Tab. Phyc. 6, p. 28, tab. 78.

Croît sur des rochers détachés, à petite distance du rivage (conglomérats volcaniques toujours immergés).

Vieux-Fort (Anse de la Petite-Fontaine).

En Mai. — *Coll. n⁰ 1461.*

De couleur vert sombre.

Vert jaunâtre à l'état de vie.

B. DUCHASSAINGII. J. Ag.

Bryopsis Duchassaingii. J. Ag.

Flottant à la lame.

Moule (Fond du port). — Port-Louis (Plage du bourg).

En Février, Avril, Mai, Juin. — *Coll. n⁰ˢ 85, 294 1ʳᵉ Série, 1322.*

Coloration : Vert jaunâtre brillant très-clair à l'état frais.

VALONIA. Ginnan.

V. CŒSPITULA. Zanard.

Valonia cœspitula. Zanard.; Kg. Spec. Alg. p. 507.

Recueilli sur la coquille du *Strombus gigas.*

Saintes (Anses sous le vent).

En Juin. — *Coll. n⁰ 77 2ᵉ Série.*

Coloration vivante : vert jaunâtre transparent.

V. SYPHUNCULUS. Bertolon.

Valonia syphunculus. Bertolon. in Atti. del. soc. Ital., 20, p. 437; Kg. Spec. Alg. p. 507, Tab. Phyc. 6, p. 30, tab. 86.

Flottant à la lame, ou à la plage, sur le sable.

Saint-Martin (Lac Simpson, anse Durat).

En Décembre, Février. — *Coll. n⁰ 1470.*

De couleur vert jaunâtre foncé.

V. OVALIS. Ag.

Gastridium ovale. Lyngb. Hydr. p. 72, t. 18. — *Botrydium ovale.*
Kg. Phyc. Gener. p. 305. — *Valonia ovalis.* Ag. Spec. 1, p. 431 ;
J. Ag. Alg. Med. p. 23 ; Kg. Spec. Alg. p. 508.

Croît sur de vieux madrépores, des conglomérats volcaniques immergés, un peu au-dessous du niveau de l'eau, à la base de *Sargassum* et de *Laurencia* qui l'abritent de leurs frondes. Se rencontre
fréquemment flottant à la lame.

Vieux - Fort (Anse Turlet, anse de la Petite - Fontaine). — Moule
(Fond du port, récifs de la Couronne). — Pointe-à-Pitre (Les îlets
de la rade). — Gosier (Anse Laverdure, plage du fort l'Union). —
Trois-Rivières (Anse du bourg).

Presque toute l'année.— *Coll. nos 123 1re Série, 46 2e Série, 1357.*

Fronde en forme d'outre ovoïde verdâtre, d'un tissu lisse et brillant,
anastomosée, remplie d'un liquide incolore où flottent des glomérules
vertes. Vides, ces outres sont grisâtres ou blanches et souvent en -
croutées.

V. VERTICILLATA. Kg.

Conferva decussata. Mert. Herb. — *Valonia verticillata.* Kg. Spec.
Alg. p. 508 ; Tab. Phyc. 6, p. 30, tab. 88.

Sur la coquille du *Strombus gigas.* Recueilli vivant, sur des pierres
envasées, par un mètre de profondeur.

Saintes (Anses sous le vent, anse Pontpierre). — Capesterre (Plage
du bourg). — Moule (Vieux - Bourg, fond du port). — Marie-Galante
(Grand-Bourg, plage).

En Janvier, Février, Avril, Juin. — *Coll. nos 288, 364, 1195,
1377, 1433.*

De coloration vert blanchâtre transparent à l'état de vie.

V. VERTICILLATA. *var.*

Dans le sable, sur des fragments de coquille, à petite distance du
rivage.

Moule (Fond du port). — Pointe-à-Pitre (Ilet à Cochons).

En Mars. — *Coll. nos 9 1re Série.*

Blanc jaunâtre translucide.

V. CONFERVACEA. Zanard.

Valonia confervacea. Zanard. Icon. Phyc. Med. et Adri.

Sur la coquille du *Strombus gigas*. Rencontré aussi à la plage, dans le sable.

Saintes (Anses sous le vent, anse du Marigot). — Sainte-Anne (Plage du bourg). — Saint-Martin (Anse du Marigot, lac Simpson).

En Mars, Mai. — *Coll. nos 90 2e Série, 52, 1490, 1499.*

Vert pâle à l'état vivant.

V. CŒSPITOSA. Crn. mscr.

Valonia cœspitosa. Crn. in. Schramm et Mazé. l. c.

Entre des fragments de rochers, sur un fond de sable vaseux.

Saint-Martin (Bord du lac Simpson).

En Janvier. — *Coll. no 310 1re Série.*

De couleur blanc jaunâtre dans l'eau.

V. INTRICATA. Ag.

Valonia intricata. Ag. Spec. p. 430 ; J. Ag. Alg. Med. p. 24.

Parasite sur *Digenea simplex* recueilli flottant à la lame.

Saint-Martin (Anse du Marigot). — Gosier (Grande-Baie). — Moule (Plage).

En Décembre, Septembre. — *Coll. no 230 1re Série.*

Vert clair nuancé de jaune à l'état vivant.

V. TENUIS. Crn. mscr.

Flottant à la lame. Recueilli vivant sur de vieilles frondes de *Digenea simplex*.

Saintes (Anse du Marigot, anse Rodrigues).

En Juillet. — *Coll. nos 458, 506.*

Coloration vivante : vert sombre ou vert jaunâtre.

V. SUBVERTICILLATA. Crn. mscr.

Sur des rochers immergés, par 2 mètres de profondeur.

Moule (Vieux-Bourg, pointe extrême de la caye).

En Mars. Très-rare. — *Coll. no 281 1re Série.*

De couleur vert tendre translucide sous l'eau.

Cette très-curieuse espèce n'a plus été retrouvée depuis 1864.

TRICHOSOLEN. Mont.

T. ANTILLARUM. Mont.

Trichosolen Antillarum. Mont.

Porté à la plage par les courants du large avec le *Cladophora comosa*. Kg.

Basse-Terre (Plage et rade). — Basse-Terre (Banlieue, plage du cimetière militaire).

En Septembre, Octobre, Novembre. — *Coll. nº 147.*

Vert-pomme brillant dans l'eau.

ASCOTHAMNION.

A. INTRICATUM. Kg.

Valonia intricata. Ag. Spec. p. 430; Mert. in Regensb. Flor. 1830, nº 43. — *Ulva intricata.* Clement. Exs. p. 329. — *Ascothamnion intricatum.* Kg. Phyc. Germ. p. 254; Spec. Alg. p. 508; Mont. Alg. p. 47; K. Tab. Phyc. 6, p. 31, tab. 89.

Croît sur les pilotis d'ouvrages à la mer, à 0m30 au-dessous du niveau de la marée; eaux calmes et troubles. Se rencontre fréquemment flottant à la lame.

Pointe-à-Pitre (Quais de l'entrepôt des douanes, pont de Fouillole). — Gosier (Grande-Baie, anse Laverdure, pointe Laverdure). — Moule (Fond du port). — Saintes (Anse du Marigot). — Désirade (Plage du bourg).

Presque toute l'année. — *Coll. nᵒˢ 24, 83 2ᵉ Série, 1513, 1553.*

Coloration vivante : gris opalin.

BLODGETTIA. Harv.

B. CONFERVOÏDES. Harv.

Blodgettia confervoïdes. Harv.

Flottant à la lame. Recueilli vivant sur des madrépores ensablés, par 0m60 de profondeur.

Pointe-à-Pitre (Ilet Boissard). — Port-Louis (Plage de Rambouillet). — Saint-Martin (Anse du Marigot).

En Février, Avril. — *Coll. nᵒˢ 302, 824.*

De couleur vert-olive dans l'eau.

ANADYOMENE. Lamour.

A. FLABELLATA. Lam.

Ulva stellata. Wulf. Crypt. Aqu. p. 6. — *Anadyomene stellata.* Ag. Spec. 1, p. 400; J. Ag. Alg. Med. p. 24. — *Anadyomene flabellata.*

Lamour. Polyp. flex. p. 365, tab. 14; Kg. Spec. Alg. p. 511; Tab. Phyc. 7, p. 9, tab. 24.

Croît en touffes serrées dans les anses ou criques abritées, sur les bancs protégés par les récifs, fonds de sable mélangés de vase et de fragments de coquilles. Vit aussi sur la coquille du *Strombus gigas*.

Pointe-à-Pitre (Les îlets, les bancs des passes, anse de Fouillole, etc.). — Saintes (Anses Rodrigues et du Marigot). — Saint-Martin (Anse du Marigot).

Toute l'année. — *Coll. n°s 63 1re Série, 1361.*

Vert foncé brillant à l'état de vie.

STRUVEA. Sond.

S. DELICATULA. Kg.

Struvea delicatula. Kg. Tab. Phyc. 16, p. tab. 2. — *Cladophora? anastomosans*. Harv.; Crn. in Schramm et Mazé. l. c.

Se rencontre d'ordinaire dans les eaux calmes, sur des vieux madrépores, des fragments de coquilles ensablés, par un mètre de profondeur.

Pointe-à-Pitre (Bancs de la rade). — Saintes (Anses sous le vent). — Moule (Rade, Vieux-Bourg).

En toute saison. — *Coll. n°s 155, 241 1re Série, 139, 195 2e Série, 1856.*

D'un joli vert clair brillant.

APJOHNIA. Harv.

A. TROPICA. Crn. mscr.

Apjohnia tropica. Crn. in Schramm et Mazé, l. c.

Tantôt à la plage, sur de vieilles frondes de *Thamnophora,* tantôt sur la coquille du *Strombus gigas*.

Marie-Galante (Grand-Bourg). — Moule (Plage de la Couronne).— Saintes (Anses sous le vent). — Gosier (Plage de la Saline, anse Laverdure).

D'octobre à Mars. — *Coll. n°s 238 1re Série, 400 2e Série, 193.*

De couleur vert clair transparent à l'état vivant.

CHAMŒDORIS. Mont.

CH. ANNULATA. Mont.

Scopularia annulata. Chauv. Recherch. p. 122. — *Penicillus annulatus,* Lamk. Ann. Mus. p. 20. — *Nesea annulata*. Lamour. Exp. méth.

14

p. 23, tab. 7. — *Corallina peniculum.* Ell. et Soland. p. 127, tab. 7.
— *Chamœdoris annulata.* Mont. in nov. Ann. Sc. nat. 18, p. 261,
Syll. p. 405; Kg. Spec. Alg. p. 509; Tab. Phyc. 6, p. 31, tab. 91.

Recueilli vivant sur la coquille des Strombes, mais le plus souvent
flottant à la lame.

Saintes (Anses sous le vent). — Moule (Fond du port, plage du
cimetière des Nègres). — Capesterre (Plage du bourg). — Port-
Louis (*Idem*). — Gosier (Anse Laverdure).

De Janvier à Septembre. — *Coll.* nᵒˢ *296 1ʳᵉ Série, 143, 279 2ᵉ Série,
1103.*

Vert grisâtre à la base, vert-pré au sommet.

DICTYOSPHŒRIA. Decne.

D. FAVULOSA. Decne.

Valonia favulosa. Ag. Spec. Alg. 1, p. 432. — *Ulva cellulosa.* Mert.
— *Dictyosphœria favulosa.* Decne. in nov. Ann. Sc. nat. 18, p. 328;
Kg. Spec. Alg. p. 512; Tab. Phyc. 7, p. 10, tab. 25.

Le plus souvent à la plage ou sur la coquille du *Strombus gigas.*
Recueilli vivant sur de vieux madrépores, des rochers ensablés, à la
base d'algues plus développées, par un mètre environ de profondeur :
eaux calmes.

Saintes (Anses du Marigot et du Mouillage). — Moule (Vieux-Bourg,
plage du cimetière des Nègres). — Gosier (Grande-Baie, anse Laverdure).

Toute l'année. — *Coll.* nᵒˢ *158 1ʳᵉ Série, 113 2ᵉ Série, 396* bis.
662.

De couleur vert clair terne.

D. VALONIOÏDES. Zanard.

Dictyosphœria valonioïdes. Zanard.

Sur des fragments de madrépores toujours immergés, à petite distance du rivage.

Pointe-à-Pitre (Ilet Amic). — Moule (Plage du cimetière des Nègres).
En Janvier, Juin. — *Coll.* nᵒˢ *113* bis *2ᵉ Série, 661.*

D'un joli vert persistant.

CODIUM. Ag. Crn. l. c. Genera. Pl. 11.

C. TOMENTOSUM. (Huds.) Ag.

Fucus tomentosus. Huds.; Turn. Hist. Fuc. 136; Schimp. Un. Itin.

n° 468. — *Codium decumbens.* Mart. Fl. Bras. 1, p. 19; Mont. in d'Orb. Sert. Pat. p. 8, tab. 3. — *Spongodium dichotomum.* Lam. Ess.; Duby. Bot. — *Codium tomentosum.* Ag. Spec. et Syst.; Harv. Phyc. Brit. t. 93; J. Ag. Alg. Med.; Kg. Spec. p. 500; Tab. Phyc. 6, p. 33, tab. 94; Lloyd. Alg. Ouest. 29; Crn. Flor. Finist. p. 134.

Le plus souvent à petite distance du rivage, sur des rochers qui ne restent jamais à découvert. Commun sur la coquille des Strombes.

Marie-Galante. — Saintes. — Moule. — Sainte-Rose. — Capesterre. — Gosier. — Trois-Rivières. — Pointe-à-Pitre (Les îlets).

Toute l'année. — *Coll.* n°s *29 1re Série, 840.*

Vert sombre velouté à l'état vivant.

C. ADHÆRENS. Ag.

Spongodium adhærens. Lenormand; Duby. Bot. — *Codium difforme.* Kg. Phyc. Gen. p. 300; Tab. Phyc. 6, p. 35, tab. 99. — *Codium adhærens.* Ag. Spec. p. 457; Harv. Phyc. Brit. t. 35; J. Ag. Alg. Med. p. 22; Kg. Spec. Alg. p. 502; Tab. Phyc. 6, p. 35, tab. 100; Lloyd. Alg. Ouest.; Crn. Alg. mar. Finist. 403, Flor. Finist. p. 134.

Recueilli sur des roches madréporiques abritées des lames du large, par 1m50 de profondeur.

Marie-Galante (Grand-Bourg, rade).

En Mars. — *Coll.* n° *134 2e Série.*

Coloration vivante : vert sombre velouté.

C. ADHÆRENS. Ag. *var.:* B. ARABICUM. (Kg.) Crouan. mscr.

Codium arabicum. Kg. Tab. Phyc. 6, p. 31, tab. 100. — *Codium adhærens.* Ag. var.: *B. arabicum.* (Kg.) Crn. mscr.

Forme des sortes de plaques sur des rochers ensablés, des conglomérats volcaniques à demi-immergés que bat la lame du large.

Gosier (Anse Laverdure). — Moule (Vieux-Bourg). — Port-Louis. (Anse de Rambouillet). — Trois-Rivières (Embouchure de la rivière dite Grand'Anse).

En Février, Mars, Avril, Mai, Juin. — *Coll.* n°s *392, 841, 1372.*

A l'état de vie : vert sombre terne.

C. TENUE. Kg. *var.:* REPENS. Crn. mscr.

Codium tomentosum. Ag. var. : *subsimplex.* Crn. in Schramm et Mazé, l. c.

Recueilli un peu au-dessous du niveau de l'eau, à la base d'un énorme conglomérat volcanique détaché de la falaise, que la mer ne couvre qu'en partie ; eaux chargées de sable, souvent agitées.

Vieux-Fort (Anse de la Petite-Fontaine).

Presque toute l'année. — *Coll. nos 145, 213 2e Série, 1873.*

De couleur vert sombre velouté.

C. ABREVIATUM. Ag.

Codium abreviatum. Ag. Syst. et Spec.

Recueilli sur la coquille du *Strombus gigas.*

Saintes (Anses sous le vent). — Très-rare. — *Coll. no 311 1re Série.*

De couleur vert-bouteille.

DASYCLADUS. Ag.

D. CONQUERANTII. Crn. mscr.

Dasycladus Conquerantii. Crn. in Schramm et Mazé, l. c.

Vit également dans l'eau salée ou l'eau saumâtre, sur des vieux madrépores, des fragments de coquilles ou des racines de palétuviers, par 50 à 60 centimètres de profondeur.

Saint-Martin (Lagon de Simpson-Bay, anse du Marigot). — Pointe-à-Pitre (Ilet à Frégate, lagon intérieur).

Presque toute l'année. — *Coll. nos 144 1re Série, 822, 1301.*

« Frondes simples, membraneuses, cylindriques, presque entièrement garnies de ramules très-fines opposées à la base, imbriquées de tous les côtés au sommet. » Crn. mscr.

Coloration vert foncé brillant dans l'eau.

FUCOÏDÉES.

ECTOCARPÉES.

ECTOCARPUS. Lyngb. Crn. l. c. Genera. Pl. 24 et 25.

E. SILICULOSUS. Lyngb.

Ectocarpus siliculosus. Lyngb. Hydr. p. 131, tab. 43; Ag. Spec. Alg. (exclus syn. *gamma, epsilon, delta*); Harv. Man. p. 40; Kg. Spec. p. 451; Tab. Phyc. vol. 5, p. 17, tab. 53; J. Ag. Spec. 1, p. 32; Crn. Alg. mar. Finist. 25; Florul. Finist. p. 162.

Parasite sur des frondes de *Zostera marina* portées à la plage par les ras de marée.

Moule (Fond du port).

En Mai. — *Coll. no 1314.*

De couleur verdâtre souillée à l'état frais.

E. SILICULOSUS *var.*

Flottant à la lame. Recueilli vivant sur des galets détachés, par un mètre de profondeur; eaux troubles.

Gosier (Grande-Baie, plage du fort l'Union).— Moule (Port, près le mouillage des gabares).

En Mars, Avril. — *Coll. nos 23, 27 2e Série, 21.*

Jaune-citron pâle sous l'eau.

E. MITCHELLÆ. Harv.?

Ectocarpus Mitchellæ. Harv.

Sur des galets ensablés qui restent à découvert à la marée.

Baillif (Plage du bourg).

En Janvier. — *Coll. no 220.*

Coloration vivante : jaune verdâtre souillé.

E. Duchassaingianus. Grinow. *var. ?*

Recueilli vivant sur un rocher ensablé, presque au niveau de l'eau, dans une mer très-agitée.

Gosier (Pointe avancée entre la Grande-Baie et l'anse Laverdure). En Février. — *Coll. n° 720.*

Vert jaunâtre dans l'eau.

E. guadalupensis. Crn. mscr.

Ectocarpus Guadalupensis. Crn. in Schramm et Mazé, l. c.

Croît sur des rochers ou des galets ensablés découvrant à la marée; eaux troubles, toujours remuées par le ressac.

Baillif (Embouchure de la rivière des Pères). — Gosier (Anse Dumont). — Bouillante (Anse de Pigeon). — Vieux-Fort (Anses Turlet, de la Petite-Fontaine).

En Janvier, Février, Mars, Avril, Juin, Juillet, Novembre. — Commun. — *Coll. n°s 45 2e Série, 492, 773, 1077, 1140, 1143, 1145, 1482.*

Varie de coloration selon le milieu; à la lame, sur les rochers presque toujours découverts, la plante prend d'ordinaire une teinte jaune terre de Sienne persistante; plus au large, elle conserve une coloration brune rougeâtre, qui pâlit et jaunit à l'air.

E. macrocarpus. Crn. mscr.

Ectocarpus macrocarpus. Crn. mscr.

Rochers ensablés, racines immergées, presque à la limite du flot; eaux calmes chargées de vase ou de sable.

Pointe-à-Pitre (Ilet Pauline, anse d'Arboussier). — Moule (Baie). En Mai, Octobre, Décembre. — *Coll. n°s 162 1re Série, 699, 700, 896, 997, 1032.*

De couleur brune jaunâtre foncé.

E. fenestroïdes. Crn. mscr.

Ectocarpus fenestroïdes. Crn. mscr.

Sur des galets roulants à la lame.

Basse-Terre (Embouchure du Galion).

En Février. — Très-rare. — *Coll. n° 752.*

Jaune terre de Sienne pâle.

E. SPONGODIOÏDES. Crn. mscr.

Ectocarpus spongodioïdes. Crn. mscr.

Croît sur des conglomérats détachés de la falaise que la mer recouvre à certaines heures, et sur lesquels la lame brise presque sans cesse.

Vieux-Fort (Anse de la Petite-Fontaine, au large).

En Mars. — *Coll. n⁰ 1252.*

Jaune terre de Sienne teintée de vert.

E. HAMATUS. Crn. mscr.

Ectocarpus hamatus. Crn. in Schramm et Mazé, l. c.

Fixé aux rochers et aux galets que bat la lame du large, et qui restent à découvert à chaque marée; eaux le plus souvent chargées de sable et de limon.

Basse-Terre (Embouchures des rivières des Pères et du Galion). — Anse-Bertrand (Porte-d'Enfer). — Bouillante (Anse de Pigeon). — Vieux-Fort (Anses Turlet, de la Petite-Fontaine). — Sainte-Rose (Ilet Blanc). — Saintes (Anse du Mouillage).

De Décembre à Mai. — *Coll. n⁰ˢ 32 2ᵉ Série, 755, 1526, 1542.*

Jaune terre de Sienne, brûlée sous l'eau.

E. HETEROCARPUS. Crn. mscr.

Ectocarpus heterocarpus. Crn. mscr.

Parasite sur des frondes de *Zostera marina* draguées par plus d'un mètre de profondeur; eaux généralement calmes.

Port-Louis (Plage de Rambouillet). — Marie-Galante (Grand-Bourg, pointe Doyon).

En Février. — *Coll. n⁰ˢ 301, 1197.*

De couleur vert jaunâtre à l'état de vie.

E. OBTUSOCARPUS. Crn. mscr.

Ectocarpus obtusocarpus. Crn. in Schramm et Mazé, l. c.

Croît indifféremment sur des fragments de madrépores, des rochers avancés, des branches mortes, des pieux à demi-immergés, que la mer ne laisse que partiellement à découvert.

Anse-Bertrand (Porte-d'Enfer). — Pointe-à-Pitre (Anse d'Arboussier, îlets à Cochons, à Amic).

En Décembre, Janvier, Février, Mars. — *Coll. nos 32, 119, 1748, 1749, 1750.*

De couleur jaune terre de Sienne à la base, jaune pâle au sommet des frondes.

E. OBTUSOCARPUS. Crn. *var.*

Parasite sur de vieilles frondes de *Zostera marina* flottant à certaine distance au large.

Sainte-Rose (Ilet Blanc).

En Avril. — *Coll. no 9.*

Jaune terre de Sienne teintée de vert.

E. DENUDATUS. Crn. mscr.

Ectocarpus denudatus. Crn. mscr.

A très-petite distance, sur des rochers toujours immergés, à la base desquels il flotte entre deux eaux; mer très-calme.

Saintes (Anse du Marigot).

En Août. — Rare. — *Coll. no 257 2e Série.*

Ocre jaune teinté de brun à l'état vivant.

SPHACÉLARIÉES.

SPHACELARIA. Lyngb. Crn. l. c. Genera. Pl. 25.

S. TRIBULOÏDES. Menegh.

Sphacelaria cervicornis? Decne. Pl. de l'Arab. p. 129 (ex Menegh.). — *Sphacelaria tribuloïdes.* Menegh. litt. Corin. no 6 et Alg. Ital. p. 336; J. Alg. Med. p. 28, Spec. 1, p. 31; Kg. Spec. Alg. p. 464; Tab. Phyc. vol. 5, p. 26, tab. 89.

A la plage, sur le sable.

Sainte-Anne (Plage devant le bourg).

En Avril. — Très-rare. — *Coll. no 1786.*

Coloration à l'état frais, brun fauve.

CHORDARIÉES.
Trib. MÉSOGLOÏACÉES.

MYRIOCLADIA. J. Ag. Crn. l. c. Genera. Pl. 26.

M, CAPENSIS. J. Ag.

Myriocladia Capensis. J. Ag. Spec. Alg. 1, p. 54.

Au milieu de bancs de sable couverts de plantes marines, où il vit le plus ordinairement en parasite sur les feuilles du *Zostera marina*, par un mètre environ de profondeur.

Moule (Vieux-Bourg, plage du cimetière des Nègres).

En Mai. — *Coll. n°s 1317, 1319.*

Presque incolore dans l'eau, à l'état jeune; prend avec l'âge une coloration vert-olive clair persistant.

M. VIRESCENS (Carmi.). Crn. mscr.

Mesogloïa virescens. Carmich. mscr.; Berk. Glean. p. 44; Harv. Man. p. 46 et Phyc. Brit. tab. 82; Kg. Spec. Alg. p. 545, Tab. Phyc. vol. 8, p. 4, tab. 9; J. Ag. Spec. 1, p. 56. — *Myriocladia virescens.* Crn. Alg. Mar. Finist. 52, Florul. Finist., p. 165. — *Mesogloïa affinis.* Berk. Glean. p. 43, tab. 16, f. 2.

Parasite sur des feuilles de Zostères flottant à la lame. Recueilli vivant sur des bancs de sable, près du rivage, à la base de touffes de *Zostera marina*.

Moule (Plage du cimetière des Nègres). — Désirade (Grand'Anse).

En Avril, Mai. — *Coll. n°s 1796, 1811, 1812, 1817, 1865.*

Vert-olive clair à l'état de vie; passe au jaune brun en se desséchant.

Cette espèce est si polymorphe dans certains sujets qu'on serait tenté d'y créer des variétés. — *Coll. n°s 1320, 1321.*

M. GRACILIS (Berk.). Crn. mscr.

Mesogloïa gracilis. Berk. Glean. p. 43, tab. 17, f. 1. — *Mesogloïa virescens* J. Ag. Spec. Alg. 1, p. 57. — *Mesoglœa virescens.* var.: g *gracilis.* K. Spec. 545. *Mesoglœa gracilis.* Kg. Tab. Phyc. vol. 8, p. 5, tab. 10. — *Myriocladia gracilis.* Crn. mscr.

Même habitat que le *Myriocladia virescens*, avec lequel il vit confondu.

Moule (Plage du cimetière des Nègres).

En Avril, Mai. — *Coll. n°s 1791, 1813, 1816.*

Par son aspect extérieur, sa coloration, la forme et le lieu d'élection de ses sporidies, cette espèce ne semblerait même pas constituer une variété de la précédente.

M. MEDITERRANEA (Kg.) Crn. mscr.

Mesogloïa? Mediterranea. J. Ag. Alg. Med. p. 33, Spec. Alg. 1, p. 58. — *Mesoglœa vermicularis.* var.: a *australis.* Kg. Spec. Alg. p. 545. — *Mesoglœa Mediterranea.* Kg. Tab. Phyc. vol. 8, p. 3, tab. 7. — *Myriocladia Mediterranea.* Crn. mscr.

Même habitat que les deux espèces précédentes, où il vit comme elles en parasite sur des feuilles de Zostères.

Moule (Plage du cimetière des Nègres).

En Avril. — *Coll. nº 1381.*

Vert jaunâtre foncé dans l'eau; prend une teinte brune à l'air.

CLADOSIPHON. Kg.

C. ZOSTERICOLA. Harv.

Cladosiphon zostericola. Harv. Alg. Exsicc.; Kg. Tab. Phyc. vol. 9, p. 1, tab. 1.

Parasite sur des feuilles de *Zostera marina* croissant sur des bancs de sable près du rivage, par 1 mètre environ de profondeur.

Moule (Plage du cimetière des Nègres).

En Avril. — Rare. — *Coll. nº 1797.*

De coloration brun jaunâtre clair dans l'eau.

DICTYOTÉES.

ASPEROCOCCUS. Lamour.

A. CLATHRATUS. (Bory.) J. Ag.

Encœlium clathratum. Ag. Spec. p. 412 et Syst. p. 262; Kg. Spec. p. 552. — *Asperococcus cancellatus.* Endl. Suppl.; Sond. Preiss. 2, p. 156. — *Hydroclathrus cancellatus.* Bory. Dict. class. 8, p. 419; Mont. Canar. p. 144 et Alger. p. 35-36; Kg. Tab. Phyc. 9, p. 21, tab. 52. — *Asperococcus clathratus.* Bory. Mscr.; J. Ag. Spec. 1, p. 75.

Le plus souvent à la plage, où le porte la lame, qui le détache de rochers toujours immergés, sur lesquels il croît et se développe.

Saintes (Anses du Mouillage, du Marigot).—Moule (Récifs du large). — Pointe-à-Pitre (Ilet à Fajou). — Gosier (Anse de la Saline, ilet Diamant). — Désirade (Anse des Galets).

De Janvier à Juillet. — Abondant. — *Coll. nºs 13 1re Série, 766.*

Vert clair transparent dans l'eau; passe au brun jaunâtre en herbier.

A. INTRICATUS. J. Ag.

? *Ulva Endivæfolia.* Mart. Flor. Bras. p. 21.—*Encœlium intricatum.* Liebm.; Kg. Spec. Alg. p. 551, Tab. Phyc. vol. 9, p. 3, tab. 5. — *Asperococcus intricatus.* J. Ag. Alg. Liebm. p. 7, Spec. 1, p. 77.

Amené avec la drague de plus de 2 mètres de profondeur; banc de sable vaseux où croissent les Zostères. Recueilli sur pied avec des *Acetabularia crenulata* sur des fragments de rochers, par 1 mètre seulement, fond de sable blanc.

Pointe-à-Pitre (Ilet à Fajou, au large). — Gosier (Grande-Baie). — Moule (Plage de la baie).

En Février, Mars, Mai. — *Coll. n° 379.*

Incolore dans l'eau; passe au vert jaunâtre souillé à l'air.

A. ORIENTALIS. J. Ag.

Encœlium orientale. Kg. Spec. Alg. p. 351. — *Asperococcus orientalis.* J. Ag. Spec. 1, p. 78.

A la plage, sur le sable.

Moule (Fond du port). — Gosier (Plage de la Batterie).

En Avril, Mai, Juin. — *Coll. n°s 372, 1855, 1859.*

Même coloration que le précédent.

A. RAMOSISSIMUS (Kg.). Zanard.

Encœlium ramosissimum. Kg. Phyc. Gener. p. 336, Spec. Alg. p. 551, Tab. Phyc. vol. 9, p. 3, tab. 4. — *Asperococcus ramosissimus.* Zanard. Icon.

A la plage, sur le sable, parasite sur *Zostera marina*.

Moule (Fond du port). — Pointe-à-Pitre (Ilet Boissard). — Marie-Galante (Grand-Bourg, anse Trianon). — Saintes (Anse du Marigot).

En Février, Mars, Mai, Septembre. — *Coll. n°s 373, 994, 996, 1193, 1699.*

De couleur jaune verdâtre à l'état frais.

A. SCHRAMMII. Crn. mscr.

Asperococcus Schrammii. Crn. in Schramm et Mazé. l. c.

Flottant à la lame.

Moule (Fond du port).

En Mai. — Très-rare. — *Coll. n° 156 1re Série.*

Coloration: vert clair à l'état frais.

Espèce très-curieuse, qui n'a plus reparu depuis plusieurs années.

STRIARIA. Grev. Crn. l. c. Genera. Pl. 28.

S. FRAGILIS. J. Ag.?

Striaria attenuata forma. Aresclig. Pug. 1, p. 231   ? — *Ha-*

lorhiza vaga. Kg. Phyc. Gen. p. 335, Spec. Alg. p. 551, Tab. Phyc. vol. 8, p. 11, tab. 24. — *Striaria fragilis.* J. Ag. Symb. 1, p. 5, Spec. 1, p. 81.

Flottant à la lame.

Moule (Fond du port).

En Avril. — *Coll. n⁰ 26* bis *2ᵉ Série.*

Vert clair dans l'eau.

STILOPHORA. J. Ag. Crn. l. c. Genera. Pl. 28.

S. Antillarum. Crn. mscr.

Stilophora Antillarum. Crn. mscr.

Recueilli flottant et mêlé au *Myriocladia Capensis,* dont il doit partager l'habitat.

Moule (Fond du port, plage du cimetière des Nègres).

En Mai, Juin. — *Coll. n⁰ 371.*

De coloration jaune pâle à l'état frais, passe au jaune-rouille en herbier.

DICTYOTA. J. Ag. Crn. l. c. Genera. Pl. 28.

D. fasciola (Roth.) Lamour?

Fucus fasciola. Roth. Cat. 1, p. 146. — *Zonaria fasciola.* Ag. Sp. Al. p. 136, Syst. p. 267. — *Dictyota fasciola.* Lamour.; Menegh. Alg. Ital. p. 216; J. Ag. Sp. Fuc. p. 89; Harv. Mar. Bor. Amer. t. 8, B !

A la plage, après un fort ras de marée du S.-O.

Basse-Terre (Plage du marché).

En Septembre. — *Coll. n⁰ 1530.*

Coloration vert jaunâtre clair à l'état frais.

D. linearis. Ag. Spec.

D. divaricata. Lamour. Dict. p. 14.— *Dictyota linearis.* Ag. Spec. 1, p. 134 (excl. syn.), Syst. p. 266; J. Alg. Med. p. 37, Spec. Fuc. p. 90; Menegh. Alg. Ital. p. 221.

Vit le plus ordinairement en parasite sur des algues plus résistantes, des frondes de *Zostera marina,* dans des eaux généralement calmes et claires. Se rencontre parfois sur la coquille du *Strombus gigas* ou dans le sable, à l'accore de bancs de Zostères.

Pointe-à-Pitre (Ilet à Cochons, bancs de la rade). — Saintes (Anse du Marigot).

En Février, Juillet.— *Coll. nos 219 1re Série, 4 2e Série, 1475, 1619.*

Vert sombre à l'état vivant, passe au jaune brunâtre en herbier.

D. FURCELLATA. Kg.

Dictyota furcellata. Kg. in Herb. Sond. Tab. Phyc. 9, p. 11, tab. 24.

Parasite sur des frondes de *Zostera marina* flottant à la lame.

Saintes (Anse Pontpierre). — Port-Louis (Anse de Rambouillet).

En Mai, Juin. — *Coll. nos 1378, 1395.*

Coloration vivante : brun sombre.

D. CERVICORNIS. Harv. *var :*

Dictyota cervicornis. Harv. var :

Recueilli sur de vieux madrépores ensablés, à très-petite distance du rivage.

Pointe-à-Pitre (Ilet à Jarry.)

En Juillet. — Rare. — *Coll. no 479.*

De couleur brune jaunâtre dans l'eau.

D. RADICANS. Harv.

Dictyota radicans. Harv. Mar. Bot. West. Austr. no 27 ; Kg. Tab. Phyc. vol. 9, p. 15, tab. 36.

Flottant à la lame.

Saintes (Anse Rodrigues).

En Juillet. — Très-rare. — *Coll. no 455.*

De couleur brune foncée à la base, vert-olive aux extrémités.

D. PANICULATA. J. Ag. ?

Dictyota paniculata. J. Ag. Symb. p. 5, Spec. 1, p. 91 ; Harv. Alg. Tasm. p. 19 ; Kg. Spec. p. 558, Tab. Phyc. p. 15, vol. 9, tab. 37.

Flottant à la lame.

Saintes (Anse Pontpierre).

En Juillet. — *Coll. no 445.*

Brun olivâtre sombre.

D. ANTIGUÆ. Kg.

Dictyota Antiguæ. Kg. in Herb. Sond. Tab. Phyc. vol. 9, p. 16, tab. 37.

A la base de rochers à demi-couverts, sur des fragments de co-

quilles, de vieux madrépores ensablés, par 1 mètre environ de profondeur; eaux généralement claires.

Saintes (Anse Figuier, anse du Marigot). — Gosier (Pointe Laverdure). — Moule (Vieux-Bourg).

En Janvier, Juillet, Août. — *Coll.* nᵒˢ *456, 894, 908, 923, 1777.*

Tantôt jaune verdâtre, tantôt jaune-serin, selon la profondeur de
l'eau.

D. ACUTILOBA. J. Ag.

Dictyota acutiloba. J. Ag. Spec. Fuc. p. 91; Kg. Spec. p. 558, Tab.
Phyc. vol. 9, p. 13, tab. 29.

Flottant à la lame.

Saintes (Anses Rodrigues, Pontpierre).

En Avril. — *Coll.* nᵒˢ *806, 807, 811.*

De couleur brune verdâtre à l'état frais.

D. DICHOTOMA (Huds.) Lamour.

Zonaria dichotoma. Ag. Spec. p. 133 et Syst. p. 266; Grev. Alg.
Brit. p. 57, tab. 10; Harv. Phyc. Brit. tab. 103. — *Dichophyllum
vulgare et dichotomum.* Kütz. Phyc. Germ. p. 237. — *Dictyota dichotoma.* Lamour. Ess.; Duby. Bot.; Desmaz. Exsc. 857; Kg. Spec.,
p. 554; Tab. Phyc. vol. 9, p. 5, tab. 10; Harv. Phyc. Brit.; J. Ag.
Alg. Med. Spec. 1, p. 292; Crn. Alg. mar. Finist. 68, Florul. Finist.
p. 168.

Croît d'ordinaire sur des rochers ensablés, à petite distance de la
plage; eaux claires ou troubles indifféremment. Se rencontre souvent
flottant à la lame.

Pointe-à-Pitre (Anse de Fouillole). — Saintes (Anse du Marigot).
— Gosier (Pointe Laverdure). — Pointe-à-Pitre (Rivière-Salée).

Presque toute l'année. — *Coll.* nᵒˢ *203, 234, 258 2ᵉ Série, 106,
107.*

Vert olivâtre très-clair.

D. DICHOTOMA. *var.:* IMPLEXA. J. Ag.

Dictyota implexa. Lamour. Dict. p. 14; Kg. Spec. p. 55, Tab. Phyc.
vol. 9, p. 13, tab. 14. — *Dictyota dichotoma,* Menegh. Alg. Ital.
p. 224. — *Dictyota dichotoma,* var.: *intricata.* Grev. Alg. Brit.;
Harv. Alg. Brit. tab. 103. — *Dictyota dichotoma,* var. : *implexa.*
J. Ag. Spec. 1, p. 92; Crn. Alg. Finist. 70, Florul. Finist. p. 168.

Croît dans des cavités demi-vaseuses, au milieu de bancs de Zostères, par plus de 2 mètres de profondeur, dans des eaux très-claires.

Gosier (Anse Laverdure, au large).

En Mai. — *Coll. n° 1368.*

De couleur brun verdâtre.

D. DICHOTOMA. *var. :* CURVULA. Crn. mscr.

Dictyota pardalis. Kg. Tab. Phyc. vol. 9, p. 16, tab. 39. — *Dictyota dichotoma.* var. : *curvula.* Crn. mscr.

Recueilli tantôt sur des bancs de sable vaseux, par 1 mètre environ de profondeur, tantôt sur des fragments de madrépores qui découvrent à la basse mer.

Gosier (Grande-Baie). — Pointe-à-Pitre (Ilet à Cochons, îlet Boissard, au S.). — Vieux-Fort (Anse Turlet, anse Raby). — Saintes (Anse du Mouillage). — Canal (Baie).

En Février, Mai, Août, Septembre, Octobre, Novembre. — *Coll. n°s 159, 272, 555, 981, 1512, 1840.*

Brun verdâtre à la base, passant au jaune teinté de vert à l'extrémité des frondes.

D. DICHOTOMA. Lam. *var.:* LATIFRONS. Crn. mscr.

Dictyota dichotoma. Lamour. *var.: latifrons.* Crn. mscr.

Flottant à la lame.

Pointe-à-Pitre (Rade, plage de l'habitation Houëlbourg).

En Juin. — Très-rare. — *Coll. n° 1941.*

De couleur vert clair jaunâtre à l'état frais.

D. DICHOTOMA. Lamour. *var :*

Croît par des profondeurs variables, sur des rochers ensablés, des racines immergées, de vieilles frondes de *Zostera marina;* eaux calmes, le plus souvent très-chargées de calcaire.

Marie-Galante (Grand-Bourg, plage des Basses). — Pointe-à-Pitre (Les îlets de la rade). — Saintes (Grand'Anse). — Port-Louis (Plage du Souffleur). — Baillif (Plage du cimetière militaire). — Gosier (Anse Laverdure).

En Janvier, Mars, Avril, Mai, Novembre, Décembre.— *Coll. n°s 172 1re Série, 386 2e Série, 387, 667, 1050, 1284, 1576.*

Coloration jaune doré ou brun rougeâtre, selon l'âge de la plante ou le milieu qu'elle habite.

D. ATTENUATA. Kg.

> *Dictyota attenuata.* Kg. Tab. Phyc. vol. 9, p. 6, tab. 11.
>
> Flottant à la lame, au large.
>
> Gosier (Pointe Laverdure).
>
> En Octobre. — *Coll. nº 1764.*
>
> Brun jaunâtre à l'état frais.
>
> Cette espèce nous paraît être une simple forme du *Dictyota dicho-toma.* Lamour.

D. PROLIFERA. Lamour (non Suhr.).

> *Dictyota prolifera.* Lamour. Essai., p. 58 ; J. Ag. Spec. 1. p. 97.
>
> Croît tantôt par des profondeurs de plus de 2 mètres, dans des lacunes vaseuses, au milieu de bancs de Zostères, tantôt sur des fragments de madrépores ensablés, près des lignes de brisants du large. Se rencontre parfois aussi sur la coquille du *Strombus gigas.*
>
> Gosier (Anse Laverdure, au large). — Pointe-à-Pitre (Brisants sous le vent). — Saintes (Anses sous le vent).
>
> En Février, Mars, Mai, Juillet.— *Coll. nos 995, 1277, 1373, 1474.*
>
> De couleur vert jaunâtre clair dans l'eau.

D. CILIATA. J. Ag.

> *Dictyota ciliata.* J. Ag. Symb. 1, p. 5 ; Spec. Alg. 1, p. 93 ; Kg. Spec. p. 556, Tab. Phyc. vol. 9, p. 12, tab. 27.
>
> Sur des rochers, des fragments de madrépores toujours immergés, à petite distance de la plage ; eaux souvent remuées par le ressac.
>
> Pointe-à-Pitre (Ilet à Cochons, îlet Boissard, sous le vent). — Saintes (Anse du Marigot, anse Rodrigues). — Marie-Galante (Grand-Bourg (Plage des Basses). — Gosier (Anse Laverdure, Grande-Baie).
>
> De Janvier à Juillet, Août. — *Coll. nos 30 1re Série, 89 2e Série, 805, 1176, 1370, 1371, 1473, 1767, 1838.*
>
> D'un vert clair à reflets dorés dans l'eau ; prend à l'air une couleur générale brune rougeâtre.

D. CILIATA. J. Ag. *var :*

> Recueilli sur des conglomérats volcaniques immergés, que la mer laisse à découvert aux basses marées.
>
> Vieux-Fort (Anse de la Petite-Fontaine, anse Turlet).
>
> En Juin, Août. — *Coll. nos 514, 538.*
>
> Brun rougeâtre à la base, passant au jaune-serin aux extrémités.

D. Bartayresiana. Lamour.

Dictyota Bartayresiana. Lamour. Journ. Bot. Dict. p. 17; Ag. Spec. p. 140; J. Ag. Spec. 1, p. 94; Kg. Spec. p. 554; Tab. Phyc., vol. 9, p. 8, tab. 16.

Croît d'ordinaire sur des madrépores ou des rochers ensablés, un peu au large, par deux mètres environ de profondeur.

Gosier (Anse Laverdure). — Port-Louis (Plage du Souffleur). — Saintes (Anse Figuier).

En Mars, Octobre, Novembre. — *Coll.* n^{os} *158, 888, 1051. 1418.*

De couleur vert-olive dans l'eau.

D. Bartayresiana var.: *B. divaricata.* J. Ag.

Ulva Bartayresiana. Mart. Flor. Bras., p. 32. — *Dictyota Bartayresiana,* var.: *B. divaricata.* J. Ag. Spec. 1, p. 94; Kg. Spec. Alg. p. 554.

Parasite sur des fragments de *Zostera marina* flottant à la plage.

Pointe-à-Pitre (Ilet à Cochons, plage de la batterie O.).

En Janvier. — Très-rare. — *Coll.* n^o *213 1re Série.*

Brun verdâtre à l'état frais.

Espèce qui semble très-voisine du *Dictyota divaricata,* Lamour, ou *Dictyota linearis,* Ag. Spec.; la fructification trop incomplète n'a pas permis une détermination précise.

D. Indica. Sond.

Dictyota Indica. Sond. Herb.; Kg.; Tab. Phyc., vol. 9, p. 8, tab. 17.

Ramené avec la drague d'une profondeur de 50 mètres, sur de vieilles frondes de *Zostères,* fond de sable vaseux. Recueilli plus tard sur des fragments de madrépores immergés dans des eaux vaseuses, presque à la lame.

Basse-Terre (Rade, mouillage des navires de guerre). — Pointe-à-Pitre (Anse d'Arboussier). — Saintes (Anse du Marigot).

En Mai, Juin. — *Coll.* n^{os} *251 2e Série, 463, 857.*

Vert jaunâtre à l'état de vie.

D. Indica. Sond. *forma torta.* Crn. mscr.

Dictyota indica. Sond., *forma torta.* Crn. mscr.

Parasite sur de vieilles frondes de *Zostera* portées à la plage.

Pointe-à-Pitre (Ilet Pauline).

En Avril. — Très-rare. — *Coll.* n^o *795.*

Coloration: brune jaunâtre à la base, plus claire aux extrémités.

16

D. ÆQUALIS. Kg.

Dictyota æqualis. Kg. Phyc. Germ., p. 271 ; Spec. Alg., p. 555 ; Tab.
Phyc., vol. 9, p. 9, tab. 21.

Parasite sur des feuilles de Zostera marina, des frondes d'Acanthophora croissant presque à la limite du flot.

Pointe-à-Pitre (Ilet Boissard, au N.).

En Mai. — Rare. — Coll. n° 1341.

De couleur brune jaunâtre sombre.

D. CRENULATA. J. Ag.

Dictyota Bartayresiana var.: denticulata. Kg.; Tab. Phyc. vol. 9,
p. 8, tab. 16. — Dictyota crenulata. J. Ag. Spec., 1, p. 94; Kg. Spec.
Alg., p. 558.

Vit en touffes nombreuses sur des rochers ensablés, de vieux madrépores, des conglomérats volcaniques immergés qui ne découvrent
que très-exceptionnellement.

Port-Louis (Anse Rambouillet). — Capesterre (Plage du bourg). —
Trois-Rivières (Anse du bourg). — Vieux-Fort (Anse Turlet, anse de
la Petite-Fontaine). — Saintes (Anses du Marigot, du Mouillage).

De Février à Novembre. — Coll. nos 513, 528, 860, 889, 983,
1394, 1429, 1492, 1498, 1668.

Coloration vivante : brune foncée à la base, brune-olive claire au
sommet des frondes.

A cette espèce se rattache le Dictyota ciliolata, Sond. Herb., Kg.,
Tab. Phyc., qui n'est évidemment que la forme plus étroite et plus
petite du type ; il est représenté par les nos 889, 860, 890, 1498, etc.

D. CRENULATA. J. Ag. var.

Sur des rochers ensablés, toujours couverts d'au moins un mètre
d'eau.

Vieux-Fort (Anse de la Petite-Fontaine). — Pointe-à-Pitre (Ilet à
Cochons, lagons intérieurs).

En Février, Août. — Coll. nos 498, 498 bis, 1753.

De couleur vert clair souvent traversé de zones ou bandes brunes.
Diffère du type par la largeur de ses frondes à marges unies rarement prolifères.

D. CUSPIDATA. Kg.

> *Dictyota cuspidata.* Kg. in Herb. Sond.; Tab. Phyc. vol. 9, p. 9, tab. 20.
>
> Recueilli flottant près du rivage.
>
> Baillif (Plage du cimetière militaire).
>
> En Avril. — Très-rare. — *Coll. no 1270.*
>
> Coloration : brun jaunâtre à l'état frais.

D. ABYSSINICA. Kg.

> *Dictyota Notarisii.* Sond. Herb.; Kg., Tab. Phyc. vol. 9, p. 11, tab. 25.
> — *Dictyota n. Spec.?* Fig. et De Not. — *Dictyota Abyssinica.* Kg.
> in Herb. Sond.; Tab. Phyc. vol. 9, p. 9, tab. 21.
>
> Croît sur des rochers avancés, par plus d'un mètre de profondeur;
> eaux généralement calmes. Se rencontre parfois sur la coquille du
> *Strombus gigas.*
>
> Saintes (Anses du Marigot, de Rodrigues). — Pointe-à-Pitre (Ilet
> à Jarry, pointe à Patates, anse de Fouillole). — Baillif (Plage du
> cimetière militaire).
>
> De Décembre à Juin. — Abondant. — *Coll. nos 858, 866, 877, 1090,
> 1091, 1261, 1263, 1283, 1714.*
>
> Vert jaunâtre dans l'eau.

D. NÆVOSA. Suhr.

> *Zonaria nævosa.* Suhr.; Regensb. Flor. 1834; 2, tab. 1. — *Cutleria
> nævosa.* Hering. Herb.; Kg. Spec. Alg. p. 559; Tab. Phyc. vol. 9,
> p. 13, tab. 31. — *Dictyota nævosa.* Suhr.; Ecklon., no 8; J. Ag. Spec.
> 1, p. 95.
>
> Vit le plus habituellement sur des rochers détachés qui ne restent
> jamais à découvert, bien qu'à faible distance de la plage; eaux claires,
> très-remuées.
>
> Vieux-Fort (Anse Turlet, anse de la Petite-Fontaine).
>
> En Mai, Juin, Septembre, Novembre. — Rare. — *Coll. nos 161
> 2e Série, 434 bis, 1134.*
>
> Jaune teinté de vert sombre à l'état de vie.

D. NÆVOSA. Suhr. *var.*

> Rochers ensablés, presque à la limite du flot, par 0m60 de profondeur.
>
> Vieux-Fort (Anse de la Petite-Fontaine).
>
> En Mars. — *Coll. nos 233 2e Série, 1248.*
>
> De couleur brune jaunâtre, teintée de vert au sommet des frondes.

D. VARIABILE (Fig. et Dntrs). Crn. mscr.

Spatoglossum variabile. Fig. et Dntrs. — *Dictyota polycarpa.* Sond.
Herb.; Kg. Tab. Phyc., vol. 9, p. 14, tab. 31. — *Dictyota variabile.*
Crn. mscr.

Croît sur des rochers ensablés, des conglomérats volcaniques détachés de la falaise, que la mer couvre toujours de plus d'un mètre
d'eau; eaux troubles ou claires, indifféremment.

Pointe-à-Pitre (Ilet Burtel). — Vieux-Fort (Anses de la Petite-Fontaine, Turlet). — Gosier (Grande-Baie, anse Laverdure).

En Juin, Juillet, Août, Septembre, Novembre. — Commun. —
Coll. n°s 434, 478, 510, 511, 512, 515 ^{ab}, 1491, 1528, 1575.

Très-variable de forme et de coloration, tantôt vert clair, tantôt
vert jaunâtre ou brun rougeâtre, selon l'âge de la plante ou la profondeur de l'eau qui la couvre.

D. LITURATA. J. Ag.

Dictyota liturata. J. Ag. Spec., 1, p. 95; Kg. Tab. Phyc., vol. 9, p. 16,
tab. 38.

Flottant à la lame.

Trois-Rivières (Plage de la Grand'Anse). — Saintes (Anses Figuier,
du Mouillage).

En Février, Juin, Octobre. — *Coll. n°s 386, 982, 1664 ^{ab}.*

Brun rougeâtre à l'état frais.

D. PINNATIFIDA. Kg.

Dictyota pinnatifida. Kg. in Herb. Sond.; Tab. Phyc., vol. 9, p. 16,
tab. 39.

Flottant à petite distance de la plage, après un ras de marée.

Gosier (Anse Laverdure). — Capesterre (Plage du bourg).

En Juin. — *Coll. n°s 1408, 1430.*

Tantôt brun jaunâtre foncé, tantôt vert teinté de jaune rouillé.

D. BIPINNATA. Crn. mscr.

Dictyota bipinnata. Crn. mscr.

Flottant à la lame.

Gosier (Anse Laverdure). — Port-Louis (Anse du Souffleur).

En Avril, Novembre. — *Coll. n°s 164, 1052, 1775, 1776.*

Jaune pâle teinté de vert.

D. Brongniartii. J. Ag.

Ulva Mertensii. Mart. Flor. Bras. 1, p. 21 ; Icon. Crypt. tab. 1 ? — *Fucus atomarius.* Gmel. Hist. Fuc., p. 125, t. 10 ? — *Dictyota Mertensii.* Kg. Tab. Phyc., vol. 9, p. 15, tab. 36. — *Dictyota Brongniartii.* J. Ag. Symb. 5; Spec. Alg. 1, p. 96 ; Kg. Spec. Alg., p. 556; Tab. Phyc., vol. 9, p. 15, tab. 35.

En tapis épais, sur des rochers madréporiques, des fragments de calcaire grossier, des débris de conglomérats volcaniques immergés par au moins un mètre de profondeur; eaux généralement claires, presque toujours remuées. Se rencontre fréquemment flottant à la lame.

Moule (Brisants près du rivage). — Trois-Rivières (Plage de la rivière Grand'Anse). — Saintes (Anses Rodrigues, Pontpierre, Figuier). — Saint-Martin (Anse du Marigot).

En végétation de Mars à Juin; persiste presque toute l'année. — Coll. n°s 6 1re Série, 385, 441, 441 bis, 442, 517, 555 bis, 984, 1664 bis.

Coloration vivante : tantôt jaune-citron passant au vert, tantôt bleu brillant marqué de stries transversales plus sombres.

D. Brongniartii. J. Ag. *var.*

A la plage, sur le sable, ou flottant à la lame.

Saintes (Grand'Anse, anse Rodrigues).

En Février, Septembre. — Coll. n° 572.

Jaune nuancé de vert à l'état frais.

D. dentata. Lamour.

Zonaria dentata. Ag. Spec., p. 136, et Syst., p. 96. — *Dictyota dentata.* Lamour. Dict. p. 13; J. Ag. Spec. 1, p. 96; Mont. Cuba., p. 65; Kg. Spec., p. 756; Tab. Phyc., v. 9, p. 15, tab. 15.

Vit dans les eaux profondes et peu abritées, sur des rochers ou de vieux madrépores toujours immergés. Forme, à la plage, après les ras de marée, d'énormes dépôts, où abonde aussi le *Dictyota Brongniartii.*

Moule (Port et plage). — Pointe-à-Pitre (Ilot à Fajou). Saintes (Anses du Vent). — Port-Louis (Anse de Rambouillet, plage du Souffleur). — Capesterre (Plage du bourg). — Trois-Rivières (Grand'-Anse). — Saint-Martin (Anse du Marigot).

Toute l'année. — Très-abondant. — Coll. n°s 5 1re Série, 385, 991.

De couleur jaune verdâtre sous l'eau.

D. DENTATA. Lamour. *var*.

> Flottant à la lame.
>
> Moule (Port, plage du cimetière des Nègres).
>
> En Mai. — *Coll.* n^os *1803, 1807, 1808*.
>
> Brun jaunâtre à l'état frais.

D. PROLIFERA. Suhr. (non Lamour).

> *Dictyota prolifera.* Suhr. Regensb. Fl. 1839, p. 61, f. 39; J. Ag.
> Spec. 1, p. 97; Kg. Spec., p. 555; Tab. Phyc., vol. 9, p. 5, tab. 9.
>
> A la plage, sur le sable ou flottant à la lame.
>
> Moule (Rade). — Pointe-à-Pitre (Ilet Boissard).
>
> En Mars. — Très-rare. — *Coll.* n^o *33*.
>
> Vert jaunâtre sombre s'éclaircissant aux extrémités.

D. SANDVICENSIS (Sond). Kg.

> *Dictyota Sandvicensis.* Sond. Herb.; Kg. Tab. Phyc., vol. 9, p. 13,
> tab. 30.
>
> A l'accore d'un banc de sable vaseux toujours couvert, dans un
> lagon intérieur communiquant avec la mer. Recueilli aussi flottant à
> la lame.
>
> Pointe-à-Pitre (Ilet à Cochons, à l'Est de la batterie). — Baillif
> (Plage du cimetière militaire).
>
> En Février, Avril. — *Coll.* n^os *1697, 1751*.
>
> Jaune pâle teinté de vert dans l'eau.

D. GUINEENSE (Kg). Crn. mscr.

> *Spatoglossum Guineense.* Kg. Spec. Alg., p. 560; Tab. Phyc., vol. 9,
> p. 19, tab. 46. — *Dictyota Guineense.* Crn. mscr.
>
> Croît sur des rochers avancés battus par la lame du large.
>
> Saintes (Anse Figuier). — Trois-Rivières (Anse au-dessous du
> bourg).
>
> En Février, Avril. — *Coll.* n^os *1666, 1707*.
>
> Brun verdâtre sombre.

TAONIA. J. Ag.

T. SCHRŒDERI (Mert). J. Ag.

> *Ulva Schrœderi.* Mertens. mscr.; Mart. Bras. Flor., p. 21 et Icon. Sel. 1,
> t. 2, f. 3. — *Zonaria Schrœderi.* Ag. Syst., p. 266. — *Dictyota*

Schrœderi. Grev., Areschg. Icon. 1, p. 5, t. 9; Kg. Spec., p. 556.
— *Taonia Schrœderi.* J. Ag. Spec. Fuc., p. 102.

Recueilli tantôt à la plage, tantôt sur des rochers qui ne restent que partiellement à découvert aux plus basses marées; eaux toujours agitées.

Saintes (Anses du Marigot). — Capesterre (Plage du bourg). — Gosier (Anse et pointe Laverdure). — Port-Louis (Plage de Rambouillet).

En Janvier, Février, Mars, Avril, Septembre. — *Coll.* n°s *228 1re Série, 311 2e Série, 1691, 1770.*

A l'état vivant, brun verdâtre.

ZONARIA. J. Ag.

Z. VARIEGATA. Lamour.

Dictyota variegata. Lamour. Ess., tab. 2, f. 7-9. — *Padina lobata.* Mont. Canar., p. 146. — *Zonaria variegata.* Lamour. Dict., p. 11; Mart. Bras. Flor., p. 25 et Icon. Crypt., t. 2, f. 2; J. Ag. Spec. Fuc., p. 198; Kg. Tab. Phyc., 9, p. 30, tab. 73.

Amené par la drague ou jeté à la plage par la violence des ras de marées, sur des madrépores, des gorgones ou des strombes provenant des eaux profondes.

Moule (Rade). — Saintes (Anses sous le vent). — Port-Louis (Plage de Rambouillet). — Vieux-Fort (Anse Turlet).

Presque toute l'année. — *Coll.* n°s *6, 211 2e Série, 619, 1607, 1826.*

Coloration vivante d'un beau vert-olive à reflets irisés.

ZONARIA VARIEGATA. *var.*

Rochers ensablés, par une profondeur de plus de deux mètres; eaux très-claires.

Vieux-Fort (Anse Turlet).

En Septembre. — *Coll.* n° *556.*

De couleur vert-olive clair dans l'eau.

Z. LOBATA. Ag.

Zonaria multipartita. Suhr. Eckl., n° 7, f. 2-3. — *Zonaria fuliginosa.* Mart. Bras., p. 25 et Icon. Crypt., t. 2. — *Stypopodium fuliginosum.*

Kg. Spec. Alg., p. 563; Tab. Phyc., 9, p. 25. — *Stypopodium lobatum.* Kg. Tab. Phyc., 9, p. 25, tab. 63. — *Zonaria lobata.* Ag. Syst., p. 265; J. Ag. Spec. Fuc., p. 109.

Croît d'ordinaire sur des rochers détachés qui ne découvrent pas à la marée basse; eaux généralement très-claires. Se rencontre souvent flottant à la lame, après les ras de marée de l'hivernage.

Moule (Fond du port). — Saintes (Anse du Marigot, Grand'Anse, anse Figuier). — Capesterre (Plage du bourg). — Vieux-Fort (Anse de la Petite-Fontaine).

Toute l'année. — *Coll. n°s 240, 261 2e Série, 184, 325, 325* bis.

De couleur vert-olive clair à reflets azurés, avec des zones transversales plus foncées.

Z. LOBATA. Ag. forme padinoïde.

Flottant à la lame.

Moule (Fond du port).

En Mai. — Très-rare. — *Coll. n° 297 1re Série.*

Cette sorte de variété, recueillie en 1862, n'a plus été retrouvée depuis, malgré de très-persévérantes recherches.

Z. CRUSTACEA. (J. Ag.). Crn. mscr.

Padina crustacea. J. Ag. sub *Padina.* — *Zonaria crustacea.* Crn. mscr.

Croît sur la coquille du *Strombus gigas* draguée dans des eaux assez profondes, 6 mètres environ.

Saintes (Anses sous le vent). — Moule (Plage du fond du port).

En Avril, Octobre. — *Coll. n°s 1419, 1659, 1674.*

Vert-olive clair nuancé de jaune-brun.

Z. FULIGINOSA. Mart.

Stypopodium fuliginosum. Kg. Spec., p. 563; Tab. Phyc., 9, p. 25; Tab. 62. — *Zonaria lobata var.:* fuscescens. Ag. Syst., p. 265. — *Zonaria fuliginosa.* Mart. Bras.

Tantôt sur la coquille du *Strombus gigas,* tantôt à la plage, sur le sable.

Saintes (Anses sous le vent). — Moule (Plage).

En Janvier, Avril. — Assez rare. — *Coll. n° 1692.*

Brun foncé très-sombre à l'état vivant.

Z. GYMNOSPORA. Kg.?

Zonaria gymnospora. Kg. in Herb. Sond.; Tab. Phyc. 9, p. 29, tab. 71.

Flottant à la lame.

En Novembre. — *Coll. n° 1677*.

Le seul exemplaire recueilli n'étant pas fructifié, il n'a pas été possible de bien certifier l'espèce.

PADINA. Adans. Crn. Gener. 183, pl. 29.

P. COMMERSONI. Bory.

Zonaria pavonia. d *tenuis*. Ag. Syst., p. 264. — *Zonaria tenuis*. Kg. Spec. Alg., p. 565; Tab. Phyc., v. 9, p. 29, tab. 71. — *Padina tenuis*. Mont. Cub., p. 67. — *Padina Commersoni*. Bory. Voy. Coq., pl. 21, f. 2; J. Ag. Fuc., p. 113.

A la plage, sur le sable.

Pointe-à-Pitre (Ilet Amic).

En Décembre. — Très-rare. — *Coll. n° 134 1re Série*.

Coloration à l'état frais : noir olivâtre transparent.

P. PAVONIA. (Gaill). J. Ag.

Zonaria pavonia. Ag. Spec. et Syst.; Kg. Spec., Tab. Phyc., 9, tab. 70. — *Padina pavonia*. Gaillon. Rés.; Duby. Bot.; Desmaz. exs. 60; J. Ag. Alg. Med. et Spec.; Harv. Phyc. Brit. t. 1, 91; Crn. Alg. mar. Finist. 76, Florul. Finist., p. 169; Lloyd. Alg. Ouest. 155.

Croît en touffes serrées dans le sable vaseux, entre les anfractuosités des rochers, sur les fragments de madrépores qui avoisinent les plages, et aussi dans la tourbe des terres basses, aux lieux où la marée se fait sentir.

Capesterre (Anse Sainte-Marie). — Saintes (Toutes les baies du groupe). — Saint-Martin (Anse du Marigot). — Moule (Récifs du large). — Pointe-à-Pitre (Les îlets de la rade, les bords de la Rivière-Salée). — Gosier (Grande-Baie).

Toute l'année. — Très-commun. — *Coll. nos 179 2e Série, 185, 946, 1339, 1623, 1782*.

D'un jaune-bistre nuancé de blanc et traversé de zones concentriques plus sombres.

17

HALYSERIS. Targion. Crn. l. c. Genera. pl. 29.

H. DELICATULA. (Lamour). J. Ag.

Dictyopteris delicatula. Lamour. Journ. Philom. 1809. Tab. 6, f. B.; Ag. Spec., p. 114, Syst., p. 263; Mart. Bras., p. 26.— *Halyseris delicatula.* J. Ag. Sp., I, p. 116; Kg. Spec. Alg., p. 562, Tab. Phyc., v. 9, p. 24, Tab. 56; Mont. Cub., p. 63.

Le plus souvent en parasite sur *Laurencia, Dictyota* et autres algues à grand développement (*Sargassum,* etc.). Se rencontre parfois en tapis sur des rochers ensablés qui ne découvrent jamais.

Moule (Port). — Saintes (Anse Figuier, Grand'Anse, anse du Marigot). — Pointe-à-Pitre (Les îlets de la rade). — Vieux-Fort (Anse de la Petite-Fontaine, anse Turlet). — Capesterre (Plage du bourg). Gosier (Pointe Laverdure, anse Laverdure). — Port-Louis (Plage du Souffleur).

En toute saison. — *Coll. nᵒˢ 62 1ʳᵉ Série, 1369.*

Coloration : vert d'eau bleuté à l'état de vie.

H. JUSTII. (Lamour). J. Ag.

Dictyopteris Justii. Lamour. Journ. Philom. 1809. Tab. 6, f. A.; Ag. Spec., 1, p. 142, Syst., p. 262. — *Halyseris Justii.* J. Ag. Spec., 1, p. 118; Mont. Cub., p. 63; Kg. Spec. Alg., p. 562, Tab. Phyc., v. 9, p. 22, tab. 55.

Vit à la manière des *Sargassum,* dans des eaux profondes et très-agitées, sur des rochers au large ou sur des bancs de sable dur.

Moule (Baie). — Saintes (Grand'Anse, anse Figuier, anse du Marigot, anse Rodrigues). — Port-Louis (Plage de Rambouillet, anse du Souffleur). — Trois-Rivières (Grand'Anse).

De Février à Juillet, Août, Octobre. — *Coll. nᵒˢ 22, 234 1ʳᵉ Série, 1324.*

Vert corné à l'état vivant.

H. PLAGIOGRAMMA. Mont.

Halyseris plagiogramma. Mont. Cent. 1. p. 12, Cuba. p. 63; Areschg. Icon. 1, p. 4, tab. 8; J. Ag. Spec. I, p. 119; Kg. Spec. Alg., p. 562, Tab. Phyc., vol. 9, p. 23, Tab. 57.

Se rencontre d'ordinaire en parasite sur *Laurencia* et quelques autres *Floridées* trouvées flottant dans des eaux vives peu profondes. Recueilli vivant sur des galets ensablés près du rivage.

Moule (Vieux-Bourg, plage du cimetière des Nègres). — Moule

(Fond du port, près la roche caverneuse). — Capesterre (Plage). — Port-Louis (Anse du Souffleur, plage de Rambouillet). — Trois-Rivières (Grand'Anse). — Vieux-Fort (Petite-Fontaine).

De Février à Juillet, Octobre. — *Coll. n°s 8 1re Série, 1383, 1806.*

D'un beau vert clair ambré, ayant dans l'eau des reflets perlés, brillants.

GENUS DUBIÆ AFFINITATIS.

SORENTHERA. Post et Rupre.

S. LEATHESIÆFORMIS. Crn. mscr.

Vit d'ordinaire dans les cavités naturelles de certains conglomérats volcaniques détachés des falaises du littoral et que la mer ne couvre que partiellement. Se rencontre souvent aussi sur des roches madréporiques sans cesse battues par les lames venant du large.

Vieux-Fort (Anse Turlet, anse de la Petite-Fontaine). — Moule (Fond du port, récifs du large). — Saintes (Anse du Marigot). — Capesterre (Plage du bourg). — Gosier (Anse de la Saline).

Presque en toute saison. — *Coll. n° 15 2e Série.*

De couleur vert-olive teinté de jaune à l'état de vie.

SPOROCHNOÏDÉES.

Trib. ANTHROCLADIÉES.

CHNOOSPORA. J. Ag.

CH. FASTIGIATA *var.:* PACIFICA. J. Ag.

Chnoospora pacifica. J. Ag. Alg. Liebmn., p. 7. — *Chnoospora pacifica* var.: *pacifica.* J. Ag. Spec. Fuc. p. 172.

Croît dans les anfractuosités de rochers avancés que la lame du large bat sans cesse, et qui ne restent à découvert qu'aux plus basses marées de l'année.

Saintes (Anse Figuier).

En Mai, Août, Octobre. — *Coll. n°s 267 2e Série, 970, 1404, 1665.*

Vert brunâtre sombre dans l'eau.

CH. IMPLEXA (Hering.). J. Ag.

Sphærococcus implexus (Hering.). mscr.; Kg. Spec. Alg. p. 775. — *Chnoospora implexa.* J. Ag. Spec. Fuc. p. 173; Kg. Tab. Phyc., 9, p. 36, tab. 87.

Très-abondant à la plage après les ras de marée. Recueilli vivant sur des rochers ensablés qui ne restent jamais à découvert, par 0^m80 environ de profondeur; eaux très-rarement calmes. Forme tapis avec les *Halyseris delicatula.*

Vieux-Fort (Anse Raby, anse Turlet, anse de la Petite-Fontaine). — Marie-Galante (Plage du Grand-Bourg, anse de Trianon).

En Février, Avril, Août, Septembre. — *Coll. n°s 14, 162 2e Série, 501, 1228.*

De couleur vert sombre passant au brun jaunâtre en herbier.

FUCACÉES.

TURBINARIA. Lamour.

T. VULGARIS. J. Ag.

Turbinaria vulgaris. J. Ag. Spec. Fuc., p. 267.—*Turbinaria conoïdes.* Kg. Tab. Phyc., 9, p. 24, tab. 66.

A la plage, sur le sable ou les galets du rivage.

Moule (Fond du port, la baie). — Vieux-Fort (Anse Raby, anse Turlet).

En Octobre, Décembre. — *Coll. n°s 208, 1164.*

De couleur vert-olive nuancé de brun.

T. VULGARIS. *var.:* B. DECURRENS. J. Ag.

Fucus turbinatus. Turn. Hist. Tab. 24. — *Turbinaria decurrens.* Bory. Coq., n° 18; Kg. Spec. 621, Tab. Phyc., 9, p. 24, tab. 68. — *Turbinaria vulgaris.* var.: *B. decurrens.* J. Ag. Spec. Fuc., p. 267.

Vit au niveau de l'eau, sur les brisants du large; eaux très-claires et très-vives, moins profondes cependant que celles que recherchent de préférence les *Sargassum.* Assez abondant, d'ordinaire, à la plage, après les ras de marée de l'hivernage.

Saint-Martin (Anses de Rund-Hill, du Marigot). — Moule (Récifs du large, plage du cimetière des Nègres). — Vieux-Habitants (Pointe de la Baie).

En Février, Mars, Novembre. — *Coll. n°s 190 1re Série, 396, 705, 1296.*

De couleur vert-olive à l'état vivant.

T. VULGARIS. *var.*: D. TRIALATA. J. Ag.

> *Turbinaria Havanensis.* Lamour? — *Turbinaria trialata Capensis.*
> Kg. Tab. Phyc., 9, p. 24, tab. 67. — *Turbinaria vulgaris.* var.: *D.*
> *trialata.* J. Ag. Spec. Fuc., p. 267.
>
> Recueilli vivant sur des rochers avancés que la mer ne laisse à dé-
> couvert qu'aux basses mers. Souvent à la plage, sur le sable.
>
> Saint-Martin (Pointe de l'anse du Marigot). — Moule (Plage du
> cimetière des Nègres, récifs du large).
>
> En Mai, Décembre, Octobre. — *Coll. nos 164 1re Série, 396.*
>
> Coloration : vert sombre marqué de taches brunes ou rouille.

SARGASSUM. Ag.

S. INCISIFOLIUM. J. Ag.

> *Fucus incisifolius.* Turn. Hist. Fuc. Tab. 214; Mert. Mém., n° 13;
> Ag. Spec., p. 14 et Syst., p. 298; Suhr. Alg. Eckl. Flor. 1834, n° 2
> (Fide spec.). — *Carpacanthus incisifolius.* Kg. Spec. Alg., p. 625,
> Tab. Phyc., 11, p. 14, tab. 43. — *Sargassum incisifolium.* J. Ag.
> Spec. Fuc., p. 299.
>
> Flottant à la lame.
>
> Sainte-Rose (Ilet Blanc).
>
> En Avril. — Très-rare. — *Coll. no 12.*
>
> Vert-olive sombre.

S. PLATYCARPUM. Mont.

> *Sargassum Suhrii.* J. Ag. mscr. in Herb. Suhr. — *Sargassum vul-*
> *gare acanthocarpos.* Mart. Bras. p. 46. — *Carpacanthus platycarpus.*
> Kg. Spec. Alg., p. 265, Tab. Phyc., 11, p. 13, tab. 40.— *Sargassum*
> *platycarpum.* Mont. Pl. Cell. Exot. Cent., 3, p. 18; J. Ag. Spec., 1,
> p. 322.
>
> Vit en société du *Turbinaria decurrens,* Bor., sur des rochers avancés
> découvrant partiellement à marée basse; eaux fortement remuées par
> le ressac. Souvent recueilli flottant à la lame.
>
> Vieux-Habitants (Pointe de la Baie). — Vieux-Fort (Anse de la
> Petite-Fontaine). — Saint-Martin (Anse du Marigot).
>
> En Mars, Mai, Août, Septembre, Novembre. — *Coll. nos 520, 986,*
> *1627.*
>
> Vert olivâtre dans l'eau.

S. Desfontainesii (Turn. Hist.). Ag.

> *Fucus Desfontainesii.* Turn. Hist. 3, n° 190. — *Fucus comosus.* Poir. Encycl. 8, p. 375. — *Fucus chœtophyllus.* Mert. mscr. — *Sargassum comosum.* Mont. Canar., p. 134, Syll., p. 386; Kg. Spec. 616, Tab. Phyc. 11, p. 11, tab. 35. — *Sargassum Desfontainesii.* Ag. Spec., p. 25 et Syst., p. 302; J. Ag. Spec. I, p. 339.
>
> Flottant à la plage.
>
> Gosier (Grande-Baie).
>
> En Octobre. — Très-rare. — *Coll. n° 127.*
>
> De couleur brune olivâtre sombre à l'état frais.
>
> N'a été rencontré qu'une fois seulement.

S. Lendigerum. (Linné). Ag. ?

> *Fucus Lendigerus.* Linné fide Turn. in Hist. Fuc., tab. 48. — *Sargassum Lendigerum.* Ag. Spec. p. 9, et Syst., p. 295; J. Ag. Spec., I, p. 340; Kg. Spec. Alg., p. 612, Tab. Phyc., 11, p. 5, tab. 19.
>
> Recueilli sur la coquille du *Strombus gigas.*
>
> Saintes (Anses sous le vent).
>
> En Mars, Septembre. — *Coll. n° 311 1re Série.*
>
> Coloration à l'état de vie : brun verdâtre.
>
> Le peu de développement de la plante ne permet pas une détermination certaine.

S. cymosum. Ag.

> *Sargassum stenophyllum.* Mart. Icon. Bras., t. 5. Flor. Bras., p. 47. —? *Sargassum leptocarpum.* Kg. Phyc., p. 362. — *Sargassum cymosum.* Ag. Spec., p. 20, Syst., p. 300; Mont. Cub., p. 71; J. Ag. Spec., I, p. 341; Kg. Spec. Alg., p. 614, Tab. Phyc., 13, p. 8, tab. 27.
>
> Recueilli vivant sur la coquille des strombes, sur des rochers avancés qui ne découvrent qu'aux plus basses marées.
>
> Saintes (Anses sous le vent).
>
> En Février, Septembre. — *Coll. n° 1260.*
>
> De couleur vert-olive dans l'eau.

S. cymosum. Ag. *var. :* dichotomum. Mont.

> *Sargassum ramifolium.* Kg. Phyc. Gen., p. 362, Spec., p. 616. — *Sargassum cymosum.* var. : *dichotomum.* Mont. Voy. Bonite, p. 11.
>
> Se rencontre le plus souvent flottant à la lame, parfois aussi sur la coquille du *Strombus gigas.*

Vieux-Fort (Anse Turlet, anse Raby, anse de la Petite-Fontaine).
— Moule (Fond du port). — Saintes (Anses sous le vent).

Presque toute l'annnée. — *Coll. nº 205 2e Série.*

Vert-olive passant au brun rougeâtre en vieillissant.

S. VULGARE. Ag.

Fucus natans. Turn. Hist., nº 46 (exclus. variet. plurim). — *Sargassum leptocarpum.* Kg. Phyc., p. 362. —? *Sargassum vulgare.* Ag. Spec., p. 3, Syst., p. 293 (partim); Grev. Alg. Brit., p. 2, tab. 1 ; J. Ag. Spec., 1, p. 342.

A la plage, sur le sable. Vit d'ordinaire sur la coquille des strombes ou sur de vieux madrépores ensablés près du rivage.

Vieux-Fort (Embouchure de la rivière Sens, anse Raby). — Moule (Fond du port). — Baillif (Plage). — Saintes (Anses sous le vent).

De Janvier à Mai. — *Coll. nº 5 ter 1re Série.*

Coloration brune olivâtre dans l'eau.

Nous avons aussi rencontré aux Saintes le *Sargassum vulgare.* B., *foliis furcatis.* Grunow. *Sargassum flavifolium.* Kg. — *Coll. nº 1624.*

S. POLYCERATIUM. Mont.

Carpacanthus polyceratius. Kg. Spec. Alg., p. 624. — *Sargassum polyceratium.* Mont. Cent., I, nº 26. Cub., p. 72, Syll., p. 388.

Flottant à la lame.

Moule (Anse de la Couronne). — Saintes (Ilet à Cabris, sous le vent).

En Mai. — *Coll. nº 226 2e Série.*

De couleur vert-olive, à l'état frais.

S. FURCATUM. Kg.

Sargassum furcatum. Kg. Phyc. Gener., p. 362, Spec. Alg., p. 616.

Flottant à la lame.

Capesterre (Plage du bourg).—Moule (Plage du cimetière des Nègres).

En Mai, Septembre. — *Coll. nºs 132 1re Série, 384.*

Coloration : vert-olive sombre à l'état frais.

S. FURCATUM. Kg. *var.*

Sur des rochers avancés que bat la lame du large ; eaux très-claires.

Saintes (Anse Figuier).

En Juillet. — *Coll. nº 887.*

Vert-olive clair dans l'eau.

S. LEPTOCARPUM. Kg.

Sargassum leptocarpum. Kg. Phyc. Gener., p. 362, Spec. Alg., p. 608.

Ramené avec la drague d'une profondeur de plus de 50 mètres ; fond de sable mélangé de coquilles. Se trouve très-abondamment flottant à la lame, après les ras de marée.

Basse-Terre (Mouillage des goëlettes de guerre). — Moule (Fond du port). — Capesterre (Plage). — Vieux-Fort (Anse de la Petite-Fontaine).

En Avril, Mai, Août, Septembre. — Coll. nos 12ᵃ, 519.

De couleur vert olivâtre passant au brun. Au dire du savant professeur de Lund, ces trois dernières espèces, si elles ne sont pas simplement des formes différentes du Sargassum vulgare, Ag., constituent tout au plus des variétés de cette espèce si bien caractérisée.

S. AFFINE. J. Ag.

Sargassum affine. J. Ag. Spec., I, p. 343 ; Kg. Spec. Alg., p. 610.

Flottant à la lame. Recueilli vivant sur la coquille du Strombus gigas.

Moule (Plage du cimetière des Nègres, fond du port). — Saintes, anses sous le vent, Grand'Anse). — Capesterre (Plage du bourg).

Presque toute l'année. — Coll. nos 106, 107 1ʳᵉ Série, 645, 702, 1487.

Brun foncé à l'état de vie.

S. BACCIFERUM. (Turn). Ag.

Fucus bacciferus. Turn. l. c., tab. 47. — Fucus Sargasso. Gm. Fuc., p. 92 ; Bory. Coq., n° 19. — Fucus natans. Linn. Spec. Pl., p. 1628, Syst. Nat. Ed. X, p. 1345 ; Esp. Fuc., tab. 23. — Sargassum bacciferum. Ag. Spec., p. 6 et Syst., p. 294 ; Mart. Bras., p. 49 ; J. Ag. Spec., I, p. 344 ; Kg. Spec. Alg., p. 609, Tab. Phyc., 11, p. 4, tab. 11.

Quelquefois sur la coquille du Strombus gigas, le plus souvent à la plage, sur le sable.

Moule (Fond du port, plage du cimetière des Nègres). — Saintes (Anses sous le vent, anse Rodrigues).

En toute saison. — Coll. nos 1288, 1485.

Coloration : brune olivâtre à l'état frais.

S. BACCIFERUM. var.

Recueilli sur la coquille des Strombes.

Saintes (Anses sous le vent).

En Mai, Septembre. — Coll. n° 160 bis 1ʳᵉ Série.

De couleur vert-olive.

S. TRACHYPHYLLUM. Kg.

Sargassum trachyphyllum. Kg. Spec. Alg. p. 609, Tab. Phyc., 11, p. 3, tab. 8.

Vit sur des rochers avancés que battent sans cesse les lames du large.

Saintes (Ilet à Cabris, au vent). — Moule (Plage du cimetière des Nègres). — Vieux-Fort (Anse de la Petite-Fontaine). — Saint-Martin (Anse du Marigot).

En Avril, Novembre, Décembre. — *Coll. n°s 642, 1298, 1622.*

Vert-olive foncé à l'état de vie.

S. CHEIRIFOLIUM. Kg.

Sargassum cheirifolium. Kg. Spec. Alg., p. 613, Tab. Phyc., 11, p. 7, tab. 21.

Recueilli flottant à la lame.

Moule (Plage du cimetière des Nègres, la baie). — Vieux-Fort (Anse Raby). — Sainte-Rose (Plage). — Saint-Martin (Anse du Marigot).

Presque toute l'année. — *Coll. n°s 235 1re Série, 950, 1059, 1628.*

Coloration : brune olivâtre à l'état frais.

S. TURNERI. Kg.

Fucus natans g acanthicarpus. Turn. Hist., tab. 46. — *Sargassum vulgare e acanthicarpum.* Ag. Spec., 1, p. 5. — *Sargassum amygdalifolium.* Bory (ex parte). — *Sargassum Boryanum b amygdalifolium.* Mont. Fl. Alg., p. 3. — *Carpacanthus Turneri.* Kg. Spec. Alg., p. 624, Tab. Phyc., 11, p. 13, tab. 41. — *Sargassum Turneri.* Kg. Tab. Phyc.

A la plage, sur le sable.

Marie-Galante (Grand-Bourg). — Vieux-Fort (Anse Raby). — Saint-Martin (Anse du Marigot).

En Mai, Juillet, Septembre. — *Coll. n°s 141 2e Série, 567, 988, 1857.*

Coloration : vert olivâtre sombre.

18

S. INTEGRIFOLIUM. Kg.

> *Sargassum integrifolium.* Kg. Spec. Alg., p. 610, Tab. Phyc., 11, p. 5, tab. 14.
>
> Fixé aux roches madréporiques qui bordent le haut-fond en dedans du récif de ceinture; eaux claires.
>
> Marie-Galante (Rade du Grand-Bourg).
>
> En Janvier. — Très-rare. — *Coll. nº 312 1ʳᵉ Série.*
>
> Brun olivâtre dans l'eau.

S. SPINULOSUM. (Kg). Crn.

> *Carpacanthus spinulosus.* Kg. Tab. Phyc., 11, p. 15. Tab. 46. — *Sargassum spinulosum.* Crn. mscr.
>
> A la plage.
>
> Vieux-Fort (Anse Raby). — Capesterre (Plage du bourg). — Moule (Plage du cimetière des Nègres).
>
> En Octobre, Novembre, Décembre. — *Coll. nᵒˢ 640, 644.*

S. MONTAGNEI. Bailey.

> *Sargassum Montagnei.* Bailey, in litteris; Kg. Tab. Phyc., 11, p. 9, tab. 28.
>
> Flottant à la lame.
>
> Moule (Anse de la Couronne).
>
> En Novembre. — Rare. — *Coll. nº 304 1ʳᵉ Série.*
>
> De couleur brune olivâtre claire à l'état frais.

S. DICHOCARPUM. Kg.

> *Sargassum dichocarpum.* Kg. Spec. Alg., p. 613, Tab. Phyc., 11, p. 7, tab. 20.
>
> A la plage, sur le sable.
>
> Gosier (Grande-Baie).
>
> En Septembre. — *Coll. nᵒˢ 19 1ʳᵉ Série, 566.*
>
> Coloration : vert-olive brunissant à l'air.

S. POLYPHYLLUM. J. Ag.

> *Sargassum polyphyllum.* J. Ag. Spec., 1, p. 308, Tab. Phyc. 11, p. 3, tab. 8.
>
> Recueilli flottant à la lame.
>
> Moule (Port).
>
> En Juillet. — *Coll. nº 104 1ʳᵉ Série.*

De couleur vert-olive clair à l'état frais; noircit en se desséchant.
Un seul spécimen, disparu dans l'incendie de la Pointe-à-Pitre.

S. DIVERSIFOLIUM. Kg. ?

A la plage, sur le sable.

Saint-Martin (Anse du Marigot).

En Avril. — *Coll. n⁰ 801.*

Brun olivâtre.

S. ANGUSTIFOLIUM. (Turn). Ag.

Fucus angustifolius. Turn. Hist., p. 36. — *Fucus leptocystus.* Mert.
— *Sargassum angustifolium.* Ag. Spec. Alg., p. 32 et Syst., p. 305;
Kg. Spec. Alg., p. 611, et Tabul. Phyc. 11, p. 6, tab. 27; J. Ag.
Spec. 1, p. 309.

Flottant à la lame.

Sainte-Rose (Ilet Blanc).

En Avril. — *Coll. n⁰ 949.*

Coloration : vert sombre.

S. LIEBMANNI. J. Ag.

Sargassum Liebmanni. J. Ag. Alg. Liebm., p. 8, Spec., I, p. 326. —
Carpacanthus Liebmanni. Kg. Spec., p. 624, Tab. Phyc., 11, p. 13,
tab. 41.

Flottant à la lame.

Moule (Plage du cimetière des Nègres, la baie).

En Octobre, Novembre. — *Coll. n⁰ˢ 643, 1058.*

Brun rougeâtre à l'état frais.

FLORIDÉES.

Ser. GONGYLOSPERMÉES.

CÉRAMIÉES.

Trib. CALLITHAMNIÉES.

CALLITHAMNION. Lyngb.

C. PALLENS. Zanard.

> *Callithamnion pallens*. Zanard. dell. Callithamn., p. 12; J. Ag. Spec. Alg., 2, p. 13.
>
> Parasite sur la tige d'un *Chamœdoris annulata* croissant sur la coquille du *Strombus gigas*.
>
> Saintes (Anses sous le vent).
>
> En Juin. — Très-rare. — *Coll. nᵒ 1478.*
>
> Coloration vivante : rose carminé foncé. Spécimen unique appartenant à la collection de M. Mazé.

C. GORGONEUM. Mont.

> *Callithamnion Gorgoneum*. Mont. Ann. Sc. natur. 4ᵉ série, t. 8; Kg. Tab. Phyc. vol., 12, p. 1, tab.
>
> Parasite sur *Codium tomentosum* flottant à la lame.
>
> Gosier (Anse Laverdure).
>
> En Juin. — Rare. — *Coll. nᵒ 1412.*
>
> De couleur rouge carmin à l'état de vie.

C. INVESTIENS. Crn. mscr.

> *Callithamnion investiens*. Crn. in Schramm et Mazé. Ess.
>
> Parasite sur des frondes de *Galaxaura lapidescens* échouées à la plage ou recueillies sur la coquille du *Strombus gigas*.
>
> Gosier (Grand'Baie, pointe Laverdure). — Saintes (Anses sous le vent). — Moule (Fond du port, Vieux-Bourg).
>
> En Février, Avril, Novembre, Décembre. — *Coll. nᵒˢ 245 1ʳᵉ Série, 34, 1173.*
>
> Rose carminé, parfois très-vif.

C. INVESTIENS. Crn. *var*.

Parasite sur *Galaxaura* croissant sur des rochers battus par la lame; eaux très-claires.

Moule (Vieux-Bourg, fond du port).

En Février, Octobre. — Très-rare. — *Coll. n° 89* bis *1re Série.*

Coloration : rose pâle.

C. BEAUII. Crn. mscr.

Griffithsia Argus. Mont. Canar.? p. 176, t. 8, f. 4; Kg. Spec. Alg. p. 662, Tab. Phyc., 12, tab. 18; J. Ag. Spec., 2, p. 70. — *Vrangelia Argus.* Mont. Syll.? p. 144. — *Callithamnion Beauii.* Crn. in Schramm et Mazé, l. c.

Croît le long du rivage, sur les rochers ensablés, les galets roulants, les fragments de vieux madrépores et les blocs de calcaire porphyritiques où se brise la lame. Habite aussi les brisants du large, à de grandes profondeurs, maistoujours dans des eaux vives très-remuées.

Pointe-à-Pitre (Anse d'Arboussier, îlet Boissard, sous le vent, brisants des passes). — Moule (Récifs du large). — Basse-Terre (Embouchure des rivières Sens et du Galion). — Baillif (Plage près du bourg). — Vieux-Fort (Anses Turlet et de la Petite-Fontaine). — Gosier (Anse et pointe Laverdure).

En toute saison. — Abondant. — *Coll. n°s 246 1re Série, 1060, 1148, 1249, 1375, 1445, 1520, 1745.*

Frondes vert clair à la base, garnies aux extrémités de ramules d'un beau rose violacé, qui prennent parfois, dans les eaux peu profondes et sous l'influence du soleil, des reflets rouges ponceau disparaissant au contact de l'air.

OBS. — Les nombreux échantillons de cette algue *Wrangelia Argus.* Mont. Syll.? — *Griffithsia Argus.* Mont. Canar.? — Kg. Tab. Phyc.? donnent à penser que *Griffithsia Argus* Mont. Canar. a été établi sur la fronde stérile du *Callithamnion Beauii* qui doit porter les *favelles;* la figure de Kutzing, Tab. Phyc., 12, tab. 18, est sans fruits. Montagne, dans sa description, ne parle pas des *Corynospores* en bouquet qui caractérisent le genre *Griffithsia.*

Cette délicieuse plante a été recueillie pour la première fois à la Guadeloupe, en 1855, par feu le commandant Beau, auquel elle a été dédiée.

C. BYSSACEUM. Kg.

Callithamnion byssaceum. Kg. Tab. Phyc., 11, p. 19, tab. 58; J. Ag. Spec., 2, p. 14.

Parasite sur des frondes de *Myriocladia Cladophora* croissant au milieu de bancs de *Zostera marina*.

Moule (Plage du cimetière des Nègres).

En Mai, Juin. — Rare. — *Coll.* nᵒˢ *1809, 1908, 1910.*

De couleur rose tendre à l'état de vie.

C. PEDUNCULATUM. Kg.

Callithamnion pedunculatum. Kg. Spec. Alg. p. 641, Tab. Phyc., 11, p. 22, tab. 67.

Parasite sur *Myriocladia* flottant.

Moule (Fond du port). — Très-rare.

En Juin. — *Coll.* nᵒ *1384.*

Coloration vivante : rose légèrement carminé.

Spécimen unique, collection Mazé.

C. HYPNEÆ. Crn. mscr.

Callithamnion hypneæ. Crn. in Schramm et Mazé, l. c.

Parasite sur *Hypnea musciformis, Cladophora fascicularis* flottant à la lame.

Moule (Baie). — Moule (Fond du port).

En Février, Octobre. — Rare. — *Coll.* nᵒˢ *44 1ʳᵉ Série, 261.*

De couleur sépia claire sous l'eau.

C. AMENTACEUM. Crn. mscr.

Callithamnion amentaceum. Crn. mscr.

Flottant à la lame.

Rade de la Pointe-à-Pitre (Embouchure de la rivière du Coin). — Moule (Fond du port). — Gosier (Plage de la Saline).

En Mars, Octobre. — Rare. — *Coll.* nᵒˢ *30, 30* bis, *122.*

Coloration : rouge vineux clair.

C. APICULATUM. Crn. mscr.

Callithamnion apiculatum. Crn. mscr.

Recueilli flottant à la lame. Rencontré vivant sur les roches madréporiques qui forment les récifs du large.

Gosier (Anse Laverdure). — Pointe-à-Pitre (Brisants des passes).

En Janvier, Juillet. — *Coll.* nᵒˢ *240, 1500.*

De couleur rose pâle.

C. CORNICULIFRUCTUM. Crn. mscr.

   Callithamnion corniculifructum. Crn. mscr.

     Parasite sur *Hypnea cornuta* (Lam.). J. Ag.

     Moule (Plage de la baie).

     En Mai. — Très-rare. — *Coll. n⁰ 381.*

     Rose vineux à l'état frais.

     Spécimen unique, collection Mazé.

C. CORYNOSPOROÏDES. Crn. mscr.

   Callithamnion corynosporoïdes. Crn. mscr.

     Parasite sur de vieilles frondes de *Centroceras clavulatum.* Mont. recueillies sur les galets du rivage.

     Capesterre (Plage du bourg).

     En Novembre. — Très-rare. — *Coll. n⁰ˢ 1081.*

     De couleur rouge pourpre à l'état de vie.

C. ELLIPTICUM. Mont. *var.:* MAJOR. Crn. mscr.

   Callithamnion ellipticum. Mont. *var.:* major. Crn. mscr.

     Parasite sur *Plocaria* flottant à la lame.

     Marie-Galante (Saint-Louis, plage au vent).

     En Février. — Très-rare. — *Coll. n⁰ 1198.*

     Rose ambré nuancé de brun et de jaune aux extrémités.

C. LHERMINIERI. Crn. mscr.

   Callithamnion Lherminieri. Crn. mscr.

     Parasite sur des frondes de *Galaxaura umbellata* recueillies flottant à la plage.

     Vieux-Fort (Anse de la Petite-Fontaine).

     En Mars. — Très-rare. — *Coll. n⁰ 1259.*

     Coloration vivante : rose violacé. Exemplaire unique, collection Mazé.

     Obs. — Sur notre demande, MM. Crouan ont bien voulu dédier cette jolie plante à feu M. le docteur Lherminier, qui, pendant tant d'années, a tenu la tête des études scientifiques à la Guadeloupe, et auquel nous avons été heureux de pouvoir ainsi donner un témoignage public de notre respectueuse reconnaissance et de notre profond attachement.

GRIFFITHSIA. Ag.

G. SCHOUSBOEI. Mont.

   Griffithsia imbricata Schousb. mscr. — *Griffithsia opuntia.* J. Ag

Symb. p. 40. — *Griffithsia Giraudii.* Solier. mscr. — *Griffithsia Schousboei.* Mont. in Webb., tab. 10, Canar. p. 175, Flor. Alger. p. 143, Syll. p. 446; J. Ag. Alg. Med. p. 77, Spec., 2, p. 78; Kg. Spec. Alg. p. 661, Tab. Phyc. vol. 18, p. 9, tab. 27; Crn. in Schramm et Mazé, l. c.

Flottant à la lame. Recueilli vivant en parasite sur des *Digenea simplex* fixés sur la coquille du *Strombus gigas.*

Moule (Anse Sainte-Marguerite). — Saintes (Anses sous le vent).

En Février, Mars, Mai. — *Coll. n°s 244 1re Série, 1170.*

De couleur rose teinté de jaune.

G. CORALLINA. *var.:* GLOBIFERA. Harv.

Griffithsia corallina. Ag. *var.:* globifera. Harv.

Flottant à la lame, ou à la plage, sur le sable.

Gosier (Anse de la Saline). — Sainte-Anne (Plage du bourg).

En Juillet, Octobre. — *Coll. n°s 121, 483.*

Coloration: jaune ambré à l'état frais. Teint le papier en rose carminé, sous l'influence de la lumière.

G. STEACEA. Ag. *var.:*

Griffithsia steacea. Ag. *var.:* Crn. in Schramm et Mazé, l. c.

Recueilli flottant près du rivage.

Moule (Vieux-Bourg, pointe de la Chapelle, anse Sainte-Marguerite).

En Mai. — Très-rare. — *Coll. n° 284 1re Série.*

Rose pâle nuancé de jaune souillé à la base.

G. OPUNTIOÏDES. J. Ag.

Griffithsia opuntioïdes. J. Ag. Alg. Med. p. 76, Spec., 2, p. 82; Mont. Flor. Alger. p. 143; Kg. Spec. Alg. p. 66, Tab. Phyc. vol. 12, p. 9, tab. 27.

Flottant à la lame. Parasite sur *Galaxaura.*

Marie-Galante (Saint-Louis, plage au nord). — Saintes (Anses sous le vent).

En Février, Mars. — Rare. — *Coll. n°s 1182, 1689.*

Coloration: rose ambré à l'état frais.

CROUANIA. J. Ag.

C. ATTENUATA. (Bonnem). J. Ag.

Batrachospermum attenuatum. Bonnem. in Herb. Ag. — *Mesogloïa*

19

attenuata. Ag. Syst. p. 51. — *Mesogloïa? moniliformis.* Griff. in Harv. Man. p. 49. — *Griffithsia nodulosa.* Ag. Spec., 2, p. 136. — *Callithamnion nodulosum.* Kg. Phyc. p. 373, Spec. p. 651. — *Crouania attenuata.* J. Ag. Alg. Med. p. 83, Spec. Alg., 2, p. 105; Harv. Phyc. Brit., tab. 106; Crn. Ann. Sc. nat. 184, t. 2, f. 24-25, Alg. mar. Finist., 163, Flor. Finist. p. 139, Gener. 85; Lloyd. Alg. Ouest., 275.

Croît sur des récifs madréporiques, des fragments de vieux madrépores, par 0ᵐ60 de profondeur environ.

Pointe-à-Pitre (Ilet Boissard, au sud).

En Février, Avril, Mai. — *Coll. n°ˢ 794, 1147, 1835.*

De couleur vert-émeraude soyeux sous l'eau.

C. ATTENUATA. *var.:* AUSTRALIS. Harv.

Crouania attenuata. J. Ag. *var.:* australis. Harv.

Parasite sur des frondes de *Gracilaria* recueillies à la plage.

Marie-Galante (Anse Trianon).

En Mai. — Très-rare. — *Coll. n° 395.*

Coloration vivante: vert sombre parfois.

? HALOPLEGMA. Mont.

H. DUPERREYI. Mont.

Haloplegma Duperreyi. Mont. Cell. Ex., tab. 7, f. 1; Kg. Spec. Alg. p. 672, Tab. Phyc., 12, p. 19, tab. 62; J. Ag. Spec., 2, p. 111; Crn. in Schramm et Mazé, l. c.

Parasite sur de vieilles frondes de *Thamnophora* flottant à la lame. Recueilli aussi dans des amas d'algues portées à la plage par le flot.

Moule (Fond du port, plage et récifs de la Couronne).

En Mars, Avril. — *Coll. n°ˢ 3 1ʳᵉ Série, 1465.*

De couleur rouge-sang à l'état frais.

Trib. CÉRAMIÉES.

CERAMIUM. Lyngb. Crn. Genera, 87 et 87 *bis,* p. 12.

C. GRACILLIMUM. (Kg.). J. Ag.

Hormoceras gracillimum. Kg. in Linn., 1841, p. 733 (fide) Harvey, Spec. Alg. p. 675. — *Ceramium flaccidum.* Harv. mscr. — *Ceramium gracillimum.* Griff. et Harv. in Harv. Phyc. Brit. tab. 206; J. Ag. Spec., 2, p. 118.

Flottant à la lame. Recueilli vivant sur des roches madréporiques toujours couvertes, quoique très-près du rivage; eaux troubles chargées de productions calcaires.

Gosier (Pointe Laverdure, plage de la Saline). — Pointe-à-Pitre (Anse d'Arboussier, plage du Carénage).

En Janvier, Juillet, Octobre. — *Coll. nos 124, 125, 486, 742.*

De couleur pourpre à l'état de vie.

C. SUBTILE. J. Ag.

Ceramium subtile. J. Ag. Spec., 2, p. 120.

Parasite sur les frondes du *Bryopsis Leprieurii*, du *Gracilaria patens*, du *Spyridia filamentosa* et de la *Zostera marina*. Rencontré aussi sur des rochers ensablés, par 0^{m}60 de profondeur, eaux claires.

Pointe-à-Pitre (Cayes intérieures des passes). — Gosier (Pointe Laverdure). — Sainte-Anne (Anse à la Barque). — Moule (Port). — Marie-Galante (Saint-Louis, plage au nord).

En Février, Avril, Juillet, Octobre, Décembre. — *Coll. nos 373 2e Série, 126, 470, 650, 944, 1188, 1720.*

Coloration vivante : rose carminé clair.

C. STRICTUM. Grev. et Harv.

Gongroceras strictum. Kg. Spec. Alg. p. 678, Tab. Phyc. vol., 12, p. 24, tab. 78. — *Ceramium strictum.* Grev. et Harv. in Harv. Phyc. Brit. Syst. List. p. 11 ; J. Ag. Spec., 2, p. 123; Crn. Alg. mar. Finist., 170, Flor. Finist. p. 140.

Sur des rochers immergés, par 0^{m}60 de profondeur; eaux très-vives et très-claires. Recueilli aussi à la lame, dans des flaques d'eau salée très-fortement chauffées par le soleil.

Moule (Port, la baie). — Port-Louis (Anse du Souffleur).

En Avril, Octobre, Novembre. — *Coll. nos 109 2e Série, 1035, 1054.*

Rose ou brun violacé, selon la profondeur de l'eau.

C. NITENS. (Ag.). J. Ag.

Ceramium rubrum var. : *nitens.* Ag. Syst. p. 136, Spec. Alg., 2, p. 149. — *Ceramium nitens.* J. Ag. Spec., 2, p. 130; Harv. Ner. Bor. Americ. p. 213; Mont. Syll. p. 445.

Assez abondant dans toutes les baies, anses ou criques abritées, sur des fonds de sable blanc. Recueilli parfois flottant à la lame et porté au rivage par les courants du large.

Moule (Plages des Gros-Mapous, près la Couronne). — Marie-Galante (Grand-Bourg, plage des Basses). — Pointe-à-Pitre (Les îlets de la rade). — Gosier (Grande-Baie, pointe Laverdure). — Port-Louis (Plage du bourg). — Sainte-Anne (Plage au vent du bourg). — Basse-Terre (Plage du marché). — Capesterre (Plage au vent du bourg).

Presque toute l'année. — *Coll.* n^os *121 1re Série, 891.*

Coloration à l'état de vie: rouge vineux.

C. MINIATUM. Suhr?

Ceramium miniatum. Suhr. mscr; J. Ag. Spec., 2, p. 125.

Parasite sur des fragments de *Gracilaria*.

Moule (Rade, roche Caverneuse).

En Novembre. — Très-rare.

L'exemplaire unique de cette jolie espèce a disparu lors de l'incendie de la Pointe-à-Pitre.

Rose vineux sous l'eau.

C. STRICTOÏDES. Crn. mscr.

Ceramium strictoïdes. Crn. mscr.

Sur des racines de palétuviers, des roches madréporiques toujours immergées, à petite distance de la limite du flot.

Gosier (Pointe Laverdure, anse Dumont, plage de l'habitation Dunoyer).

En Octobre, Novembre. — *Coll.* n^os *154, 650.*

De couleur brun vineux sous l'eau.

C. CORNICULATUM. Mont.

Gongroceras corniculatam. Kg., Tab. Phyc., 12, p. 25, tab. 81. — *Ceramium corniculatum.* Mont. in litt., 1860.

Flottant à la lame sur des fragments de roches, des débris de coquilles, presque au niveau de l'eau, par 0^m 60 de profondeur; eaux claires souvent agitées.

Gosier (Pointe Laverdure, anse Laverdure). — Moule (Fond du port, pointe de la Chapelle, plage du cimetière des Nègres).

En Février, Novembre. — *Coll.* n^os *152, 167, 721.*

De couleur brun vineux dans l'eau.

C. NODIFERUM. (Kg.). Crn. mscr.

> *Gongroceras nodiferum*. (Kg.). Spec. Alg. p. 678, Tab. Phyc. vol. 12, p. 24, tab. 79. — *Ceramium nodosum*. Harv. Phyc. Brit. pl. 15. — *Ceramium nodiferum*. Crn. mscr.

> Sur de vieux madrépores roulés par la lame et qui restent à découvert à marée basse.

> Pointe-à-Pitre (Ilet Pauline, anse d'Arboussier). — Port-Louis (Anse du Souffleur).

> En Janvier, Avril. — Rare. — *Coll. nos 471, 742, 792, 1117.*

> Brun violacé clair.

C. CORNIGERUM. Crn. mscr.

> *Ceramium cornigerum*. Crn. mscr.

> Croît à faible distance du rivage, sur des rochers ensablés toujours immergés; eaux assez calmes.

> Saintes (Anse du Marigot).

> En Mai. — Très-rare. — *Coll. no 1558.*

> De couleur brun violacé foncé.

C. CHILENSE. (Kg.). Crn. mscr.

> *Gongroceras subtile*. Kg., Tab. Phyc., 13, p. 2, tab. 2. — *Ceramium Chilense*. Crn. mscr.

> Parasite sur une fronde de *Gracilaria confervoïdes* flottante.

> Moule (Plage du cimetière des Nègres).

> En Avril. — Très-rare. — *Coll. no 1821.*

> Rose pâle.

> Spécimen unique, collection Mazé.

C. ARACHNOÏDEUM *var.: PATENTISSIMUM*. Harvey.

> *Ceramium diaphanum*. var.: *minor*. Crn. in Schramm et Mazé, l. c. — *Ceramium arachnoïdeum* var.: *patentissimum*. Harvey. Ner. Bor. Amer. p.

> Vit en parasite sur les frondes du *Lynghya Nemalionis*, var.: *flaccida*, du *Gracilaria confervoïdes*, à petite distance du rivage; eaux très-claires.

> Gosier (Anse Laverdure). — Moule (Fond du port, plage du cimetière des Nègres). — Sainte-Anne (Plage du bourg).

> Presque en toute saison. — *Coll. nos 10, 78 1re Série, 722, 1385, 1353, 1588, 1805.*

> Coloration à l'état vivant: brun violacé.

Cette espèce est sans contredit une des plus abondantes sur les plages sableuses de la Grande-Terre.

CENTROCERAS. Kg.

C. CLAVULATUM. (Ag.). Mont.

Ceramium clavulatum. Ag. apud Kunth. Pl. Æquin., 1, p. 2, Spec. Alg., 2, p. 152; Mart. Bras. p. 14; Mont. Cub. p. 26, tab., 2, Canar. Crypt. p. 173, Syll. p. 145. — *Boryna torulosa.* Bonnem. Hydr. loc. p. 58. — *Ceramium Gasparini.* Menegh. in Giorn. Bot. p. 186. *Boryna ciliata.* Bory. apud Bélang. Voy. Ind. Orient. p. 177 (fide Mont.). — *Boryna Borbonica.* Grat. mscr. — *Centroceras clavulatum.* Mont. Flor. Alg. p. 140; J. Ag. Spec. Alg., 2, p. 148.

Croît en gazon épais sur des rochers ensablés, des bois immergés que la mer ne couvre qu'à certaines heures; eaux claires ou troubles, indifféremment.

Gosier (Grande-Baie, pointe Laverdure). — Saint-Martin (Lac Simpson, îlet Durat). — Port-Louis (Plage du Souffleur). — Marie-Galante (Grand-Bourg, plage de l'habitation Trianon). — Vieux-Fort (Anse de la Petite-Fontaine). — Baillif (Plage). — Moule (Fond du port). — Désirade (Plage).

Presque toute l'année. — *Coll.* n^os *20, 110 2e Série, 849, 1129.*

De couleur brune rougeâtre nuancée de gris dans l'eau.

C. CLAVULATUM. *var.:* CRYPTACANTHUM (Kg.). Crn. mscr.

Centroceras cryptacanthum. Kg. Linn. 1842, p. 741, Spec. p. 688, Tab. Phyc. vol., 13, p. 7, tab. 17.— *Ceramium Mexicanum.* Sond. in Herb. Bind. — *Centroceras clavulatum.* var.: *cryptacanthum.* Crn. mscr.

Parasite sur *Laurencia.* Recueilli vivant sur des rochers ensablés à la lame, par un mètre de profondeur.

Sainte-Rose (Plage). — Pointe-à-Pitre (Ilet Monroux). — Marie-Galante (Saint-Louis, plage). — Saintes (Anse du Marigot). — Vieux-Fort (Anse de la Petite-Fontaine).

En Février, Mars, Avril, Août, Décembre.—*Coll.* n^os *374 1re Série, 717, 1202, 1255, 1554.*

Coloration: brun vineux.

C. CLAVULATUM. *var.:* LEPTACANTHUM. (Kg.). Crn. mscr.

Centroceras leptacanthum. Kg. Linn. 1842. p. 741, Spec. p. 741,

Tab. Phyc. vol. 13, p. 7, tab. 18. — *Spyridia clavulata*. J. Ag. Alg. Med., p. 80. — *Centroceras clavulatum*. var.: *leptacanthum*. Crn. mscr.

Flottant à la lame.

Gosier (Anse de la Saline).

En Juillet. — Très-rare. — *Coll. n⁰ 487.* '

Brun vineux à l'état frais.

Un seul spécimen.

C. CLAVULATUM. *var.:* HYALACANTHUM. (Kg.). Crn.

Centroceras hyalacanthum. Kg. Linn. p. 742, Spec. Alg. p. 689, Tab. Phyc. vol. 13, p. 7, tab. 19. — *Centroceras crispum*. Mont. in litt. — *Centroceras clavulatum.* var.: *crispulum*. Mont. Syll. p. 445. — *Centroceras clavulatum.* var.: *hyalacanthum*. Crn. mscr.

Rochers madréporiques au pied d'une falaise que bat la lame du large, par un mètre environ de profondeur; eaux toujours remuées.

Moule (Anse de Grouyé, porte d'Enfer).

En Novembre. — Très-rare. — *Coll. n⁰ 655.*

De couleur brune violacée parfois verdâtre.

C. CLAVULATUM. *var.:* OXYACANTHUM. (Kg.). Crn.

Centroceras oxyacanthum. Kg. Linn. p. 742, Spec. Alg. p. 689, Tab. Phyc. vol. 13, p. 7, tab. 20. — *Centroceras clavulatum,* var.: *oxya-canthum*. Crn. mscr.

Parasite sur des feuilles de *Zostera marina,* des frondes d'*Hypnea.* Recueilli vivant sur des fragments de madrépores ensablés, par un mètre de profondeur.

Gosier (Grande-Baie, anse Laverdure). — Marie-Galante (Grand-Bourg, plage de l'habitation Murat, sur les Basses). — Baillif (Plage).

En Février, Avril, Décembre. — *Coll. n⁰ˢ 153, 245, 1204, 1281.*

Coloration : brun vineux.

C. CLAVULATUM. *var.:* BRACHYACANTHUM. (Kg.). Crn.

Centroceras brachyacanthum. Kg., Tab. Phyc. vol. 13, p. 8, tab. 20. — *Centroceras clavulatum,* var.: *brachyacanthum*. Crn. mscr.

Croît sur des rochers avancés que bat sans cesse la lame du large.

Anse-Bertrand (Porte d'Enfer). — Saint-Martin (Anse du Marigot).

En Septembre. — *Coll. n⁰ˢ 578, 1100.*

Brun rougeâtre à l'état vivant.

152 ALGUES

C. CLAVULATUM. *var.*

Flottant à la lame.

Capesterre (Plage du bourg). — Gosier (Anse Laverdure). — Port-Louis (Plage du bourg).

En Janvier, Septembre, Octobre. — *Coll.* nos *954, 1008, 1725.*

De couleur brune violacée passant au rose carminé ou rouge vif à la lumière.

CRYPTONÉMÉES.

Trib. NEMASTOMÉES.

NEMASTOMA. J. Ag.

1° GYMNOPHLÆA.

N. VERMICULARIS. J. Ag.

Halymenia floresia, var.: *angusta.* Ag. Spec. Alg. p. 209. — *Nemastoma vermicularis.* J. Ag. Spec. Alg. 2. p. 163.

Flottant à la lame.

Gosier (Anse Laverdure).

En Avril. — Très-rare. — *Coll.* n° *1769.*

D'un beau rose carminé à l'état frais.

2° PLATOMA.

N. JARDINI. J. Ag. *var.:* Antillarum. Crn. mscr.

Nemastoma Jardini. J. Ag. var.: Antillarum. Crn. mscr.

Recueilli à la plage, après un ras de marée.

Capesterre (Plage du bourg).

En Janvier. — Très-rare. *Coll.* n° *744.*

Brun corné à la sortie de l'eau.

N. MULTIFIDA. (Schousb.). J. Ag.

Platoma multifidum. Schousb. mscr. — *Nemastoma cyclocolpa* Zanard. — *Halymenia multifida.* J. Ag. Symb., Alg. Med. p. 97. — *Halymenia cyclocolpa.* Mont. Fl. Canar. et Pl. Cell.; Kg. Spec. — *Nemastoma multifida.* J. Ag. Spec., 2, p. 166; Crn. in Schramm et Mazé, l. c.

Flottant à lame.

Moule (Fond du port).

En Octobre. — Très-rare. — *Coll.* n°

Rose pâle nuancé de jaune.

GYMNOPHLÆA CANARIENSIS. (Mont.). Kg.

Halymenia Capensis. Mont. Canar. p. 164 (excl. syn.). — *Nemastoma Canariensis.* Mont. Syll. p. 442; Crn. in Schramm et Mazé, l. c. — *Gymnophlæa Canariensis.* Kg. Spec. Alg., Tab. Phyc., 16, p. 21, tab. 60.

Croît sur des rochers ensablés, par un mètre environ de profondeur; eaux calmes et claires.

Saintes (Anse du Marigot).

En Janvier, Octobre. — *Coll.* n^{os} *1638, 2016.*

Rouge violacé sous l'eau.

SCHIZYMENIA. J. Ag.

S. MARGINATA. (Rouss.). J. Ag.

Halymenia marginata. Rouss. mscr. in Mont. Crypt. Alger, n° 46; Kg. Spec. Alg., 717. — *Indoea marginata.* Endl. Mont. Flor. Alg. p. 124. — *Schizymenia marginata.* J. Ag. Spec., 2, p. 171; Crn. in Schramm et Mazé, l. c.

A la plage, sur le sable.

Moule (Plage du Vieux-Bourg).

En Janvier. — Très-rare. — *Coll.* n^o

De couleur rose carminé très-vif.

GRATELOUPIA. Ag.

G. DICHOTOMA. J. Ag.

Fucus abscissus. Schousb. mscr. (non Turn.). — *Grateloupia dichotoma.* J. Ag. Alg. Med. p. 103, Spec., 2, p. 178; Kg. Spec. Alg. p. 732, Tab. Phyc., 17, p. 9, tab. 28; Crn. Alg. mar. Finist., 85, Florul. Finist. p. 143. Genera., 93, in Schramm et Mazé, l. c. Llyod. Alg. O. 263.

Flottant à la lame. Recueilli vivant sur un rocher à demi immergé, à cent mètres de la plage; eaux claires souvent agitées.

Basse-Terre (Sous le fort Richepance). — Baillif (Embouchure de la rivière des Pères).

En Mai, Juillet. — Rare. — *Coll.* n^o *446.*

Coloration vivante : brune violacée nuancée de bleu et de vert.

G. DICHOTOMA. *var.*

Recueilli à la plage, après de violents ras de marée.

Saintes (Anse Figuier, anse du Marigot. — Basse-Terre (Plage du marché).

En Mars, Avril, Septembre. — *Coll.* n^{os} *1292, 1421, 1531.*

De couleur pourpre ou brune violacée foncée.

G. FILICINA. (Wulf.). Ag.

Fucus filicinus. Wulf. in Jacq. Coll., 3, p. 157; Turn. Hist. Fuc. tab. 150; Esper. Icon. Fuc. tab. 67. — *Grateloupia porracea.* Suhr. mscr. et Kg. Phyc. Gener. p. 397, Spec. Alg. p. 730, Tab. Phyc., 17, p. 8, tab. 25. — *Grateloupia concatenata* et *Grateloupia horrida.* Kg. Spec. Alg. p. 731, Tab. Phyc. 17, p. 7 et 8, tab. 24, 26. — *Gelidium neglectum.* Bory. Morée, n° 147 (fide Harv.); Kg. Spec. Alg. p. 731. — *Grateloupia filicina.* Ag. Spec., 1, p. 223, Syst. p. 24; Grev. Alg. Brit. p. 151, tab. 16; Harv. Man. p. 83 et Phyc. Brit. tab. C; Mont. Flor. Alger. p. 101; Kg. Spec. Alg. p. 730, Tab. Phyc. 17, p. 7, tab. 22; J. Ag. Spec., 2, p. 180; Crn. Alg. mar. Finist. 186; Florul. Finist. p. 142, in Schramm et Mazé, l. c.

Croît en touffes épaisses et serrées sur les rochers, les galets roulants à la limite du flot, et qui restent à découvert à marée basse ; eaux généralement claires, presque toujours agitées.

Basse-Terre (Port et baie). — Baillif (Embouchure de la rivière des Pères, plage). — Vieux-Fort (Anse Turlet, anse de la Petite-Fontaine). — Pointe-à-Pitre (Anse d'Arboussier). — Marie-Galante (Grand-Bourg, plage de Trianon).

En Mars, Juin, Août, Septembre. — *Coll.* n^{os} *435, 493, 557, 1600.*

Coloration à l'état de vie : brune verdâtre à la base, plus claire aux extrémités.

G. FILICINA. *var.:* CONGESTA. Crn. mscr.

Grateloupia filicina. var. : *congesta.* Crn. in Schramm et Mazé, l. c.

En gazon, sur des rochers détachés, où la lame déferle sans cesse ; eaux mêlées chargées de sable.

Basse-Terre (Embouchure du Galion). — Baillif (Embouchure de la rivière des Pères, un peu au large).

En Mai, Juin. — Rare. — *Coll.* n^{os} *36 2e Série, 391.*

Brun foncé à la base, vert jaunâtre aux extrémités des frondes.

G. FILICINA. *var.:* FILIFORMIS. Crn. mscr.

Grateloupia filiformis. Kg. Spec. Alg. p. 731, Tab. Phyc. vol., 17, p. 8, tab. 25; J. Ag. Spec., 2, p. 184. — *Grateloupia filicina.* var.: *filiformis.* Crn. mscr.

Croît sur des galets roulants que bat la lame du large et qui restent à découvert à marée basse.

Capesterre (Plage du bourg). — Saint-Martin (Anse du Marigot).

En Mai, Septembre. — *Coll.* n^os *953, 985.*

Coloration vivante : pourpre violacée teintée de vert.

G. FILICINA. *var.:* ELONGATA. Kg.

Grateloupia filicina. var.: *elongata.* Kg. Spec. Alg. p. 730, Tab. Phyc. vol. 17, p. 7, tab. 22.

Sur des rochers ensablés, des fragments de madrépores, à la limite du flot.

Vieux-Fort (Anse de la Petite-Fontaine). — Port-Louis (Anse du Souffleur). — Saintes (Anse du Mouillage).

En Mars, Avril, Novembre. — *Coll.* n^os *1053, 1243, 1423.*

De couleur brune rougeâtre à l'état de vie.

G. FILICINA. *var.:* BIPINNATA. Crn. mscr.

Grateloupia filicina. var.: *bipinnata.* Crn. mscr.

Croît sur des rochers ensablés qui restent à découvert aux basses marées.

Capesterre (Anse du Bananier).

En Juillet. — Rare. — *Coll.* n^o *1916.*

Coloration vivante : brune violacée.

G. PROLONGATA. J. Ag.

Grateloupia prolongata. J. Ag. Alg. Liebm. in Act. Holm. 1847, p. 10, Spec., 2, p. 184; Kg. Spec. Alg. p. 730, Tab. Phyc. vol. 17, p. 7, tab. 24; Crn. in Schramm et Mazé, l. c.

Même habitat que le *Grateloupia filicina ;* rochers détachés et galets ensablés à la lame ; beaucoup moins abondant.

Moule (Fond du port). — Port-Louis (Plage près du bourg).

Presque en toute saison. — *Coll.* n^os *47 et 48 1re Série.*

Brun violacé ou vert olivâtre passant au noir à la base de la plante.

G. CUNEIFOLIA. J. Ag.

Grateloupia cuneifolia. J. Ag. Act. Holm. Ofvers. 1849, p. 851,
Spec. 2, p. 184; Kg. Spec. Alg. p. 732, Tab. Phyc. vol. 17, p. 10,
tab. 34.

Recueilli sur des conglomérats détachés que la mer ne laisse jamais
à découvert, par un mètre de profondeur, eaux très-claires, rarement
calmes.

Vieux-Fort (Anse Turlet). — Port-Louis (Plage du bourg).

En Mai. — *Coll. nos 388, 1851.*

Vert clair violacé ou brun verdâtre nuancé de jaune serin aux extrémités.

G. CUNEIFOLIA. J. Ag. *var.*

Flottant à la lame. Recueilli vivant sur des conglomérats volcaniques toujours immergés.

Basse-Terre (Baie). — Vieux-Fort (Anse Turlet).

En Mai, Juillet. — *Coll. no 180 2e Série.*

De couleur brune violacée teintée de vert au sommet des frondes.

G. LANCEOLATA. J. Ag.

Halymenia lanceolata. J. Ag. Symb., 1, p. 19. — *Halarachnion lanceolata.* Kg. Spec. Alg. p. 722. — *Grateloupia lanceolata.* J. Ag.
Spec., 2, p. 182; Crn. in Schramm et Mazé, l. c.

Vit en société du *Grateloupia filicina,* à la limite du flot, sur les
rochers et galets qui bordent le rivage. Croît aussi sur des racines,
des pieux immergés, à petite distance de la plage.

Basse-Terre (Port et baie). — Baillif (Plage). — Moule (Fond du
port et rade). — Vieux-Fort (Anse de la Petite-Fontaine, anse Turlet).
— Port-Louis (Plage).

De Février à Mai, Juin. — Très-commun. — *Coll. nos 1326, 1393.*

Fronde très-variable dans sa coloration, tantôt pourpre violacé foncé,
tantôt rose carminé, tantôt enfin vert sombre mêlé de jaune. Ces co-
lorations différentes caractérisent les divers âges de la plante.

G. FURCATA. Crn. mscr.

Grateloupia furcata. Crn. mscr.

Croît sur des galets ensablés, dans des cavités abritées contre le bris des lames du large par d'énormes blocs de calcaire cristallin; eaux généralement troubles.

Gosier (Pointe Laverdure, extrémité la plus avancée).

En Mars, Août. — Très-rare. — *Coll. n° 84.*

Coloration : brune violacée dans l'eau.

G. SPINULOSA. Crn. mscr.

Grateloupia spinulosa. Crn. mscr.

Sur des rochers ensablés, presque à la lame, en société de l'*Ecto-carpus Mitchellæ?*

Baillif (Plage du bourg).

En Janvier. — Rare. — *Coll. n° 221.*

De couleur vert sombre à l'état vivant.

N'a pas reparu depuis 1868.

G. CUTLERIÆ. (Binder). Kg.

Iridæa Cutleriæ. Bind. mscr. ; Mont. Voy. Bonit. p. 63; Kg. Spec. p. 726. — *Grateloupia Cutleriæ.* Kg. Phyc. Genera. p. 398, Tab. Phyc., 17, p. 11, tab. 37; J. Ag. Spec. 2, p. 183.

Recueilli presque au niveau de l'eau, sur les pilotis d'un débarca-dère qui s'avance à trente ou quarante mètres au large; eaux sans cesse remuées.

Port-Louis (Plage du bourg). — Basse-Terre (Débarcadère du com-merce).

En Mai, Juin, Août. — *Coll. nos 1327, 1938.*

De coloration variable : tantôt pourpre violacé, tantôt brun verdâtre.

G. SEMIBIPINNATA. Crn. mscr.

Grateloupia semibipinnata. Crn. mscr.

Rochers ensablés, à la lame.

Moule (Fond du port).

En Avril. — Rare. — *Coll. n° 1800.*

Brun violacé foncé sous l'eau.

Cette espèce, qui semble très-voisine du *G. prolongata,* n'a été ren-contrée qu'une seule fois.

G. SUBVERTICILLATA. Crn. mscr.

Grateloupia subverticillata. Crn. mscr.

Recueilli sur des rochers ensablés qui ne restent à découvert qu'aux plus basses marées de l'année.

Capesterre (Plage du bourg).

En Septembre. — Très-rare. — *Coll. nᵒ 1655.*

Vert violacé à l'état vivant.

G. GIBBESII. Harv.

Grateloupia Gibbesii. Harv. Ner. Bor. Amer., t. 26.

Flottant à la lame, après un violent ras de marée.

Port-Louis (Anse du Souffleur).

En Mars. — Rare. — *Coll. nᵒˢ 1866, 1867.*

Coloration à l'état frais: pourpre violacé très-vif.

G. LANCIFERA. Mont.

Grateloupia lanceola. Mont. in litt. Kg. Tab. Phyc. vol. 17, p. 8, tab. 26. — *Grateloupia lancifera.* Mont. Syll. p. 433.

Flottant à la lame.

Petit-Bourg (Plage de la Source).

En Mai. — Très-rare. — *Coll. nᵒ 846.*

Pourpre violacé pâle.

G.? AUKLANDICA. Mont.

Grateloupia Auklandica. Mont. Prodr. Ant. p.7, Voy. Pol. Sud., Crypt. p. 115, tab. 9; Hook et Harv. Crypt. Ant. p. 75; Kg. Spec. Alg. p. 732, Tab. Phyc. vol. 17, p. 11, tab. 38.

Sur des racines de *Cocoloba uvifera* croissant dans le sable, à la lame.

En Mai. — Rare. — *Coll. nᵒ 1328.*

De couleur brune violacée.

ACROTYLUS. J. Ag.

A. CLAVATUS. Harv.

Acrotylus clavatus. Harv. Ner. Bor. Amer.

Flottant à la lame.

Capesterre (Plage de l'anse Saint-Sauveur).

En Décembre. — Très-rare. — *Coll nᵒ 1650.*

Pourpre brunâtre pâle.

Trib. GASTROCARPÉES.

GELINARIA. Sond.

G. DENTATA. Crn. mscr.

Gelinaria dentata. Crn. mscr. in Schramm et Mazé, l. c.

A la plage, sur le sable, après les ras de marée ou flottant à la lame.

Moule (Fond du port). — Capesterre (Plage du bourg).

En Novembre, Décembre. — *Coll.* n^{os} *270 1re Série, 1602.*

D'une belle couleur ambrée cristalline nuancée d'un glacis carminé très-vif à l'état frais.

HALYMENIA. J. Ag.

H. FLORESIA. (Clement.) Ag.

Fucus floresius. Clement. Ens. p. 312; Turn. Hist. Fuc., tab. 256. — *Fucus Proteus.* Delil. Egypt., tab. 58; f. 1-4. — *Halymenia floresia.* Ag. Spec. p. 209 et Syst. p. 243 (exclus. *var.*); J. Ag. Alg. Med. p. 96, Spec., 2, p. 205; Kg. Spec. Alg. p. 716, Tab. Phyc. vol. 16, p. 31, tab. 88; Crn. in Schramm et Mazé. Ess.

Flottant à la lame. Recueilli vivant sur des fragments de madrépores roulés, par un mètre et demi de profondeur; eaux très-claires et calmes.

Moule (Fond du port). — Gosier (Grande-Baie, pointe Laverdure, anse Laverdure). — Capesterre (Plage du bourg, de la Grande-Rivière).

En Mars, Avril, Juin, Juillet, Octobre. — *Coll.* n^{os} *382 2e Série, 29, 1428, 1934.*

De couleur rose pourpre très-vif à l'état frais.

H. RAMOSISSIMA. Suhr.?

? *Halymenia ramosissima.* Suhr. Regensb. Fl. 1840, p. 275; Kg. Spec. Alg. p. 717; J. Ag. Spec., 2, p. 207.

A la plage, après un ras de marée.

Moule (Fond du port).

En Avril. — Très-rare. — *Coll.* n^o *258 1re Série.*

De couleur rose tendre à l'état frais.

H. PENNATA. Crn. mscr.

> *Halymenia pennata.* Crn. mscr. in Schramm et Mazé, l. c.
>
> Flottant à la lame.
>
> Moule (Fond du port).
>
> En Mars. — Très-rare. — *Coll. n⁰ 278 1ʳᵉ Série.*
>
> Presque incolore dans l'eau; prend à l'air une teinte sépia claire aux reflets violacés.
>
> Ces deux dernières espèces ont été recueillies au même lieu, à quelques mois de distance l'une de l'autre; depuis lors elles n'ont plus été retrouvées.

SCHIMMELMANNIA. Schousb.

S. BOLLEI. Mont.

> *Schimmelmannia Bollei.* Mont. — *Rhodophyllis? hypnoïdes.* Harv. *var.: gracilis.* Crn. in. Schramm et Mazé, l. c. — *Schimmelmannia Bollei.* Mont.
>
> A la plage, sur le sable. Recueilli plus tard vivant sur des rochers à demi immergés que bat la lame, à l'entrée d'une passe.
>
> Saintes (Anse du Marigot, anse du Mouillage, récif de la passe du nord). — Capesterre (Plage de la Grande-Rivière.)
>
> En Janvier, Février. — *Coll. n⁰ˢ 227 1ʳᵉ Série, 1914.*
>
> De coloration pourpre carminé très-vif.

CHRYSYMENIA. J. Ag.

CH. DICHOTOMA. J. Ag.

> *Chrysymenia dichotoma.* J. Ag. Spec., 2, p. 211.
>
> Recueilli sur la coquille du *Strombus gigas.*
>
> Saintes (Anses sous le vent).
>
> En Mai. — Très-rare. — *Coll. n⁰ 278 2ᵉ Série.*
>
> Rose rougeâtre à l'état de vie.

CH. UVARIA. (Wulf). J. Ag.

> *Fucus uvarius.* Wulf. Crypt. Aqu.; 3, Esper. Fuc. tab. 78. — *Chondria uvaria.* Ag. Spec., 347, et Syst., 204. — *Gastroclonium uvaria.* Kg. Spec., p. 865, Tab. Phyc., 15, p. 35, tab. 97. — *Fucus botryoïdes.* Wulf. in Jacq. Coll., 3, p. 106. — *Ulva owidea.* Bory. Flor. Fortun. n⁰ 18. — *Fucus ovalis,* b *botryoïdes.* Turn. Hist. Fuc., 2,

p. 23. — *Chrysymenia uvaria*. J. Ag. Med., p. 106; Spec., 2, p. 210; Mont. Flor. Alger., p. 97.

Recueilli sur des madrépores dragués à de grandes profondeurs, entre le brisant du large et la plage.

Moule (Au large de la plage du cimetière des Nègres).

En septembre. — Rare. — *Coll. n° 246 1re Série, 1545.*

De couleur ambrée foncée dans l'eau; passe au rouge pourpre au contact de la lumière.

Ch. OBOVATA. Sond.

Chrysymenia ovalis b *obovata*. Ag. Spec., 1, p. 349. — *Gastroclonium obovatum.* Kg. Spec., p. 865, Tab. Phyc., 15, p. 35, tab. 99. — *Chrysymenia obovata.* Sond. Alg. Preiss., p. 29.

Flottant à la plage en paquets emmêlés, après de violents ras de marée.

Saintes (Anse du Marigot). — Capesterre (Plage du bourg).

En Juillet, Octobre, Novembre, Décembre. — *Coll. nos 283, 1653, 1967.*

Rouge-brun translucide à l'état frais. Tout porte à penser que sous l'eau cette espèce a la même coloration que la *Chrysymenia uvaria.*

Ch. RAMOSISSIMA. Harv.

Chrysymenia ramosissima. Harv.

Flottant à la lame.

Marie-Galante (Anse de la Grande-Savane). — Gosier (Anse Laverdure).

En Mai, Novembre. — *Coll. nos 421, 1331.*

Coloration à l'état frais: rose ambré.

Ch. RAMOSISSIMA. var.: LATIFRONS. Crn. mscr.

Chrysymenia ramosissima. var.: *latifrons.* Crn. mscr.

A la plage, sur le sable.

Gosier (Anse et pointe Laverdure, anse de la Saline).

En Janvier, Octobre, Décembre. — *Coll. nos 123, 1112.*

Rouge brun dans l'eau.

21

CH.? FURCATA. Crn. mscr.

Chrysymenia? furcata. Crn. mscr.

Flottant à la lame.

Gosier (Anse Laverdure).

En Février. — Très-rare. — *Coll. n° 733.*

Coloration à l'état frais : rose ambré.

CH. DICHOTOMO-FLABELLATA. Crn. mscr.

Chrysymenia dichotomo-flabellata. Crn. mscr.

Croît dans des eaux tranquilles et abritées, par un mètre environ de profondeur. Se rencontre fréquemment flottant au rivage.

Gosier (Grande-Baie, plage est-sud-est, anse Laverdure). — Saint-Martin (Anse du Marigot).

En Avril, Mai, Août, Septembre. — *Coll. nos 20, 1015, 1334.*

De couleur rose ambré brillant ou pourpre foncé, selon l'âge de la plante.

CH. CHYLOCLADIOÏDES. Crn. mscr.

Chrysymenia chylocladioïdes. Crn. mscr.

Flottant à la lame. Recueilli vivant sur la coquille du *Strombus gigas* dragué à une profondeur de quatre mètres.

Gosier (Anse Laverdure). — Saintes (Anses sous le vent).

En Avril, Mai. — *Coll. nos 1382, 1687, 1768.*

Rose vif dans l'eau.

CH. SUBVERTICILLATA. Crn. mscr.

Champia compressa. Crn. in Schramm et Mazé. l. c. — *Chrysymenia subverticillata.* Crn. mscr.

Flottant à la lame. Trouvé vivant en parasite sur des frondes de *Digenea simplex* attachées à la coquille du *Strombus gigas.*

Moule (Fond du port). — Saintes (Anse de Kaouane). — Sainte-Rose (Vieux-Bourg, plage de l'îlet Blanc). — Capesterre (Plage).

En Mars, Avril. — *Coll. nos 277 1re Série, 101, 102 2e Série, 1772, 1818, 1919.*

Coloration : teinte générale ambrée. Au sortir de l'eau, cette très-curieuse espèce représente un faisceau de chapelets composé de grains d'ambre ou de topazes selon le jeu de la lumière.

Cн. tenera. Liebmann.

Lomentaria tenera, Kg., Spec., p. 864, Tab. Phyc., 15, p. 34, tab. 95.
— *Chrysymenia tenera. Liebmann.*

A la plage, sur le sable.

Sainte-Anne (Plage du bourg).

En Avril. — Très-rare. — *Coll. n° 1758.*

Coloration : rose jaunâtre.

Un seul spécimen, très-décoloré.

Trib. CRYPTONÉMÉES.

CRYPTONEMIA. J. Ag.

C. luxurians. (Mert.). J. Ag.

Fucus luxurians. Mert. mscr. — *Sphærococcus luxurians.* Mart. Flor.
Brasil., p. 32. — *Phyllophora? luxurians.* Mont., Voy. Pol. Sud,
p. 100. — *Euhymenia luxurians.* Kg., Spec., p. 742. — *Sphærococcus lactuca.* var. : luxurians. Ag. Spec. 1, p. 232, Syst. p. 212. —
Cryptonemia luxurians. J. Ag. Spec. 2, p. 228.

Se rencontre le plus ordinairement à la plage, après les ras de marée.

Capesterre (Plage du bourg). — Port-Louis (Anse Rambouillet).

En Janvier, Mars, Avril, Mai, Septembre, Octobre. — *Coll. n°s 312
1re Série, 120 bis, 324.*

Coloration, à l'état frais : rose carmin très-vif.

C. lactuca. (Ag.). J. Ag.

Sphærococcus lactuca. Ag., Spec. — *Euhymenia lactuca.* Kg. Tab.,
Phyc., 17. p. 21. *Cryptonemia lactuca.* J. Ag. ; Mont. Flor. Alg. ; Crn.
in Schramm et Mazé, l. c.

A la plage.

Moule (Baie). — Très-rare. — *Coll. n° 158 1re Série.*

D'un beau rouge pourpre à l'état frais.

Le seul spécimen recueilli a disparu dans les ruines de la Pointe-à-
Pitre, en 1871.

MYCHODEA. Hook et Harv.

M. Schrammi. Crn. mscr.

Mychodea Schrammi. Crn. in Schramm et Mazé. l. c.

Recueilli à la base de blocs de calcaire à demi immergés que bat
sans cesse la lame du large. — Trouvé aussi dans les cavités naturelles

creusées par la mer entre les rochers madréporiques qui forment le récif de ceinture.

Gosier (Pointe Laverdure). — Moule (Brisants du large formant le récif de ceinture.

En Janvier, Avril. — Très-rare. — *Coll. n⁰ 138 1ʳᵉ Série, 1609.*

De couleur violacée à la base, jaune verdâtre ou brune teintée de violet sur les autres parties de la fronde.

OBS. — Il n'existe plus de spécimen complet de cette plante; trois splendides exemplaires ont été détruits par le feu, en 1871.

M. GUADELUPENSIS. Crn. msc.

Mychodea Guadelupensis. Crn. in Schram. et Mazé. l. c.

Croît d'ordinaire sur tous les brisants du large que la mer laisse à découvert au moment des basses eaux. Se rencontre flottant en bancs épais à la limite du flot, après les ras de marée.

Moule (Caye Kennebeek, récifs du large). — Gosier (Pointe Laverdure, Grand'Baie, anse de la Saline, anse Dumont). — Pointe-à-Pitre (Ilet Boissard). — Trois-Rivières (Anse du Bourg).

Toute l'année. — *Coll. nᵒˢ 364 1ʳᵉ Série 49, 92, 170, 198, 1106, 1407, 1442, 1608, 1610, 1618.*

Coloration vivante: ambrée claire à la base, brune au centre, jaune-citron aux extrémités. Prend une teinte brune violacée uniforme en se desséchant.

Cette algue diffère essentiellement du *Mychodea Schrammi* par ses ramules nombreuses emmêlées, qui lui donnent un port tout différent.

M. GUADELUPENSIS. *var.*

Flottant à la lame.

Port-Louis (Anse Rambouillet). — Gosier (Anse Laverdure).

En Février, Septembre. — *Coll. nᵒˢ 310, 1000.*

Même coloration que l'espèce type.

M. POLYACANTHA. Crn. mscr.

Mychodea polyacantha. Crouan. mscr.

Croît un peu au-dessus du niveau de l'eau, sur des blocs de calcaire cristallin à demi immergés, que bat sans cesse la lame du large.

Gosier (Pointe Laverdure, à l'extrémité).

En Mars, Mai. — *Coll. nᵒˢ 320, 1390.*

Brun verdâtre dans l'eau.

M. PENNATA. Crn. mscr.

Mychodea pennata. Crn. mscr.

Flottant à la lame.

Sainte-Rose (Ilet Blanc). — Gosier (Anse Laverdure).

En Janvier, Avril. — Coll. nos 12, 232.

De couleur pourpre violacé à l'état frais.

L'observation microscopique des cystocarpes du Mychodea Schrammi montre un fruit semblable à celui des Eucheuma, ce qui porterait à penser que le genre Mychodea est à supprimer. Une partie des espèces qui le composent aujourd'hui pourrait rentrer dans le genre Cystoclonium et l'autre dans le genre Eucheuma. Nous nous permettons d'appeler sur ce point l'attention des maîtres de la science.

GIGARTINÉES.

Trib. GIGARTINÉES.

IRIDÆA BORY.

I. LITTORALIS. Crn. mscr.

Iridæa littoralis. Crn. mscr.

Au pied de la falaise, sur un conglomérat volcanique à demi immergé, un peu au-dessus du niveau de l'eau.

Vieux-Fort (Anse de la Petite-Fontaine).

En Août. — Rare. — Coll. nos 500 et 1502.

De couleur noire violacée sous l'eau.

GIGARTINA. J. Ag.

G. ACICULARIS. (Wulf.) Lamour.

Fucus acicularis. Wulf. Crypt. Aqu., no 50; Turn. Hist. Fuc., tab. 26 (exclus syn.), Engl. Bot., tab. 2190. — Sphærococcus acicularis. Ag. Spec., p. 332 et Syst., p. 237. — Fucus plicatus. Clem. Ens., p. 319. — Fucus spinosus. Gouan. — Gigartina acicularis. Lamour. Ess.; Grev. Alg. Brit. 147, tab. 16; Harv. Man., p. 75, et Phyc., tab. 14; Mont. Flor. Alger., p. 100; Kg. Spec. Alg., p. 749. Tab. Phyc., vol. 18, p. 1, tab. 1; J. Ag. Spec. 2, p. 263.

Flottant à la lame.

Anse-Bertrand (Plage du bourg).

En Mars. — Très-rare. — Coll. no 781.

Coloration pourpre très-sombre.

Trib. KALLYMÉNIÉES.

KALLYMENIA. J. Ag. Crn. Gener. 100, p. 14.

K. PAPULOSA. Mont.

Euhymenia papulosa. Kg. Tab. Phyc., v. 17, p. 22, t. 73. — *Cally-menia papulosa.* Mont. Pug. Alg. Yemens., n° 21, Syll., p. 438; J. Ag. Spec. 2, p. 293. — *Halymenia floresia, var. :* Crn. in Schramm et Mazé, l. c.

Recueilli vivant au fond de cavités naturelles creusées entre les roches madréporiques qui forment les récifs du large. Se rencontre souvent flottant à la plage après les forts ras de marée.

Moule (Brisant nord du port). — Capesterre (Plage de la Grand'-Rivière). — Marie-Galante (Anse Trianon). — Saintes (Anse Figuier).

En Février, Avril, Juin, Août, Octobre. — *Coll.* n⁰ˢ 70 *et* 70 bis *1ʳᵉ Série, 1510, 2100.*

Cette espèce varie de coloration selon le développement de la plante. Dans le premier âge, elle est de couleur ambre clair à la base, quelquefois verdâtre ou rouge carminé teinté d'orange vers la moitié supérieure des frondes. A l'état adulte, la plante prend une teinte uniforme rouge-carmin très-vif, semée de verrues plus foncées.

K. LIMMINGHII. Mont.

Kallymenia Limminghii. Mont.

Sur des madrépores dragués à de grandes profondeurs (quatre-vingts à quatre-vingt-dix mètres), entre les brisants du large et la plage, en société de *Chrysymenia uvaria.*

En Septembre. — *Coll.* n°

D'un beau rose carminé persistant.

CYSTOCLONIUM. Kg.

C. DIFFICILE (Ag.) J. Ag.

Sphœrococcus difficilis. Ag. Spec., p. 317, Syst., p. 236; Kg. Spec., p. 776, Tab. Phyc., p. 28, tab. 80. — *Cystoclonium difficile.* J. Ag. Spec. 2, p. 308.

Vit sur des rochers ensablés, par un mètre de profondeur.

Saintes (Anse du Marigot).

En Mars. — Rare. — *Coll.* n° 1702.

Coloration vivante.

Un seul exemplaire, collection Mazé.

Trib. TYLOCARPÉES.

GYMNOGONGRUS. Mart.

G. DENSUS (Grev.). J. Ag.

Chondrus? densus. Grev. mscr. in Herb. Hook. — *Gymnogongrus densus.* J. Ag. Spec. 2, p. 315.

À la base d'algues plus développées, sur des conglomérats volcaniques immergés, par un mètre environ de profondeur ; eaux rarement calmes.

Vieux-Fort (Anse de la Petite-Fontaine).

En Août. — Peu abondant. — *Coll. no 264 1re Série.*

Coloration : pourpre vineux sous l'eau.

G. PYGMÆUS. (Grev.). J. Ag.

Chondrus pygmœus. Grev. mscr. in Herb. Hook. — *Gymnogongrus pygmœus.* J. Ag. Spec., p. 317.

Sur des rochers et galets ensablés découvrant à marée basse.

Capesterre (Plage du bourg).

En Décembre. — Rare. — *Coll. no 1676.*

Brun verdâtre à l'état de vie.

G. FURCELLATUS. (Ag). J. Ag.

Sphærococcus furcellatus. Ag. Spec., p. 253, Syst., p. 217 ; Mont. Flor. Boliv., p. 26 ; Kg. Spec., p. 737. — *Gymnogongrus furcellatus.* J. Ag. Spec., 2, p. 318.

Sur des galets ensablés, à très-petite distance de la plage ; eaux toujours remuées, un peu troubles.

Baillif (Embouchure de la rivière des Pères).

En Mai. — *Coll. no 1325.*

Rose vineux dans l'eau.

G. FURCELLATUS. *var. :* PATENS. J. Ag.

Chondrus patens. — Suhr. mscr. *Chondrus furcellatus.* Suhr. (partim). — *Gymnogongrus furcellatus. var. :* patens. J. Ag. Spec., 2, p. 318.

À la plage, sur le sable.

Moule (Fond du port).

En Décembre. — Très-rare. — *Coll. no 204.*

De couleur brune violacée claire.

G. TENUIS. J Ag.

> *Chondrus tenuis.* J. Ag. in Herb. Bender ; Kg. Spec. Alg., p. 736.
> — *Gymnogongrus tenuis.* J. Ag. Act. Holm., p. 88, Spec., 2, p. 319.
>
> Fixé aux rochers et aux galets ensablés qui bordent le rivage ou avoisinent la plage.
>
> Basse-Terre (Baie). — Baillif (Plage). — Moule (Port). — Vieux-Fort (Anse Turlet, anse de la Petite-Fontaine).
>
> Persiste une grande partie de l'année. — *Coll. n° 167 1re Série.*
>
> Tantôt de couleur olive claire, tantôt violet foncé, parfois même brune olivâtre passant au noir.

G. TENUIS. *var. :* ANGUSTA. J. Ag.

> *Gymnogongrus tenuis var. :* angusta. J. Ag. Spec. Alg., 2, p. 320 ; Crn. in Schramm et Mazé, l. c.
>
> Même habitat que le précédent, avec lequel il vit presque toujours mêlé.
>
> Basse-Terre (Baie). — Baillif (Plage). — Vieux-Fort (Toutes les anses). — Moule (Plage de la Couronne).
>
> Presque toute l'année. — *Coll. n° 173 1re Série, 1125, 1923.*
>
> De couleur rouge-brun uniforme.

G. CAPENSIS. J. Ag.

> *Halymenia furcellata var. :* Capensis. Ag. Spec. Alg., 1, p. 214. — *Chondrus ? complicatus.* Kg. Spec. Alg. p. 737. — *Gymnogongrus Capensis.* J. Ag. Spec., 2, p. 324.
>
> Croît sur des galets ensablés, à la lame.
>
> Port-Louis (Plage du bourg).
>
> En Mai. — Peu abondant. — *Coll. n° 1852.*
>
> Coloration vivante : pourpre foncé.
>
> Spécimen unique ; collection Mazé.

G. LINEARIS. (Turn.). J. Ag.

> *Fucus linearis.* Turn. Hist., tab. 220. — *Sphærococcus linearis.* Ag. Spec., p. 250, Syst., p. 216. — *Gymnogongrus linearis.* J. Ag. Spec., 2, p. 325. — *Chondrus linearis.* Grev. ; Kg. Spec. Alg., p. 738.
>
> Se rencontre sur les roches madréporiques qui découvrent aux basses marées.
>
> Anse-Bertrand (Pointe d'Antigue). — Saintes (Anse du Mouillage).
>
> En Mars, Mai. — *Coll. n°s 778, 1493.*
>
> Brun violacé ou brun verdâtre, selon la profondeur de l'eau.

G. LINEARIS. *var.*

> Flottant à la lame.
>
> Port-Louis (Plage du bourg).
>
> En Mars. — *Coll. n° 321.*
>
> De couleur brune violacée uniforme.

G. DILATATUS. (Turn). J. Ag.

> *Fucus dilatatus.* Turn. Hist. Fuc., tab. 219. —*Sphærococcus dilatatus.*
> Ag. Spec., p. 250, Syst., p. 216. — *Oncotylus dilatatus.* Kg. Spec.
> — *Chondrus atropurpureus.* Suhr. Beirt., 1840, Flor., p. 264. —
> *Gymnogongrus dilatatus.* J. Ag. Spec., 2, p. 236.
>
> Flottant à la lame.
>
> Gosier (Pointe Laverdure).
>
> En Avril. — *Coll. n° 414.*

G. CRENULATUS. (Turn). J. Ag.

> *Fucus crenulatus.* Turn. Hist. Fuc., n° 40. — *Sphærococcus crenu-*
> *latus.* Ag. Spec., p. 256, Syst., p. 218. — *Fucus Norvegicus.* Esper.
> Icon. t. 153. — *Gymnogongrus crenulatus.* J. Ag. Spec., 2, p. 320.
>
> Sur des rochers ensablés, à la lame.
>
> Saint-Martin (Anse du Marigot).
>
> En Juillet. — *Coll. n° 1912.*
>
> Rose vineux à l'état de vie.

SPYRIDIÉES.

SPYRIDIA. Harv.

S. FILAMENTOSA (Wulf.). Harv.

> *Fucus filamentosus.* Wulf. Crypt. Aqu., p. 64. — *Ceramium filamen-*
> *tosum.* Ag. Spec., 2, p. 141. — *Spyridia filamentosa.* Harv. Brit.
> Fl. p. 336, Man. p. 101, Phyc. Brit., tab. 46; Mont. Canar. p. 174;
> J. Ag. Alg. Med., p. 79, Spec., 2, p. 340; Kg. Spec. Alg., p. 665,
> Tab. Phyc., vol. 12, p. 14, tab. 42; Crn. Florul. Finist., p. 144,
> Gener., 106, pl. 15, in Schramm et Mazé, l. c.
>
> Croît sur des rochers ensablés à peine couverts à basse mer ou
> qui découvrent à la marée.
>
> Moule (Fond de la baie). — Saintes (Anse du Mouillage).
>
> En Octobre. — *Coll. n°s 27 1re Série, 1034, 1761.*
>
> Brun violacé clair à l'état de vie.

22

S. FILAMENTOSA. *var.:* B FRIABILIS. J. Ag.

Fucus friabilis. Clement. Ense. p. 318. — *Hypnea charoïdes.* Lamour. Ess., tab. 4, f. 1. — *Fucus hirtus.* Wulf. Crypt. Aqu., p. 68. — *Conferva pallescens.* Bory. Iles Fort., n° 25, pl. 5. — *Spyridia crassiuscula.* Kg. Phyc. Gener., tab. 48, f. 6-11, Spec. Alg., p. 666.— *Spyridia crassa.* Kg. Tab. Phyc., vol. 12, p. 14, tab. 43. — *Ceramium filamentosum*, var.: *friabilis.* Crn. in Desmaz. Exsc. 1005. — *Spyridia filamentosa,* var.: *friabilis.* J. Ag. Spec., 2, p. 341; Crn. in Schramm et Mazé, l. c.

Recueilli tantôt sur des rochers ensablés découvrant à basse mer, tantôt sur des arbres ou des branches de palétuviers toujours immergés; eaux claires ou vaseuses indifféremment.

Moule (Vieux-Bourg, fond du port). — Pointe-à-Pitre (Anse d'Arboussier, îlet à Feuilles). — Désirade (Plage du bourg).

En Janvier, Février, Mars, Mai, Juin, Juillet. — *Coll.* n°s *271 1re Série, 316, 477, 1092.*

Coloration vivante: gris-lilas très-pâle ou blanc jaunâtre souillé, selon le milieu.

S. FILAMENTOSA. *var.:* VILLOSA. Crn. mscr.

Spyridia villosa. Kg. Linn., 1842, p. 743, Sp. Alg., p. 667, Tab. Phyc., vol. 12, p. 15, tab. 46. — *Spyridia filamentosa,* var.: *villosa.* Crn. mscr.

Sur des fragments de madrépores légèrement envasés, au milieu de bancs de Zostères, dans des lagons intérieurs qui communiquent avec la mer; eaux calmes et claires.

Gosier (Plage du fort l'Union). — Pointe-à-Pitre (Ilet à Jarry, pointe à Patates, îlet à Cochons, lagons sous le vent).

En Février, Septembre, Décembre.— *Coll.* n°s *108, 178, 271, 685.*

De couleur grise violacée dans l'eau.

S. FILAMENTOSA. *var.:* CUSPIDATA. Crn. mscr.

Spyridia cuspidata. Kg. Linné 1842, p. 743, Spec. Alg., p. 667, Tab. Phyc., vol. 12, p. 15, tab. 48. — *Spyridia filamentosa,* var.: *cuspidata.* Crn. mscr.

Croît, à petite distance du rivage, sur des madrépores immergés, au milieu de bancs de Zostères, fond de sable blanc.

Pointe-à-Pitre (Anse de Fouillolé, îlet à Fajou, au vent). — Sainte-Anne (Plage devant le bourg). — Gosier (Pointe Laverdure). —

Saintes (Anse du Marigot). — Saint-Martin (Anse du Marigot, pointe du Bloff).

En Avril, Mai, Octobre, Décembre. — *Coll.* n^os *41, 42, 339, 874.*

Brun clair parfois légèrement teinté de violet.

S. FILAMENTOSA. *var.*

Même habitat que l'espèce type.

Moule (Fond du port).

En Avril.

Coloration vivante : brune violacée.

S. ACULEATA. B. ACULEATA. J. Ag.

Ceramium aculeatum. Un. Itin. in seed. Pl. Schimperi. — *Spyridia aculeata.* Kg. Phyc. Gener., p. 377, Spec. Alg., p. 668 (exclus. synon.), Tab. Phyc., vol. 12, p. 16, tab. 51. — *Bindera.* Spec.? J. Ag. Symb. Cont., 1, p. 456. — *Spyridia aculeata. B. aculeata.* J. Ag. Spec., 2, p. 343; Crn. in Schramm et Mazé, l. c.

Parasite sur *Bryothamnion, Spyridia.* Ramené avec la drague d'une profondeur de cinquante mètres environ, sur de vieilles frondes de *Zostera marina.*

Moule (Plage). — Marie-Galante (Grand-Bourg, plage de Saint-Louis). — Gosier (Grand'Baie, anse Laverdure, anse Dumont, habitation Desnoyer, plage). — Sainte-Rose (Plage du bourg). — Sainte-Anne (*Idem*). — Capesterre (*Idem*). — Basse-Terre (Mouillage des goélettes de guerre).

Persiste presque toute l'année. — *Coll.* n^os *18, 224, 246, 280, 682, 1181.*

De couleur rose tendre à l'état jeune; passe au jaune souillé en vieillissant.

S. SPINELLA. Sond.

Spyridia spinella. Sond. Bot. Zeit., 1845, p. 53; Alg. Preiss., p. 21; Kg. Spec. Alg., p. 668, Tab. Phyc., vol. 12, p. 16, tab. 51; J. Ag. Spec., 2, p. 342.

Flottant à la lame.

Désirade (Plage devant le bourg).

En Janvier, Février. — *Coll.* n^os *551, 1127.*

Brun rougeâtre souillé.

Sp. COMPLANATA. J. Ag.

> Spyridia complanata. J. Ag. Spec., 2, p. 343.

> Flottant à la lame.

> Gosier (Anse de la Saline, pointe Laverdure). — Moule (Fond du port).

> En Janvier, Juillet, Décembre. — *Coll. nos 194, 282.*

> De couleur brun vineux à l'état frais.

S. COMPLANATA. J. Ag. var.

> Flottant à la lame.

> Capesterre (Plage du bourg).

> En Juin. — *Coll. no 1427.*

> Même coloration que le type.

S. CLAVIFERA. J. Ag.

> ? Spyridia clavata. Kg. In. Linn., 1841, p. 744, Spec. Alg., p. 667, Tab. Phyc., vol. 12, p. 14, tab. 45. — Spyridia clavifera. J. Ag. Spec., 2, p. 344.

> Flottant à la lame. Recueilli vivant sur des rochers ensablés, des racines de *Coccoloba uvifera* croissant dans le sable, des bois immergés, mais toujours à petite distance de la plage.

> Capesterre (Plage du bourg). — Moule (Fond du port, Vieux-Bourg). — Marie-Galante (Saint-Louis). — Gosier (Anse de la Saline, îlet Diamant). — Marie-Galante (Grand-Bourg, basses de l'habitation Murat).

> En Février, Mars, Mai, Juillet, Novembre. — *Coll. nos 1080, 1120, 1180, 1285, 1309, 1495, 1497, 1948.*

> Coloration vivante : brune violacée.

S. MONTAGNEANA. Kg.

> Ceramium filamentosum. Mont. Flor. Cub. Crypt., p. 31. — Spyridia Montagneana. Kg. Spec. Alg., p. 666, Tab. Phyc., vol. 12, p. 14, tab. 45; Crn. in. Schramm et Mazé, l. c.

> Parasite sur des frondes d'*Hypnea Acanthophora*, etc., croissant à petite distance du rivage; recueilli aussi au milieu de bancs de Zostères, sur des fragments de coquilles ou de madrépores ensablés; eaux le plus souvent troubles.

> Pointe-à-Pitre (Anse d'Arboussier, anse de Fouillole, îlet à Jarry,

Pointe à Patates). — Saintes (Anse du Marigot). — Moule (Vieux-Bourg). — Port-Louis (Pointe des Sables, embouchure du canal Faujas). — Capesterre (Plage du bourg).

En Février, Mars, Mai, Juin, Juillet, Octobre, Décembre. — *Coll.* n^os *355 1re Série, 686, 863, 864, 926, 1392.*

Vert grisâtre ou brun grisâtre dans l'eau, selon l'âge de la plante.

S. INSIGNIS. J. Ag.

Bindera insignis. J. Ag. — *Hypnothalia Wightii.* Grev. mscr. — *Alsidium ericoïdes.* Hering. mscr. — *Spyridia ericoïdes.* Kg. Bot. Zeit., 1847, p. 37, Spec. Alg., p. 668, Tab. Phyc., vol. 12, p. 16, tab. 52. — *Spyridia insignis.* J. Ag. Advers., p. 36, Spec. 2., p. 344; Crn. in Schramm et Mazé, l. c.

Croît sur des rochers ensablés, des fragments de madrépores, qui découvrent à la marée.

Moule (Vieux-Bourg, près la distillerie Beaudean).

Sainte-Rose (Ilet Blanc).

En Avril, Juin. — *Coll.* n^o *380 1re Série.*

De couleur gris-lilas pâle à l'état vivant.

DUMONTIÉES.

Trib. DUMONTIÉES.

CATENELLA. Grev.

C. IMPUDICA. (Mont.) J. Ag.

Lomentaria impudica. Mont. Pl. Cell. Cent. 11, n° 2, Guyane 13, Syll. p. 426; Kg. Spec. Alg., p. 863. — *Catenella impudica,* J. Ag. Spec. 2, p. 701; Kg. Tab. Phyc., vol. 15, p. 33, tab. 92; Crn. in Schramm et Mazé, l. c.

Mêlé à des *Delesseria* et des *Bostrychia* vivant sur des fragments de calcaire, dans le lit d'un ruisseau d'eau saumâtre; recueilli aussi sur des racines de palétuviers, à la lame.

Gosier (Ruisseau de Poucet). — Moule (Rivière du fond du port). — Pointe-à-Pitre (Anse d'Arboussier, îlet Monroux, anse de Fouillole, bords de la Rivière-Salée, plage de l'habitation Houëlbourg).

Presque toute l'année. — *Coll.* n^o *169 1re Série, 715, 1888.*

De couleur pourpre violacé foncé, paraissant noir dans l'eau.

RHABDONIA. Harv.

R. TENERA. J. Ag.

Gigartina tenera. J. Ag. Symb. 1, p. 18. — Sphærococcus tener. Kg.
Spec. Alg., p. 777. — Rhabdonia tenera, J. Ag. Spec. 2, p. 354; Crn.
in Schramm et Mazé, l. c.

Croît sur des fonds de sable, aux lieux ordinairement abrités de la
grosse mer du large; eaux troubles chargées de productions calcaires.
Se rencontre très-abondamment flottant à la lame.

Moule (Rade, fond du port). — Gosier (Anse Laverdure). —
Marie-Galante (Grand-Bourg, anse Grande-Savane, Grand'Baie). —
Saintes (Anse du Marigot, anse Rodrigues).

De Janvier à Novembre. — Coll. n° 52 1re Série, 54, 138, 279,
856, 883, 956, 1257.

Coloration : rose vineux à l'état de vie. Entre en fructification d'Avril
à Juillet.

R. DURA Zanard. var. : GRACILIS. Crn. mscr.

Rhabdonia dura. Zanard. var. : gracilis. Crn. mscr.

Flottant à la lame.

Gosier (Grand'Baie, littoral du fort l'Union, anse Laverdure). —
Marie-Galante (Grand-Bourg, anse Trianon).

En Avril, Mai, Juin, Juillet, septembre. — Coll. n⁰ˢ 163, 353, 424,
1534.

De couleur rose-brun vineux foncé.

Trib. CHYLOCLADIÉES

CHYLOCLADIA. Grev.

CH. RIGENS. (Ag.) J. Ag.

Sphærococcus rigens. Ag. Spec. Alg., p. 332. — Gelidium rigens.
Grev.; Kg. Spec. Alg., p. 767. — Chylocladia rigens. J. Ag. Spec. 2,
p. 362. Crn. in Schramm et Mazé. l. c.

Recueilli flottant à la lame.

Port-Louis (Plage du bourg). — Moule (Plage de la Couronne).

En Février, Décembre. — Coll. n⁰ˢ 19 2e Série, 746.

Vert clair teinté de pourpre dans certaines parties de la fronde.

CH. SALICORNIA. (Kg.). Crn. mscr.

Gastroclonium salicornia. Kg. Phyc. Gener. Tab. 53, f. 1, Spec. Alg.,

p. 866, Tab. Phyc., vol. 15, p. 36, tab. 100. — *Lomentaria salicornia*. Act. 1837. — *Chylocladia mediterranea*. — J. Ag. 1842. — *Chylocladia salicornia*. Crn. mscr.

Recueilli sur la coquille du *Strombus gigas*.

Saintes (Anses sous le vent).

En Octobre. — Très-rare. — *Coll. no 1560*.

De couleur rose ambrée translucide; prend une teinte violacée à l'air.

CH. MULLERI. Harv. ?

Champia Mulleri. Harvey.

Sur la coquille du *Strombus gigas*.

Saintes (Anses sous le vent).

En mai. — Très-rare. — *Coll. no 221 1re Série*.

Blanc verdâtre teinté de rose à la base.

CH. MULLERI. Harv. *var. :* CACTOÏDES. Crn. mscr.

Champia Mulleri. Harv. var. : *cactoïdes*. Crn. mscr.

Parasite sur une fronde de *Plocaria* flottant à la lame.

Moule (Fond du port).

En mars. — *Coll. no*

OBS. Ces deux dernières espèces sont plus que douteuses, les fragments qui ont servi à les déterminer étaient trop incomplets.

CH. PARVULA. Harv.

Lomentaria parvula. Gaill. Kg. Spec. Alg., p. 864, Tab. Phyc., vol. 15, p. 31, tab. 87; Crn. in Desmaz. Exs, 864 et Alg. mar. Finist., 273. — *Chylocladia parvula*. Harv. Phyc. Brit., t. 210. — *Champia parvula*. Harv. Ner. Bor. Amer.; Lloyd. O. 285; Crn. Florul. Finist., p. 154, Gener. 146, pl. 22.

Flottant à la lame. Rencontré souvent en parasite sur de vieilles frondes de *Zostera marina, Caulerpa*, etc.

Sainte-Anne (Plage du bourg). — Saint-François (Anse Favreau). — Gosier (Grand'Baie, pointe Laverdure). — Marie-Galante (Grand-Bourg).

En Février, Mai, Juin, Juillet, Septembre, Octobre. — *Coll. nos 38, 100, 141, 484. 952, 1227*.

De couleur rose vineux dans l'eau.

RHODYMÉNIÉES.

RHODYMENIA. G.

R. MAMILLARIS. Mont.

Rhodymenia mamillaris. Mont. Pl. Cell. Exot., Cent. 3, nº 58, Syll., p. 45; J. Ag., Spec. 2, p. 381.

A la plage, sur le sable. Rencontré aussi vivant sur la coquille du Strombe géant.

Moule (Récifs de la Couronne). — Saintes (Anses sous le vent). — Capesterre (Plage).

En Janvier, Avril, Mai, Juillet. — Rare. — *Coll. nº 198 1re Série. 1943.*

D'un beau rouge-carmin clair.

Rh. SUBDENTATA. Crn. mscr.

Rhodymenia subdentata. Crn. mscr.

Croît entre d'énormes blocs de calcaire cristallin, sur des fragments de vieux madrépores ensablés, par un mètre de profondeur; eaux très-remuées par le ressac.

Gosier (Pointe Laverdure, à l'extrémité la plus avancée).

En Mai, Juin, Août, Septembre. — Rare. — *Coll. nº 72.*

Coloration : rouge-carmin foncé persistant en herbier.

Rh. SUBDENTATA. Crn. *var.:*

Sur la coquille du *Strombus gigas.*

Saintes (Anses sous le vent).

En Janvier, Février. — *Coll. nºs 1121, 1138, 1169.*

De couleur rose carminée variant de nuance.

Rh. FLABELLIFOLIA. (Bory.) Mont.

Sphærococcus flabellifolius. Bory. Voy. Coq., tab. 17; Kg. Spec. Alg., p. 780, Tab. Phyc., vol. 18, p. 32, tab. 92. — *Sphærococcus palmettoïdes.* Bory. l. c., nº 64. — *Sphærococcus palmetta,* var. : *australis.* Ag. Spec., p. 246 et Syst., 215. — ? *Rhodymenia palmetta.* Hook et Harv. Crypt. Antarc., p. 169; Mont. Pôle S., p. 156. — *Rhodymenia flabellifolia.* Mont. Bonit., p. 105; J. Ag., Spec. 2, p. 380.

Recueilli sur de vieux madrépores ensablés, par un mètre de profondeur : fond de sable blanc.

Pointe-à-Pitre (Ilet à Cochons, sous la batterie O, à la pointe extrême).

En Septembre. — Très-rare. — *Coll. nº 553.*

Coloration vivante : jaune verdâtre à la base, passant au rose à l'extrémité des frondes.

Rн. DISCIGERA. J. Ag. ?

Callophyllis discigera. Kg. Spec. Alg., p. 745; Tab. Phyc., vol. 17, p. 25, tab. 85. — *Halochrysis depressa.* Schousb. — *Rhodymenia discigera.* J. Ag., Symb. 1, p. 15.

A la plage, sur les galets.

Capesterre (Littoral devant le bourg).

En Août. — *Coll. nº 73.*

De couleur rose carminé.

Un seul fragment, trop décoloré pour pouvoir être déterminé avec certitude.

HELMINTHOCLADIÉES.

Trib. GLOÏOCLADIÉES.

HELMINTHOCLADIA. J. Ag., Crn. Gener. 115, pl. 17.

H. CASSEI. Crn. mscr.

Helminchocladia Cassei. Crn. mscr.

Flottant à la lame. Rencontré vivant sur des fragments de madrépores, ensablée, par un mètre cinquante centimètres de profondeur, et à environ cinquante mètres du rivage; eaux très-remuées.

Gosier (Grand'Baie, anse Laverdure, littoral du fort l'Union, haut-fond dit de la Caye-d'Argent). — Port-Louis (Anse de Rambouillet). — Pointe-à-Pitre (Ilet Boissard, au S.).

En Février, Mars, Avril, Mai. — *Coll. nºs 35, 422, 243.*

Coloration vivante : jaune nuancé de rose sous l'eau.

Espèce très-intéressante, qui augmente nos collections d'un genre non encore représenté dans la flore marine de la Guadeloupe; elle a été découverte en 1867 par M. Cassé, trésorier payeur de la colonie, un de nos collaborateurs les plus dévoués.

H. SCHRAMMI. Crn. mscr.

Helminthocladia Schrammi. Crn. mscr.

Flottant à la plage, après un fort ras de marée.

Capesterre (Plage du port).

En Novembre. — *Coll.* n⁰ *1572.*

Pourpre jaunâtre à l'état frais.

Il n'existe qu'un seul spécimen de cette plante, qui ne s'est plus montrée sur les côtes de l'île depuis 1870.

HELMINTHORA. J. Ag.

H. GUADELUPENSIS. Crn. mscr.

Helminthora Guadelupensis. Crn. mscr.

Au fond d'une flaque d'eau renouvelée par la marée, entre les brisants du large et le port, parmi des *Liagora* et des *Galaxaura*; eaux calmes, fortement chauffées par le soleil.

Moule (Vieux-Bourg, pointe de la Chapelle).

En Mai. — Très-rare; n'a été recueillie qu'une seule fois. — *Coll.* n⁰ *73* 1re *Série.*

Masse gélatineuse ramifiée, presque incolore ou gris verdâtre sous l'eau.

H. DENDROÏDEA. Crn. mscr.

Helminthora dendroïdea. Crn. mscr.

Sur des roches madréporiques immergées, à l'extrémité d'un récif où la mer brise sans cesse.

Pointe-à-Pitre (Ilet à Cochons; prolongement sous-marin de l'ilet vers la passe).

En Octobre. — *Coll.* n⁰ *370* bis 1re *Série.*

Brun rosé à la base, grisâtre aux extrémités : cette algue, dès le plus jeune âge, se couvre d'un encroûtement calcaire très-épais.

H. ANTILLARUM. Crn.

Helminthora Antillarum. Crn. mscr.

Flottant à la lame.

Gosier (Anse Laverdure).

En Juillet, Novembre. — *Coll.* n⁰ˢ *173, 450.*

De couleur brune rosée uniforme.

NEMALION. Duby. Crn., Gener. 117, pl. 17.

N. LIAGOROÏDES. Crn. mscr.

Nemalion liagoroïdes. Crn. mscr.

Sur un rocher détaché, à l'embouchure d'une rivière marine et au point de jonction le plus habituel des eaux douces aux eaux salées.

Baillif (Embouchure de la rivière des Pères).

En Septembre, Décembre. — Rare. — *Coll.* n°s *202, 1583.*

Coloration à l'état de vie : brun foncé strié de rose.

Cette plante, dont l'habitat était bien déterminé, n'a plus reparu depuis décembre 1870.

Trib. SCINAÏÉES.

SCINAÏA. Bivon. Crn. Genera. 118, pl. 17.

S. FURCELLÁTA. (Turn.) Bivon.

> *Ulva furcellata.* Turn. in Schr. Journ., 1800, 2, p. 301, Engl. Bot., tab. 1881. — *Ginnania furcellata.* Mont. mscr., Flor. Alger., p. 111; Notar. in Parl. Giorn., Bot. 1, p. 311; Harv. Phyc., tab. 69, Alg. Tasm., p. 71; Kg. Spec. Alg., p. 715, Tab. Phyc., vol. 16, p. 24, tab. 68; Lloyd. Alg., Ouest., 112; Crn. Alg. mar. Finist., 225. — *Halymenia furcellata.* Ag. Spec., 1, p. 212; Grev. Alg. Brit., p. 163; Harv. Man., p. 52; J. Ag., Alg. Med., p. 98; Hook et Harv. in Lond., Journ. 4, p. 548. — *Dumontia interrupta* et *triquetra.* Lamour.; Duby. Bot.; Desmaz. Exs., 1228. — *Scinaia furcellata.* Bivon. in l'Irid.; J. Ag. Spec. 2, p. 422; Crn. Florul. Finist., p. 146 et Gener., 118, pl. 17.

Flottant à la lame.

Gosier (Grand'Baie, plage E.-S.-E., anse Laverdure).

En Mars, Septembre. — *Coll.* n°s *99, 307.*

Coloration ambrée rougeâtre.

Trib. LIAGORÉES.

LIAGORA. Lamour. Crn. Gen. 119, pl. 13.

L. VISCIDA. *var.* : *a* COARCTATA. Kg.

> *Liagora viscida.* var. : a *coarctata.* Kg. Spec. Alg., p. 138, Tab. Phyc., vol. 8, p. 46, tab. 95.

Croît sur des rochers ensablés, à très-petite distance du rivage, par quatre-vingts centimètres de profondeur; eaux calmes.

Saintes (Anse du Marigot).

En Mars. — *Coll.* n°s *1250, 1251.*

Brun rougeâtre dans l'eau; pâlit et blanchit au contact de la lumière.

L. VISCIDA. *var.* : B. LAXA. Kg.

Liagora viscida. var. : *b* laxa. Kg. Alg., Preiss. n°   , Spec. Alg.,
p. 538; Crn. in Schramm et Mazé, l. c.

Flottant à la lame.

Moule (Plage du Vieux-Bourg). — Gosier (Grand'Baie).

En Mai, Août, Novembre.

Coloration : rose pâle très-tendre.

L. VISCIDA. *var.* : GRACILIS. Crn. mscr.

Liagora viscida, var. : *gracilis*. Crn. mscr.

Croît sur des fragments de rochers madréporiques, à petite distance
du rivage, eaux presque toujours remuées.

Port-Louis (Plage du Souffleur).

En Mars. — *Coll. n° 753.*

De couleur brune grisâtre sous l'eau.

L. CERANOÏDES. Lamour.

Liagora ceranoïdes. Lamour. Polyp. flex., p. 239; Bory. Exped. Morée
1491 ; ? J. Ag. Spec., 2, p. 426; Crn. in Schramm et Mazé, l. c.

Vit d'ordinaire sur des madrépores découvrant à basse mer, sur
des rochers détachés partiellement immergés, à petite distance du
rivage; eaux claires sans cesse remuées par le ressac.

Moule (Caye Kennebeck). — Vieux-Fort (Anse Raby, anse de la
Petite-Fontaine). — Pointe-à-Pitre (Ilet Boissard). — Gosier (Anse
de la Saline, îlet Diamant).

De Novembre à Juillet. — *Coll. n°s 16, 146 1re Série.*

Rose lilacé assez vif à l'état jeune, avant que les frondes ne soient
recouvertes de leurs incrustations calcaires.

L. DISTENTA. (Mert.). Ag.

Fucus distentus. Mert. in Roth. Cat., 3, p. 103. — *Liagora versicolor*
var. : A. Lamour. Polyp. flex., p. 237 (exclus synon.). — *Liagora
distenta.* Ag. Spec., 1, p. 394; Kg. Spec. Alg., p. 538, Tab. Phyc.,
vol. 8, p. 42, tab. 88; J. Ag. Spec., 2, p. 426.

A la plage, sur le sable.

Pointe-à-Pitre (Ilet Boissard, à l'E.).

En Décembre. — Très-rare. — *Coll. n° 271 1re Série.*

De couleur rose nuancé de gris à l'état frais.

L. DISTENTA. var. : B. COMPLANATA. J. Ag.

Liagora complanata. Ag. Spec., p. 296, Syst., p. 193. — *Liagora versicolor.* var. : B. Lamour. Polyp. flex., p. 237; Kg. Spec. Alg., p. 537, Tab. Phyc., vol. 8, p. 46, tab. 96. : - *Liagora distenta*, var. : b *complanata.* J. Ag. Spec., 2, p. 426.

Flottant à la lame.

Pointe-à-Pitre (Anse d'Arboussier).

En Mai. — Très-rare. — *Coll. n° 291 1re Série.*

De couleur blanc rosé très-pâle.

L. LEPROSA. J. Ag.

Liagora leprosa. J. Ag. Alg. Liebm., p. 8, Spec. 2, p. 427; Kg. Spec. Alg., p. 539, Tab. Phyc. vol. 8, p. 44, tab. 91; Crn. in Schramm et Mazé, l. c.

Croît sur des conglomérats volcaniques détachés des falaises, sur des rochers ensablés, des fragments de madrépores, par très-peu de profondeur; eaux vives, généralement très-remuées par le ressac.

Vieux-Fort (Anse de la Petite-Fontaine). — Moule (Récifs du large). — Pointe-à-Pitre (Ilet à Cochons, sous le vent). — Gosier (Grand'-Baie). — Saintes (Anse du Mouillage, sous la batterie).

En Avril, Mai, Juin, Septembre, Octobre, Novembre. — *Coll. n°s 17, 117, 399 1re Série, 101, 172, 1852.*

Très-variable de coloration selon les milieux; tantôt rose-carmin à la base et rose tendre strié aux extrémités, tantôt d'une teinte uniforme brune, parfois enfin rose pâle.

L. PULVERULENTA. Ag.

Liagora pulverulenta. Ag. Spec., p. 296; Kg. Spec. Alg., p. 538; Tab. Phyc., vol. 8, p. 42, tab. 89; J. Ag. Spec. Alg., 2, p. 427; Crn. in Schramm et Mazé, l. c.

Se rencontre très-fréquemment flottant à la lame. Recueilli vivant, à la limite du flot, sur des rochers madréporiques qui ne découvrent cependant qu'aux plus basses marées.

Moule (Caye Kennebeck, à la base). — Gosier (Anse Laverdure, plage du fort l'Union). — Vieux-Fort (Anse de la Petite-Fontaine). — Pointe-à-Pitre (Ilet Pauline). — Port-Louis (Plage du Souffleur).

En Février, Mars, Avril, Mai, Août, Novembre. — *Coll. n°s 241, 358, 604, 605, 790, 1049.*

De couleur blanc argenté, à l'état de vie. Colore le papier en rose en se desséchant.

L. PULVERULENTA, forma TENUIOR. Crn. mscr.

Liagora pulverulenta, forma *tenuior*. Crn. mscr.

Au milieu d'un banc de *Zostera marina*, par un mètre de profondeur.

Gosier (Pointe Laverdure).

En Mai. — *Coll. no 1366* bis.

Même coloration que l'espèce type.

L. PULVERULENTA. Ag. *var.* :

Flottant à la lame. Recueillie vivante, par un mètre de profondeur, sur les rochers madréporiques d'une pointe sous-marine se prolongeant au large.

Gosier (Anse Laverdure). — Marie-Galante (Grand-Bourg, plage de Trianon, pointe Doyon).

En Janvier, Février. — *Coll. nos 1153, 1154, 1194.*

Brun rosé sous l'eau.

L. ALBICANS. Lamour.

Liagora albicans. Lamour. Polyp. Flex., p. 239; Kg. Spec. Alg., p. 538, Tab. Phyc., vol. 8, p. 43, tab. 89; J. Ag. Spec. Alg., 2. p. 428.

Flottant à la lame.

Gosier (Anse Laverdure). — Pointe-à-Pitre (Ilet Boissard, récifs sous le vent).

En Mars, Avril. — *Coll. nos 331, 622.*

Coloration : gris souillé passant au blanc.

L. TURNERI. Zanard.

Liagora Turneri Zanard. Pl. mar. Rubri., p.　; Kg. Tab. Phyc., vol. 8, p. 43, tab. 90.

Flottant à la lame.

Vieux-Fort (Anse de la Petite-Fontaine, au lieu dit *le Gouffre*).

En Mai. — *Coll. nos 359, 359* bis.

Gris rosé à l'état frais.

L. PINNATA. Harv.

Liagora pinnata. Harv. Ner. Bor. Amer., p.

Sur des fragments de madrépores, des coquilles brisées, par un mètre environ de profondeur; fond de sable blanc, eaux le plus souvent calmes.

Sainte-Rose (Ilet Blanc). — Gosier (Grand'Baie, anse de la Saline, îlet Diamant).

En Mars, Avril. — *Coll. nos 311 1re Série, 624, 764.*

Coloration vivante : brun rosé.

L. PINNATA. Harv. *var. :* ARBUSCULA. Crn. mscr.

Liagora pinnata. var. : *arbuscula*. Crn. mscr.

Croît en société de la *Liagora ceranoïdes,* sur des récifs couverts à peine de quelques centimètres d'eau, où vient briser la lame du large.

Gosier (Anse de la Saline, îlet Diamant, à l'O.).

En Mars. — Rare. — *Coll. no 763.*

De couleur brune rosée, fortement encroûtée de calcaire.

L. BIPINNATA. Crn. mscr.

Liagora bipinnata. Crn. mscr.

Recueilli sur des fragments de madrépores ensablés, près des brisants du large.

Pointe-à-Pitre (Ilet Boissard).

En Avril. — Rare. — *Coll. no 1489.*

Coloration vivante : brun pâle.

L. DECUSSATA. Mont.

Liagora decussata. Mont. Cent. 6, no 58, Syll., p. 403; Kg. Spec. Alg., p. 538; Crn. in Schramm et Mazé, l. c.

Vit sur les rochers et les galets roulants qui bordent les plages d'une partie de la Guadeloupe proprement dite; eaux sans cesse remuées par le flux et le reflux.

Basse-Terre (Embouchures du Galion, de la rivière Sens). — Baillif (Embouchure de la rivière des Pères, plage au vent du bourg). — Vieux-Fort (Anse Raby, anse de la Petite-Fontaine). — Capesterre (Plage au vent du bourg).

De Décembre à Avril, de Juin à Septembre. — Commune. — *Coll. nos 2 1re Série, 531, 1266.*

Coloration vivante : rose carminé marqué de stries plus claires;

passe au rouge-brun uniforme dans les ramules terminales. Ne s'incruste de calcaire qu'après son entier développement.

L. BRACHYCLADA. Decne., *var.?*

A la plage, sur le sable.

Moule (Fond du port).

En Mai. — *Coll. n⁰ 947.*

Coloration blanc argenté. La plante est évidemment décolorée, et sa détermination peu certaine.

L. RUGOSA. Zanard.

Liagora rugosa. Zanard. Pl. mar. Rubri., p.

Croît sur des conglomérats volcaniques immergés, des fragments de madrépores ensablés, par des profondeurs variables de quarante centimètres à plus de deux mètres, dans des eaux toujours agitées.

Vieux-Fort (Anse de la Petite-Fontaine, près du lieu dit *le Gouffre*). — Gosier (Pointe Laverdure). — Pointe-à-Pitre (Ilet Boissard).

En Mars, Mai, Juillet. — *Coll. nᵒˢ 1246, 1389, 1471.*

De couleur brune lilacée à la base, rose tendre aux extrémités. A l'état vivant, cette espèce n'est encroûtée de calcaire qu'à la base.

L. PATENS. Crn. mscr.

Liagora patens. Crn. in Schramm et Mazé, l. c.

Recueillie sur des rochers ensablés couverts de très-peu d'eau mais fortement chauffée par le soleil; fond de sable vaseux par portions.

Gosier (Grande baie, littoral du fort l'Union). — Pointe-à-Pitre (Ilet Boissard).

En Janvier, Février, Juillet. — *Coll. nᵒˢ 1472, 1550.*

De couleur grise cendrée, teintée de vert dans l'eau.

L. PATENS. Crn., *var.*

Liagora patens. Crn., *var.:* in Schramm et Mazé, l. c.

Galets détachés complétement immergés, à petite distance de la plage; fond de sable; eaux vives.

Vieux-Fort (Anse de la Petite-Fontaine). — Gosier (Pointe Laverdure).

En Mai. — *Coll. nᵒˢ 208 1ʳᵉ Série, 943.*

Rose tendre à l'état vivant: fronde gélatineuse.

L. PROLIFERA. Crn. mscr.

Liagora prolifera. Crn. mscr.

Flottant à la lame, après un violent ras de marée.

Gosier (Grand'Baie, pointe S.).

En Novembre. — Coll. no 172 bis.

De couleur brune rosée, à l'état frais.

Cette espèce, très-voisine du L. leprosa, s'en distingue par les ramules très-courts ou processus gélatineux dépourvus de calcaire qui garnissent sa fronde.

L. ? DENDROÏDEA. Crn. mscr.

A la plage, sur le sable.

Gosier (Littoral du fort l'Union).

En Mars. — Coll. no 1606.

Spécimen unique, complétement décoloré, qui manque de point d'attache; fait partie de la collection de M. Cassé.

L. FRAGILIS. Zanard.

Liagora fragilis. Zanard. Pl. mar. Rubr., t. 5, f. 2; Kg. Tab. Phyc., 8, p. 45, tab. 94.

A la plage, sur le sable.

Trois-Rivières (Anse du bourg).

En Avril. — Très-rare. — Coll. no 1708.

Coloration : blanc rosé à la base, passant au vert violacé au sommet.

Exemplaire unique, collection Mazé.

GALAXAURA. Lamour.

G. OBLONGATA. Lamour.

Corallina oblongata. Ell. et Soland., tab. 22, fig. 1. — Dichotomaria oblongata. Lamarck. — Corallina umbellata. Esper. Zooph., tab. 17, fig. 1-2. — Galaxaura oblongata. Lamour. Polyp. flex., p. 262; Kg. Spec. Alg., p. 529; Tab. Phyc. 8, p. 16; Crn. in Schramm et Mazé, l. c.

Recueilli flottant à la plage, aussi sur la coquille du Strombus gigas. Se rencontre parfois sur des fragments de madrépores ensablés, par un mètre de profondeur.

Vieux-Fort (Anse de la Petite-Fontaine). — Saintes (Anses sous le vent, anse du Mouillage). — Moule (Fond du port).

24

En Janvier, Mai, Août, Novembre. — *Coll.* n^os *212* bis, *459, 757, 1376, 1933.*

Coloration : rose pâle dans l'eau.

G. UMBELLATA. Lamour.

Dichotomaria umbellata. Lamarck. — *Galaxaura umbellata.* Lamour. Expos. méth., p. 21, Polyp. flex., p. 262; Kg. Spec. Alg., p. 529, Tab. Phyc., 8, p. 15; Crn. in Schramm et Mazé, l. c.

Croît à fleur d'eau, sur des roches madréporiques battues par la lame; se rencontre parfois aussi sur la coquille des Strombes.

Moule (Plage). — Gosier (Littoral du fort l'Union). — Vieux-Fort (Anse de la Petite-Fontaine, au large). — Saintes (Anses sous le vent). — Capesterre (Plage).

En Janvier, Février, Mai, Juin, Juillet. — *Coll.* n^os *7 1re Série, 1177.*

D'un rose tendre, à l'état de vie.

G. OBTUSATA. Lamour.

Corallina obtusata. Ell. et Soland., t. 22, f. 2. — *Alysium Hollingii.* Ag. Spec., 1, p. 433. — *Ulva Hollingii.* Mertens. — *Galaxaura obtusata.* Polyp. flex., p. 262; Expos. méth., p. 21, t. 22, f. 2; Crn. in Schramm et Mazé, l. c.; Kg. Tab. Phyc., 8, p. 16.

Sur la coquille du *Strombus gigas* ou à la plage, sur le sable.

Saintes (Anses sous le vent, anse du Mouillage). — Moule (Plage, pointe de la Chapelle). — Capesterre (Embouchure de la Grande-Rivière, plage du bourg).

En Avril, Mai, Juin, Août, Septembre, Octobre et Décembre. — *Coll.* n^os *78, 212, 533.*

Coloration : rose carminé, à l'état frais.

G. CYLINDRICA. Lamour.

Corallina cylindrica. Ell. et Soland., tab. 22, f. 4 — *Dichotomaria cylindrica.* Lamarck. — *Galaxaura cylindrica.* Lamour. Expos. méth., p. 22; Kg. Spec. Alg., p. 530; Crn. in Schramm et Mazé, l. c.

A la plage, sur le sable.

Vieux-Fort (Anse de la Petite-Fontaine).

En Novembre. — *Coll.* n^o

Cette plante est complétement décolorée; exemplaire unique.

G. FRAGILIS. Lamour.

Dichotomaria fragilis. Lamk. — *Galaxaura fragilis.* Lamour. Expos.
méth., p.   ; Decne. Nov. Ann. Sc. Nat. 18, p. 116; Kg. Spec. Alg.,
p. 530; Crn. in Schramm et Mazé, l. c.

Sur des rochers ensablés, des fragments de madrépores, que la mer
ne laisse jamais à découvert, par soixante centimètres à un mètre de
profondeur.

Moule (Vieux-Bourg). — Saintes (Anse Figuier). — Vieux-Fort
(Anse Turlet, anse de la Petite-Fontaine). — Capesterre (Plage du
bourg). — Baillif (Plage du cimetière militaire). — Trois-Rivières
(Grand'Anse).

Toute l'année.—*Coll. n°s 13, 227 1re Série, 327, 494, 563, 564, 447.*

De couleur rose violacé dans l'eau.

G. LAPIDESCENS. Lamour.

Corallina lapidescens. Ell. et Soland., tab. 21, f. 9. — *Dichotomaria lapidescens.* Lamk. — *Galaxaura lapidescens.* Pol. flex., p. 264,
Expos. méth., p. 21, f. 9; Kg. Spec. Alg., p. 530; Tab. Phyc., 8,
p. 18; Crn. in Schramm et Mazé, l. c.

Croît dans les anfractuosités de rochers ou madrépores toujours
immergés, à petite distance de la plage. Se rencontre très-fréquemment sur la coquille du *Strombus gigas.*

Moule (Brisants près de terre). — Marie-Galante (Grand-Bourg).
— Gosier (Pointe Laverdure). — Capesterre (Plage du bourg). —
Saintes (Anse du Mouillage, anses sous le vent).

Presque en toute saison. — *Coll. n°s 142, 1144, 1601.*

G. RUGOSA. Lamour.

Corallina rugosa. Ell. et Soland., tab. 2, f. 3. — *Halysium rugosum.*
Kg. Phyc. Gener., p. 323, tab. 43, fig. 1. — *Galaxaura rugosa.*
Lamour. l. c., p   ; Kg. Spec. Alg., p. 530, Tab. Phyc., 8, p. 15;
Crn. in Schramm et Mazé, l. c.

Vit sur des rochers détachés, des fragments de madrépores ensablés,
par un mètre environ de profondeur. Recueilli quelquefois sur la
coquille des Strombes.

Vieux-Fort (Anse de la Petite-Fontaine). — Moule (Port). — Gosier
(Plage du fort l'Union). — Saintes (Ilet à Cabris, anses sous le vent).

Presque en toute saison. — *Coll. n° 287.*

Coloration : rouge-brun, à l'état vivant.

G. MARGINATA. Lamour.

Corallina marginata. Ell. et Soland., t. 22, f. 6. — *Galaxaura marginata.* Lamour. Expos. méth., p.   , Polyp. flex., p. 264; Kg. Spec. Alg., p. 530, Tab. Phyc., 8, p. 16; Crn in Schramm et Mazé, l. c.

Sur des rochers, des conglomérats volcaniques immergés, à petite distance du rivage; eaux vives très-remuées.

Moule (Vieux-Bourg). — Pointe-à-Pitre (Ilet Amic). — Vieux-Fort (Anse Raby, anse de la Petite-Fontaine).

En Janvier, Avril, Mai, Août. — *Coll.* nos *1307, 1507, 1684, 1711.*

De couleur brune vineuse, souvent nuancée de vert aux extrémités.

G. CANALICULATA. Kg.

Galaxaura canaliculata. Kg. Spec. Alg., p. 530, Tab. Phyc., 8, p. 16; Crn. in Schramm et Mazé, l. c. — *Halysium canaliculatum.* Kg. Phyc. Gener., p. 324.

Dans les cavités naturelles de vieux madrépores, sur des conglomérats volcaniques toujours couverts; eaux calmes, peu profondes, mais très-claires.

Moule (Port). — Pointe-à-Pitre (Ilet à Cochons, sous le vent). — Vieux-Fort (Anse Turlet, anse de la Petite-Fontaine).

Presque en toute saison. — *Coll.* nos *299 1re Série, 287* bis, *326.*

Brun vineux à la base, presque verdâtre au sommet.

G. VALIDA. (Harv.). Crn. mscr.

Liagora valida. Harv. Ner. Bor. Amer. — *Galaxaura liagoroïdes.* Crn. mscr. — *Galaxaura valida.* Crn. mscr.

Flottant à la lame, après les ras de marée. Recueilli vivant sur de vieux madrépores, des fragments de galets immergés, par un mètre de profondeur; eaux calmes chargées de productions calcaires.

Gosier (Grand'Baie). — Vieux-Fort (Anse de la Petite-Fontaine, près le Gouffre). — Pointe-à-Pitre (Ilet Boissard, sous le vent). — Canal (Baie). — Saintes (Anse du Marigot, anse Mirre).

De Janvier à Mai. — *Coll.* nos *237, 300, 360, 1705, 1706, 1850.*

De nuance brun-chocolat persistant.

G. TOMENTOSA. Kg.

Galaxaura tomentosa. Kg. Tab. Phyc., 8, p. 18, tab. 38.

Sur des galets ensablés qui découvrent aux basses marées.

Saintes (Anse Mirre).

En Avril. — Très-rare. — *Coll.* no *1864.*

Coloration vivante : blanc souillé à la base, passant au brun rosé à l'extrémité des frondes.

G. SCHIMPERI. Decne.

Galaxaura Schimperi. Decne.

Flottant à la lame.

Capesterre (Plage du bourg).

En Novembre. — Rare. — Coll. n° 1686.

De couleur vert blanchâtre. Le spécimen unique paraît décoloré par suite de son exposition aux rayons solaires.

HYPNEACÉES.

Trib. CAULACANTHÉES.

ACANTHOCOCCUS. Hook et Harv.

A. ADELPHINUS. Mont.

Acanthococcus adelphinus. Mont. in litteris ; Crn. in Schramm et Mazé, l. c.

Vit d'ordinaire sur des rochers ou de vieux madrépores presque toujours immergés, à petite distance du rivage.

Saintes (Ilet à Cabris, anses du vent). — Vieux-Fort (Anse Turlet, anse de la Petite-Fontaine). — Gosier (Pointe Laverdure). — Port-Louis (Plage).

Presque toute l'année. — Coll. n°s 192, 237 1re Série, 82, 1562.

D'un beau rose-carmin très-vif, à l'état de vie. Cette espèce change complétement d'aspect selon son mode de fructification.

Trib. HYPNÉES.

HYPNEA. Lamour.

H. MUSCIFORMIS. (Wulf.). Lamour.

Fucus musciformis. Wulf. in Jacq. Coll., 3, p. 154, Crypt. Aqu., n° 23 ; Esper. Icon. Fuc., tab. 93 ; Turn. Hist., tab. 127. — Hypnophycus musciformis. Kg. Phycol., tab. 60, f. 4. — Sphærococcus musciformis. Ag. Spec. Alg., p. 326. — Fucus spinulosus. Esper. Fuc., tab. 34. -- Fucus setaceus. Esper. Icon., tab. 163 a. — Hypnea musciformis. Lamour. Mont. Canar., p. 161, Bonite., p. 98, Pol. Sud., p. 150 ; Kg. Spec. Alg., p. 758, Tab. Phyc., vol. 18, p. 7, tab. 19 ; J. Ag. Spec. Alg., 2, p. 442 ; Crn. in Schramm et Mazé, l. c.

Le plus souvent sur de gros galets ensablés, de vieux madrépores que la lame bat incessamment, parfois dans le sable vaseux, à l'abri des récifs; eaux claires ou troubles indifféremment.

Moule (Vieux-Bourg, plage du cimetière des Nègres, fond du port). — Marie-Galante (Grand-Bourg, basses de l'habitation Murat). — Pointe-à-Pitre (Bancs de la rade, embouchure de la rivière du Coin). — Port-Louis (Plage du bourg). — Désirade (Anse Galets). — Sainte-Rose (Ilet Blanc). — Basse-Terre (Plage du cimetière militaire). — Saint-Martin (Anse du Marigot). — Capesterre (Plage du bourg). — Gosier (Pointe Laverdure, anse Dumont).

De Janvier à Septembre. — *Coll.* n°s *51, 120 1re Série, 145, 313, 865, 977, 1209, 1217, 1240, 1282.*

Coloration variable selon le milieu : tantôt jaune souillé à teintes rosées aux extrémités, tantôt vert olivâtre brunissant ou noircissant à l'air.

H. MUSCIFORMIS. *var.* : SPINULOSA. Mont. et Maillard.

Fucus spinulosus. Delile. Égypt., p. 151, t. 57. — *Hypnea musciformis,* var. : *spinulosa.* Mont. et Maillard. Notes sur la Réunion, annexe O., p. 12.

Croît sur des rochers ensablés, à très-petite distance de la plage; eaux très-calmes et très-claires.

Saint-Martin (Anse du Marigot, plage de la Grand'Case). — Capesterre (Plage de la Grande-Rivière).

En Mai, Juillet. — *Coll.* n°s *1064, 1934.*

De couleur vert jaunâtre dans l'eau.

H. MUSCIFORMIS. Lamour. *var.*

Flottant à la lame.

Marie-Galante (Grand-Bourg). — Pointe-à-Pitre (Ilet à Jarry, pointe à Patates).

En Janvier, Juillet. — *Coll.* n°s *296 1re Série, 489.*

De couleur brune rougeâtre, à l'état frais.

H. NIGRESCENS. Grev.

Fucus hamulosus. Esper. Fuc., tab. 89 (non Turn.). — *Hypnea chordacea.* Kg. Spec. Alg., p. 760, Tab. Phyc., v. 18, p. 10, tab. 29. — *Hypnea nigrescens.* Grev. mscr. in Herb. Hookeri; J. Ag. Al. Liebm., p. 14, in act. Holm., 1847, Ofvers. Spec. Alg., 2, p. 443; Crn. in Schramm et Mazé, l. c.

En société de *Spyridia* et de *Cladophora*, sur des rochers ensablés, dans des eaux très-remuées et très-troubles.

Moule (Fond du port).

En Décembre. — *Coll.* n°

Coloration brune uniforme dans l'eau.

H. ARMATA. (Mert.). J. Ag.

Fucus armatus. Mert. mscr. in Mus. Paris. — *Sphœrococcus musci-formis g armatus.* Ag. Spec. Alg., 1, p. 328. — *Fucus mucosus.* Lamour. mscr. — *Hypnea armata.* J. Ag. Spec., 2, p. 444.

Croît sur des roches madréporiques avancées qui ne découvrent que partiellement à mer basse; eaux souvent agitées. Se rencontre aussi en parasite sur de vieilles tiges d'*Halimeda*.

Vieux-Fort (Anse Turlet). — Gosier (Littoral du fort l'Union). — Capesterre (Plage de la Grande-Rivière).

En Février, Juillet, Août. — *Coll.* n°s *526, 738.*

Brun noirâtre à l'état de vie.

H. ARMATA. (Mert.). J. Ag. *var.*

Flottant à la lame.

Gosier (Anse Laverdure).

En Janvier. — *Coll.* n° *1106.*

De couleur brun violacé à l'état frais.

H. SPICIFERA. (Suhr.). J. Ag. ?

Gracilaria spicifera. Suhr. Eckl. n° 41, tab. 2, f. 14, in Flor., 1834. — *Sphœrococcus Harveyi.* Kg. Spec. Alg., p. 775? — *Hypnea spici-gera.* Harv. Ner. Austr., 2, t. 49. — *Hypnea Harveyi.* Kg. Spec. Alg., p. 760, Tab. Phyc., vol. 18, p. 10, tab. 29. — *Hypnea spicifera.* Harv. mscr.; J. Ag. Liebmn., p. 14 et Spec., 2, p. 445.

Flottant à la lame.

Gosier (Plage du fort l'Union).

En Mars. — *Coll.* n° *25.*

Coloration à l'état frais : jaune r osé.

H. HAMULOSA. (Turn). Mont.

Fucus hamulosus. Turn. Hist. Fuc., tab. 79. — *Hypnea Valentiæ,* var.: *hamulosa*. Decne. Pl. Arab., p. 183.? (exclus. synon.).—*Hypnea hamulosa*. Mont. Pug. Alg. Yemens., n° 16?; J. Ag. Spec., 2, p. 447.

A la plage, sur le sable ou flottant à la lame.

Gosier (Grand'Baie).

En Avril. — Très-rare. — *Coll. n° 978.*

Jaune rosé à l'état frais.

H. RISSOANA. J. Ag.

Sphærococcus divaricatus. Ag. Aufz., n° 75, in Flor., 1827. — *Hypnea Rissoana*. J. Ag. Alg. Med., p. 150 et Spec., 2, p. 448; Kg. Spec. Alg., p. 758.

Croît sur de petits galets ensablés, des fragments de coquilles, à la limite du flot, par cinquante centimètres de profondeur : eaux très-claires.

Gosier (Littoral du fort l'Union).

En Février. — *Coll. n° 740.*

Coloration à l'état de vie : rose pâle.

H. RISSOANA. J. Ag. *var.*

Sur des roches madréporiques, en dedans des récifs du large, par un mètre de profondeur; eaux troubles, souvent agitées.

Marie-Galante (Grand-Bourg, basses de l'habitation Murat).

En Février. — *Coll. n° 1208.*

De couleur vert jaunâtre clair dans l'eau.

H. HAMULOSA. Lamour.

Hypnea Valentiæ. Kg. Spec. Alg., p. 758. — *Hypnea hamulosa*. Lamour; Kg. Tab. Phyc., vol. 18, p. 7, tab. 20.

Flottant à la lame. Rencontré vivant sur des fragments de madrépores ensablés, par soixante centimètres environ de profondeur.

Saintes (Anse du Marigot). — Saint-François (Plage sous le vent du bourg). — Moule (Vieux-Bourg, fond du port).

En Mars, Mai, Juin, Décembre. — *Coll. n°* 336, 1343, 1345, 1405, 1405 bis, 1488.

Jaune verdâtre transparent, à l'état de vie.

H. CORNUTA. (Lamour). J. Ag.

Gigartina cornuta. Lamour. mscr. in Mus. Paris. — *Chondroclonium cornutum.* Kg. Spec., p. 741. — *Hypnea cornuta.* J. Ag. Spec., 2, p. 449.

Flottant à la lame.

Port-Louis (Anse de Rambouillet). — Canal (Plage du Vieux-Bourg). En Avril. — *Coll.* nos *831, 833, 1860.*

Coloration à l'état frais : tantôt jaune verdâtre, tantôt vert-olive. Spinules : rose carminé. Cette espèce n'a été recueillie, jusqu'à présent, qu'avec ses tétraspores.

H. VALENTIÆ. (Turn.). Mont.

Fucus Valentiæ. Turn. Hist. Fuc., tab. 78 (fide Mont. non auct.). — *Sphærococcus musciformis* d *Valentiæ.* Ag. Spec., p. 38. — *Hypnea Valentiæ.* Mont. Canar., p. 161 ; J. Ag. Spec., 2, p. 450; Crn. in Schramm et Mazé, l. c.

Flottant à la lame. Recueilli vivant sur de vieux madrépores, des fragments de coquilles découvrant à la marée.

Pointe-à-Pitre (Anse d'Arboussier). — Moule (Caye Fendue, au large). — Gosier (Anse Laverdure).

En Avril, Mai, Juin, Octobre. — *Coll.* nos *181, 286 1re Série, 1011.*

De couleur jaune verdâtre dans l'eau.

H. VALENTIÆ. Mont. var. ?

Flottant à la lame.

Sainte-Anne (Plage du bourg).

En Décembre. — *Coll.* no

Vert brunâtre à la base, vert violacé aux extrémités.

H. CERVICORNIS. J. Ag.

Sphærococcus spinellus. var. : *laxior.* Ag. Hb. — *Fucus hamulosus.* Mert. in herb. Ag. (non Turn.). — *Hypnea spinella?* J. Ag. mscr. — *Chonaria hamulosa.* Ag. Spec. Alg., p. 361, Syst., p. 209 (excl. synon. Turneri). — *Sphærococcus musciformis.* var. : *pumila.* Harv. Alg., Telf. in Hook. Journ. Bot., 1, p. 147 ? — *Hypnea cervicornis.* J. Ag. Spec., 2, p. 451; Crn. in Schramm et Mazé, l. c.

Croît sur des galets ensablés, au milieu de bancs de *Zostera marina,* dans des eaux très-vives un peu enfermées; se rencontre par-

25

fois dans des eaux vaseuses et calmes, sur des débris d'arbres ou des madrépores immergés. Cette algue est d'ailleurs presque toujours parasite sur des frondes de *Laurencia, Acanthophora.*

Moule (Brisants du large, plage du cimetière des Nègres). — Port-Louis (Anse du Souffleur).

D'Avril à Septembre. — *Coll. no 842.*

Coloration : à l'état jeune, vert clair rosé à la base, plus rouge aux extrémités; à l'état adulte, jaune-serin dans l'eau; passe au violet ou au brun à la lumière.

II. SPINELLA. (Ag.). Kg.

Sphærococcus spinellus. Ag. Spec., p. 323, Syst., p. 237 — ? *Gigartina spinella.* Grev. Syn.; Mont. Cuba., p. 52. — *Hypnea spinella.* Kg. Spec., p. 759, Tab. Phyc., vol. 18, p. 9, tab. 26; J. Ag. Spec., 2, p. 453; Crn. in Schramm et Mazé, l. c.

Vit dans des fonds de sable presque vaseux, sur des roches immergées; eaux troubles.

Marie-Galante (Grand-Bourg). — Vieux-Fort (Anse Raby). — Gosier (Littoral du fort l'Union).

En Février, Avril, Mai. — *Coll. no 739.*

De couleur jaune verdâtre, à l'état vivant.

II. SPINELLA. Kg. FORMA MAJOR. Crn. mscr.

Hypnea spinella. Kg. *forma major.* Crn. mscr.

Parasite sur une fronde de *Laurencia dendroïdea* flottant à la lame. Recueilli plus tard sur des rochers immergés, par un mètre de profondeur; eaux calmes, fond de sable vaseux.

Saintes (Anse du Marigot). — Moule (La Baie).

En Octobre. — *Coll. nos 958, 1040.*

Coloration vivante : jaune verdâtre.

II. DIVARICATA. Grev.

Hypnea musciformis, var. : a *divaricata.* Harv. Alg. Telf., no 18, in Hook. Journ. Bot., 1, p. 147 (capsulifera). — *Hypnea musciformis,* var. : g *Valentiæ* et g *nuda* (partim). Harv., l. c. (sterilis). — *Hypnea divaricata.* Grev. Syn., p. 59; Sond. Alg. Preiss., p. 43; Kg. Spec. Alg., p. 759 (exclus. syn. Turneri et Ag.).

Flottant à la lame. Rencontré vivant sur un fragment de madrépore, dans une flaque d'eau restée à découvert à basse mer.

Gosier (Pointe Laverdure). — Port-Louis (Anse du Souffleur). — Saintes (Anse du Marigot). — Saint-François (Plage du bourg).

En Janvier, Mars, Avril, Mai. — *Coll. nos 979, 1109, 1116, 1238, 1241, 1308, 1342, 1415, 1458.*

De couleur brune jaunâtre, à l'état vivant.

II. DIVARICATA. Grev. *var.*

Flottant à la lame.

Marie-Galante (Grand-Bourg) (Plage des Basses).
En Mars. — *Coll. no 1272.*

Coloration très-voisine de celle de l'espèce type; un peu plus foncée.

H. ARBORESCENS. Crn. mscr.

Hypnea arborescens; Crn. in Schramm et Mazé, l. c.

Parasite sur *Acantophora Thierii* flottant à la lame. Croît d'ordinaire sur des fragments de coquilles, des débris de madrépores ensablés, à faible distance du rivage, par soixante centimètres de profondeur.

Marie-Galante (Grand-Bourg) (Anse de Trianon). — Capesterre (Plage du bourg). — Anse-Bertrand (Porte d'Enfer).

En Janvier, Février, Avril, Août. — *Coll. nos 41 1re Série, 777 bis, 1118, 1672.*

Coloration jaune verdâtre dans les rameaux jeunes, presque foncé dans ceux plus avancés.

H. ARBORESCENS. Crn. *var.*

Flottant à la lame.

Marie-Galante (Grand-Bourg). — Moule (Plage du cimetière des Nègres). — Sainte-Anne (Plage du bourg).
En Janvier, Février, Octobre. — *Coll. nos 980, 1025, 1047.*

De couleur brune pourprée très-sombre.

H. GRACILARIOIDES. Crn. mscr.

Hypnea gracilarioides. Crn. mscr.
Ramené avec la drague d'une profondeur de cinquante mètres environ, fond de sable mélangé de vase. Vit aussi dans des lagons d'eau

presque vaseuse, creusés par les lames au milieu des roches madréporiques, par deux mètres de profondeur ; eaux claires, rarement calmes.

Basse-Terre (Mouillage des goëlettes de guerre). — Moule (Récifs
de la pointe de la Chapelle).

En Juillet, Août. — Rare. — *Coll.* n^{os} *249 1re Série, 1136.*

Rose tendre dans l'eau.

H. ACANTHOCLADA. Crn. mscr.

Hypnea acanthoclada. Crn. mscr.

Flottant à la lame.

Gosier (Grand'Baie, anse Laverdure).

En Janvier, Février, Octobre. — *Coll.* n^{os} *419, 420, 727, 1110.*

Coloration : rose-carmin très-vif.

H. CORYMBOSA. Crn. mscr.

Hypnea corymbosa. Crn. mscr.

Croît, par quatre-vingts centimètres de profondeur, sur des roches
madréporiques ensablées qui ne restent jamais à découvert ; eaux
claires, fond vaseux.

Pointe-à-Pitre (Ilet à Cochons, sous la batterie O.).

En Octobre. — Très-rare. — *Coll.* n^o *552.*

De couleur brune rougeâtre à la base, passant au rose-lilas tendre
à l'extrémité de la fronde et dans les ramules. Cette délicieuse espèce
n'a été rencontrée qu'une seule fois.

H. SETACEA. Kg. *var.*

Recueilli à la lame, sur des racines de palétuviers que baigne le flot ;
eaux troubles chargées de vase.

Pointe-à-Pitre (Anse de Fouillole).

En Septembre. — *Coll.* n^o

Vert brunâtre foncé dans l'eau.

H. HARVEYI. Kg. ?

Sphærococcus Harveyi. Bind. Herb. — *Hypnea Harveyi.* Kg. Tab.
Phyc., 18, p. 10, tab. 28.

Flottant à la lame.

Capesterre (Plage du bourg).

En Novembre. — *Coll.* n^o *1648.*

De couleur pourpre foncé, à l'état frais.

GÉLIDIÉES.

GELIDIUM. J. Ag. Crn. Gener., 121, pl. 18.

G. VARIABILE. (Grev.). J. Ag.

Gigartina variabilis. Grev. mscr. in Herb. Hookeri. — *Gelidium variabile.* J. Ag. Spec., 2, p. 468.

Croît d'ordinaire sur de vieux madrépores ensablés ou envasés près du rivage, par soixante centimètres au plus de profondeur. Se rencontre très-souvent flottant au large.

Pointe-à-Pitre (Anse de Fouillole). — Gosier (Pointe Laverdure). — Anse-Bertrand (Porte d'Enfer). — Moule (Plage du cimetière des Nègres). — Vieux-Fort (Anse Turlet). — Petit-Bourg (Plage). — Capesterre (Plage du bourg).

En Mars, Mai, Juin, Août, Septembre, Décembre. — *Coll.* nos *61, 103, 382, 540, 675, 780, 1921.*

Coloration : brun foncé dans l'eau.

G. RIGIDUM. (Wahl.). Mont.

Fucus rigidus. Wahl. in Naturh. Selsk. (fide Ag.). — *Sphærococcus rigidus.* Ag. Spec., p. 285, Syst., p. 227. — *Fucus spiniformis.* Lam. diss., p. 77, tab. 3, f. 3-4. — *Gelidium spiniforme.* Lamour. Ess.; Bory. Voy. Coq., p. 161. — *Fucus corneus,* var. : spinæformis. Turn. Hist. — *Fucus halecinus.* Mert. mscr. — *Gelidium rigidum.* Grev. Mont. Cub., p. 45, Pol. Sud., p. 113; Kg. Spec. Alg., p. 766, Tab. Phyc., vol. 18, p. 16, tab. 44; J. Ag. Spec., 2, p. 468; Crn. in Schramm et Mazé, l. c.

Vit habituellement sur des rochers avancés qui découvrent à basse mer; eaux claires ou troubles indifféremment.

Marie-Galante (Grand-Bourg). — Pointe-à-Pitre (Ilet à Cochons). — Saint-Martin (Anse du Marigot). — Vieux-Fort (Anse Turlet, anse de la Petite-Fontaine). — Moule (Fond du port). — Port-Louis (Plage). — Désirade (Plage). — Trois-Rivières (Grand'Anse).

De Décembre à Août. — Très-abondant. — *Coll.* nos *65, 1205, 1206.*

De couleur brune violacée à la base, jaune verdâtre aux extrémités.

G. CORNEUM, *var:* PRISTOÏDES. J. Ag.

Fucus sericeus. Gm., tab. 15, f. 3.?; Esper., tab. 81. — *Fucus plumula.* Wulf. Crypt., p. 44?; Esper. Icon., tab. 107. — *Gelidium corneum,* var. : z *latifolium.* Grev.; Harv., l. c. — *Sphærococcus corneus,*

var. : *sericeus, nitidus, pristoïdes.* Ag., l. c. — *Gelidium pectinatum.*
Mont. Crypt. Alg., n° 57, Flor. d'Alg., p. 108; Kg. Spec., p. 765,
Tab. Phyc.., vol. 18, p. 20, tab. 57. — *Gelidium corneum,* var. :
pristoïdes. J. Ag. Spec., 2, p. 470.

Sur les récifs du large qui découvrent partiellement à marée basse,
en société des *Sargassum, Dictyota et Plocaria.*

Moule (Récifs de ceinture du port). — Capesterre (Plage du bourg).

En Avril, Juillet, Décembre. — *Coll. n° 1645.*

Brun violacé, à l'état de vie.

G. CORNEUM. *var. :* CŒSPITOSA. (Stackh.). J. Ag.

Fucus cœspitosus. Stackh. Ner., tab. 12. — *Chondria pusilla.* Grev.
Crypt. Flor, tab. 79. — *Gelidium intricatum, clavatum.* Lamour.;
Duby. Bot. — *Gelidium corneum,* var. : *clavatum.* Grev., l. c.; Harv.
Phyc. Brit., t. 53, f. 6; Lloyd. Alg., Ouest. 70. — *Sphærococcus
corneus,* var. : *pulvinatus, heterophyllus, clavatus.* Ag. Spec. —
Acrocarpus pulvinatus et pusillus. Kg. Spec., p. 762, Tab. Phyc.,
vol. 18, p. 13, tab. 37. — *Gelidium corneum,* var. : *cœspitosa.* J. Ag.
Spec., 2, p. 470; Crn. Alg. mar. Finist., 231; Florul. Finist., p. 247.

Sur des bois flottants, dans des flaques ou des lagons voisins de la
plage et communiquant avec la mer; eaux douces mélangées d'eau
de mer.

Moule (Lagon de la baie, brisants de la Couronne). — Vieux-Fort
(Anse de la Petite-Fontaine).

En Janvier, Septembre. — *Coll. n° 262 1re Série.*

Violet foncé dans l'eau.

G. CORNEUM. *var. :* CRINALIS. (Turn.). J. Ag.

Fucus crinalis. Turn. Hist., t. 198. — *Gelidium corneum,* var. :
crinale. Grev.; Harv., l. c. — *Gelidium crinale.* Lamour. — *Sphærococcus corneus,* var. : *crinalis.* Ag. Spec., p. 764. — *Gelidium
corneum,* var. : *crinalis.* J. Ag. Spec., 2, p. 470; Crn. Alg. mar.
Finist., 232; Florul. Finist., p. 147.

Très-abondant sur certains des rochers ou galets qui bordent la
plage, et que la mer bat sans cesse.

Basse-Terre (Baie). — Baillif (Plage). — Vieux-Fort (Anse Raby,
anse Turlet). — Moule (Brisants de la Couronne).

En Février, Mai, Novembre. — *Coll. n° 38 1re Série.*

De couleur rose violacée claire.

G. CORNEUM. *var.*: SETACEA. J. Ag.

> *Gelidium corneum.* var.: *setacea.* J Ag.
>
> A la plage, sur le sable.
>
> Moule (Vieux-Bourg).
>
> En Mai. — *Coll. n^o*
>
> Coloration : pourpre violacée à la base, plus claire aux extrémités des frondes.

G. CORNEUM. *var.*

> Flottant à la lame.
>
> Moule (Vieux-Bourg).
>
> En Mai. — *Coll. n° 280 1re Série.*
>
> Pourpre brunâtre, à l'état frais.

G. NANUM. Grev.

> *Gelidium repens.* Kg. Tab. Phyc., vol. 18, p. 21, tab. 60. — *Gelidium nanum.* Grev.
>
> Un peu au-dessous du niveau de l'eau, sur des roches immergées, au pied de falaises que bat la lame du large.
>
> Gosier (Anse de la Saline). — Vieux-Fort (Anse de la Petite-Fontaine).
>
> En Mars, Août, Décembre. — *Coll. n°s 201, 496, 1253.*
>
> Brun pourpre ou pourpre violacé dans l'eau.

G. FASTIGIATUM. Kg.

> *Gelidium fastigiatum.* Kg. Tab. Phyc., vol. 18, p. 21, tab. 61.
>
> Sur un rocher avancé qui ne reste que partiellement à découvert aux plus basses marées, un peu au-dessous du niveau ordinaire des eaux.
>
> Vieux-Fort (Anse Turlet).
>
> En Août. — Rare. — *Coll. n° 525.*
>
> De couleur brune violacée dans l'eau; prend une teinte pourpre à l'air.

G. CÆRULESCENS. Kg.

> *Gelidium corneum.* J. Ag. var. — *Gelidium cœrulescens.* Kg. Tab. Phyc., vol. 18, p. 19, tab. 56.
>
> Flottant à la lame. Recueilli vivant sur des conglomérats immergés

par un mètre de profondeur et qui ne découvrent jamais ; eaux claires et remuées.

Moule (Plage du cimetière des Nègres). — Vieux-Fort (Anse Turlet, anse de la Petite-Fontaine).

En Mars, Avril, Août, Décembre. — *Coll. nᵒˢ 265 1ʳᵉ Série, 706, 1254.*

Brun sombre à la base, pourpre verdâtre aux extrémités.

G. LIGULATONERVOSUM. Crn. mscr.

Gelidium ligulatonervosum. Crn. mscr.

Croît sur des rochers ensablés, toujours immergés, par un mètre de profondeur, à la base d'algues plus développées ; eaux très-claires.

Vieux-Fort (Anse Turlet).

En Août. — Rare. — *Coll. nᵒ 499.*

Coloration vivante : brune rougeâtre.

G. SPINESCENS. (Kg.). Crn. mscr.

Acrocarpus spinescens. Kg. Spec. Alg., p. 761, Tab. Phyc., 18, p. 12, tab. 33. — *Gelidium spinescens.* Crn. mscr.

Au niveau de l'eau, sur les parois d'un mur formant un quai.

Pointe-à-Pitre (Ilet Boissard, au vent).

En Mai, Octobre. — *Coll. nᵒ 1834.*

De couleur brune foncée, à l'état vivant.

G. RADICANS. Mont.

Gelidium radicans. Mont. Flor. Cuba.; Kg. Spec. Alg., p. 767, Tab. Phyc., 18, p. 16, tab. 46.

Sainte-Anne (Plage du bourg).

En Avril. — Rare. — *Coll. nᵒ 1727.*

Beau brun violacé nuancé de vert, à l'état de vie.

G. DELICATULUM. (Kg.). Crn. mscr.

Acrocarpus delicatulus. Kg. Tab. Phyc., 18, p. 12, tab. 35. — *Gelidium delicatulum.* Crn. mscr.

Croît sur des galets ensablés qui découvrent à la marée.

Capesterre (Plage du bourg).

En Décembre. — Rare. — *Coll. nᵒˢ 1647, 1651.*

Brun foncé teinté de rouge.

SQUAMARIÉES.

Trib. SQUAMARIÉES.

PEYSSONNELIA. Decne. Crn. Gener., 129 et 129 *bis*, pl. 19.

P. DUBYI. Crn.

Peyssonnelia Dubyi. Crn. Ann. Sc. nat., 1844, pl. 2 *b*, Alg. mar. Finist. 236, Florul. Finist., p. 148. Genera., 129 *bis*, in Schramm et Mazé, l. c.; Harv. Phyc. Brit., t. 71; Kg. Spec. Alg., p. 694.

So rencontre d'ordinaire sur des blocs madréporiques, des rochers détachés que la mer ne laisse jamais à découvert, et dont il tapisse les anfractuosités; eaux très-vives, non abritées.

Moule (Récifs du large). — Vieux-Fort (Anse Turlet, anse de la Petite-Fontaine). — Pointe-à-Pitre (Ilet Boissard). — Saintes (Anses sous le vent).

Toute l'année. — *Coll.* n^os *98 2e Série, 1477, 1477* bis.

Rouge vineux à la partie supérieure de la fronde; gris clair en dessous.

CORALLINÉES.

Trib. MÉLOBÉSIÉES.

HAPALIDIUM. Kg. Crn. Gener., 131, pl. 20.

H. CONFERVICOLA. (Kg.). J. Ag.

Phyllactidium confervicola. Kg. Phyc. Gener., pl. 295. — *Lithocystis Allmanni.* Harv. Phyc. Brit., 1, 166. — *Hapalidium phyllactidium.* Kg. Spec., p. 695. — *Hapalidium confervicola.* J. Ag. Spec., 2, p. 509; Crn. in Schramm et Mazé, l. c.

Parasite sur *Melobesia, Caulerpa*, recueillis flottant près du rivage.

Saint-Martin (Anse du Marigot).

En Janvier. — Très-rare. — *Coll.* n^o *1 2e Série.*

De coloration blanc grisâtre.

Cette plante, qui appartenait à la collection de M. Schramm, a disparu dans l'incendie de la Pointe-à-Pitre.

MELOBESIA. Areschg. Crn. Gener., 132, pl. 20.

M. MEMBRANACEA. (Esper.). Lamour.

Corallina membranacea, Esper. Zooph., t. 12, f. 1. — *Melobesia*

26

membranacea. Lamour. Polyp. Flex., p. 315; Kg. Spec., p. 396; Harv. Man. Ner. Austr., p. 111; J. Ag. Spec., 2, p. 512; Crn. Alg. mar. Finist., 244, Flor. Finist., p. 150, in Schramm et Mazé, l. c.; Lloyd. Alg. Ouest., 339.

Parasite sur des rhizomes de *Caulerpa*, de vieilles frondes de *Sargassum, Vidalia*, etc.

Saint-Martin (Anse du Marigot). — Moule (Vieux-Bourg). — Capesterre (Plage). — Port-Louis (Plage de Rambouillet).

En toute saison. — *Coll. nᵒˢ 169 1ʳᵉ Série, 314.*

De couleur rouge ou rose vif, selon l'âge.

M. FARINOSA. Lamour.

? *Melobesia granulata*. Menegh.; Kg. Spec., p. 696; Harv. Man. ed., 2, p. 109; J. Ag. Spec., 2, p. 513; Crn. Florul. Finist., p. 150, in Schramm et Mazé, l. c.

Parasite sur *Zostera marina, Dictyota dentata*, recueillis à la plage.

Saint-Martin (Lac Simpson). — Moule (Fond du port, plage du cimetière des Nègres).

Toute l'année. — *Coll. nᵒˢ 1804, 1807.*

De couleur blanc grisâtre.

M. VERRUCATA. Lamour.

Melobesia verrucata. Lamour. Polyp. Flex., p. 316; Kg. Spec. Alg., p. 696; Harv. Man. ed., 2, p. 109; J. Ag. Spec., 2, p. 513; Crn. Florul. Finist., p. 150, in Schramm et Mazé, l. c.

Parasite sur de vieilles frondes de *Sargassum*.

Moule (Fond du port).

En Octobre. — *Coll. nᵒ 2 2ᵉ Série.*

Coloration vivante : blanc grisâtre, parfois teinté de rose.

M. VERRUCATA. Lamour., *var*.

Parasite sur des ramules de *Sargassum* flottant à la lame.
Capesterre (Plage du bourg).

En Décembre. — *Coll. nᵒ 210.*

De couleur blanc souillé.

M. AMPLEXIFRONS. Harv. Ner. Austr., p. 110; J. Ag. Spec., 2, p. 523.

Parasite sur *Zostera marina*.

Désirade (Plage du bourg, anse des Galets).

En Avril. — *Coll. n⁰ 350.*

Coloration vivante : blanc grisâtre.

LITHOTHAMNION. Philippi. Crn., Gener. 133 et 133 *bis*, pl. 20.

L. POLYMORPHUM. (Linn.). J. Ag.

Millepora (nullipora) informis. Lamarck. Hist. anim. sans vert., 2, p. 203. — *Melobesia polymorpha.* Harv. Man. ed., 2, p. 108. — *Lithothamnion polymorphum.* J. Ag. Spec., 2, p. 524; Desmaz. Exs. 2ᵉ sér., 625; Lloyd. Alg., Ouest., 320; Crn. Florul. Finist., p. 151, in Schramm et Mazé, l. c.

Sur des fragments de calcaires portés à la plage par la lame du large, à l'époque des ras de marée.

Moule (Plage).

Toute l'année. — *Coll. n⁰ 3 2ᵉ Série.*

Coloration : vert clair à l'intérieur, grisâtre à la superficie.

MASTOPHORA. Decne.

M. LAMOUROUXII. (Decne.). Harv.

Melobesia Lamourouxii. Decne. Ann. Sc. nat., 1842, 2 vol., p. 126. — *Melobesia (Mastophora) flabellata.* Sond. in Mohl. et Schlecht., Bot. Zeit. 1843, p. 55, Plant. Preiss., vol. 2, p. 188. — *Mastophora Lamourouxii.* Harv. Ner. Austr., p. 108, t. 41; Krauss. Beit., p. 207; J. Ag. Spec., 2, p. 256; Crn. in Schramm et Mazé, l. c.

Recueilli sur des madrépores dragués à de grandes profondeurs entre les brisants du large et la plage.

Moule (Vis-à-vis de la plage du cimetière des Nègres).

En Septembre. — Très-rare. — *Coll. n⁰ 4 2ᵉ Série.*

D'un beau rouge carminé persistant.

Trib. CORALLINÉES VRAIES.

AMPHIROA. Lamour.

A. FRAGILISSIMA. (Linn.). Lamour.

Amphiroa fragilissima. Linn. Syst. Nat. ed. 12, vol. 1, p. 1305;

Ell. et Soland. Zooph., p. 123. — *Corallina rigens*. Pall. Elench. Zooph., p. 429. — *Amphiroa fragilissima*. Lamour. Polyp. Flex., p. 298; Kg. Spec., p. 700, Tab. Phyc., vol. 8, p. 18, tab. 39; J. Ag. Spec., 2, p. 531. — *Amphiroa debilis*. Kg. Spec., p. 700.

Cette plante, qui n'a pas de saison, se perpétue par accroissement sans changer d'état sur des rochers madréporiques, où elle se trouve mêlée à des *Gelidium*, des *Galaxaura*, etc., qui lui servent de support et d'abri; eaux vives peu profondes.

Moule (Rade et port). — Saint-Martin (Lac Simpson). — Vieux-Fort (Petit-Havre, anse de la Petite-Fontaine).

Toute l'année. — *Coll.* n^{os} *169, 202* 1re *Série, 1085.*

Coloration : rose pâle ou blanc un peu jaunâtre selon la profondeur de l'eau.

A. TRIBULUS. (Ell. et Sol.). Lamour.

Corallina tribulus. Ell. et Soland., p. 124, t. 21, f. c. — *Amphiroa tribulus*. Lamour. Polyp. Flex., p. 302; Kg. Spec., p. 703, Tab. Phyc. 8, p. 22, tab. 46; J. Ag. Spec., 2, p. 534.

A la base des récifs du large, au point où viennent se briser les lames.

Marie-Galante (Grand-Bourg, récifs des Basses).

En Février. — Rare. — *Coll.* n° *1598.*

Rose carminé, à l'état de vie.

A. ANCEPS. (Lamk.). Decne.

Corallina anceps. Lamk. Mém. Mus. 2, p. 238. — *Amphiroa anceps*. Decne. Ann. Sc. nat. 1842, Bot., v. 2, p. 125; Harv. Ner. Austr., p. 981, tab. 37; Kg. Spec., p. 702, Tab. Phyc., vol. 8, p. 24, tab. 49; J. Ag. Spec., 2, p. 536.

A la plage, sur le sable.

Moule (Fond du port).

En Mai. — *Coll.* n° *189.*

De couleur blanc grisâtre. Un seul spécimen incomplet et en fort mauvais état.

A. CHAROIDES. Lamour.

Amphiroa charoides. Lamour., l. c., p. 124; Sond. Plant. Preiss., vol. 2, p. 187; Harv. Ner. Austr., p. 96; Kg. Spec., p. 702, Tab.

Phyc., 8, p. 25, tab. 52; J. Ag. Spec., 2, p. 539.—*Corallina galioides*. Lamk. Mém. Mus. 2, p. 239. — *Amphiroa verrucosa*. Lamour. Polyp. Flex., p. 300, t. 11, f. 4.

Sur des bancs madréporiques qui découvrent à la marée; eaux généralement calmes.

Petit-Canal (Baie). — Pointe-à-Pitre (Ilet Boissard, au vent). — Sainte-Rose (Embouchure de la rivière la Ramée).

En Mars, Avril, Août. — *Coll. nos 1517, 1787, 1793.*

Coloration vivante : blanc rosé ou blanc jaunâtre, selon l'habitat.

A. GALAXAUROIDES. Sond.

Galaxaura versicolor. Sond. Bot., Zeit. 1845, p. 55. — *Amphiroa galaxauroides*. Sond. Plant. Preiss., p. 41, Kg. Spec., p. 703, Tab. Phyc. 8, p. 25, tab. 51.

Flottant à la lame, après un ras de marée.

Moule (Vieux-Bourg, plage). — Marie-Galante (Grand-Bourg, plage).

En Février, Avril. — *Coll. nos 187, 190, 1614, 1615.*

Rose tendre, à l'état frais.

A. FOLIACEA. Lamour.

Amphiroa foliacea. Lamour. in Freycinet. Voy. zool., p. 628, t. 93; J. Ag. Spec., 2, p. 541.

Recueilli à la plage, sur le sable.

Moule (Fond du port).

N'a pas de saison. — *Coll. no*

De couleur blanche rosée.

A. CRASSA. Lamour.

Amphiroa crassa. Lamour.

A la plage.

Moule (Vieux-Bourg).

En Août. — *Coll. no*

Blanc légèrement teinté de rose. Spécimen incomplet et décoloré.

A. DUBIA. Kg.

Amphiroa dubia. Kg. Tab. Phyc., 8, p. 24, tab. 49.

Flottant à la lame. Recueilli vivant à la base de rochers ensablés, par un mètre de profondeur.

Moule (Fond du port, plage). — Vieux-Fort (Anse de la Petite-Fontaine).

En Janvier, Août, Décembre. — *Coll.* nos *188, 1504.*

D'un beau rose vif, à l'état de vie.

A. NODULOSA. Kg.

> *Amphiroa nodulosa.* Kg. Tab. Phyc., 8, p. 19, tab. 41.
>
> A la plage, sur le sable.
>
> Moule (Fond du port). — Gosier (Grand'Baie).
>
> En Décembre, Janvier. — *Coll.* nos *192, 286.*
>
> Spécimens décolorés, d'un blanc jaunâtre.

A. IRREGULARIS. Kg.

> *Amphiroa rigida.* Lamour. Polyp. Flex. p. 297. — *Amphiroa verruculosa.* Kg. Phyc. Gen., p. 387, Spec., Alg. 700. — *Amphiroa irregularis.* Kg. Phyc. Gen., p. 387, Spec., Alg. 700, Tab. Phyc., 8, p. 19, tab. 41.
>
> A la plage, sur le sable.
>
> En Août. — *Coll. no 191.*
>
> Spécimen décoloré, d'un blanc souillé teinté de rose.

A. BRASILIANA. Decne. *var :* MAJOR. Crn. mscr.

> *Amphiroa Brasiliana.* Decne. var : *major.* Crn. mscr.
>
> Sur des rochers ensablés, à petite distance du rivage ; eaux claires très-remuées.
>
> Vieux-Fort (Anse de la Petite-Fontaine).
>
> En Août. — *Coll. no 1506.*
>
> Coloration vivante : rose violacé nuancé de pourpre.

A. BRASILIANA. Decne. *var :* UNGULATA. Crn. mscr.

> *Amphiroa ungulata.* var : *Antillarum.* Crn. in Schramm et Mazé, l. c. — *Amphiroa Brasiliana.* Decne. var : *ungulata.* Crn. mscr.
>
> Sur des fragments de rochers découvrant à la marée.
>
> Vieux-Fort (Anse du Havre).
>
> En Septembre. — *Coll. no 170 2e Série.*
>
> Rose violacé nuancé de gris, à l'état vivant.

A. VERRUCOSA. Lamour.

Jania verrucosa. Lamour. Pol. Flex., pl. 9. — *Amphiroa verrucosa*, Lamour, l. c., pl. 11, f. 4; Kg. Spec. Alg., p. 701, Tab. Phyc., 8, p. 20, tab. 42.

Sur le sable, à la plage, après les ras de marée.

Capesterre (Plage du bourg). — *Coll. nos 1929, 1937, 1940.*

De couleur rose violacé pâle, à l'état frais.

JANIA. Lamouroux. Crn. Gener., 134. pl. 20.

J. FASTIGIATA. Harv.

Corallina (Jania) fastigiata. Kg. Tab. Phyc., 8, p. 38, tab. 79. — *Jania fastigiata.* Harv. Ner. Austr., p. 107; J. Ag. Spec., 2, p. 556; Crn. in Schramm et Mazé, l. c.

A la plage, sur le sable.

Moule (Vieux-Bourg). — Vieux-Fort (Anse de la Petite-Fontaine). En Mai. — *Coll. no 45 1re Série.*

D'un beau rose dans l'eau; passe au blanc souillé en se desséchant.

J. RUBENS. Lamour.

Corallina rubens. Lim. Ell. et Soland., p. 123. — *Corallina cristata.* Ell. et Soland., p. 121. — *Jania cristata.* Endl. — *Jania rubens.* Lamour. Polyp. Flex., p. 272; Decne. Ess.; Harv. Phyc. Brit., t. 252, Man., p. 107; Kg. Spec., p. 709; J. Ag. Spec., p. 557, Crn. Alg. mar. Finist., 240, Flor. Finist., p. 151 et Gener., p. 134, in Schramm et Mazé, l. c. — *Corallina (Jania) rubens.* Kg. Tab. Phyc., 8, p. 38, tab. 80.

Se rencontre toute l'année fixée à des rochers ensablés, au pied d'algues plus développées qui semblent l'abriter de leurs frondes. Vit aussi en parasite sur *Digenea, Sargassum, etc.*

N'a pas de saison. Entre en fructification de Novembre à Janvier. — *Coll. nos 1303, 1582, 1670.*

Rose carminé très-vif à la base des frondes; pâlit aux extrémités.

J. PYGMÆA. Lamour.

Jania pygmæa. Lamour. Polyp. Flex., 269; Kg. Spec., p. 710; J. Ag. Spec., 2, p. 559. — *Corallina (Jania) pygmæa.* Tab. Phyc., 8, p. 37, tab. 78.

Parasite sur des frondes d'*Halyseris plagiogramma* flottant à la lame.

Saintes (Anse Pontpierre).

En Juillet. — *Coll. n° 507*.

De couleur rouge violacé, à l'état de vie.

J. LONGIFURCA. Zanard.

Corallina longifurca. Kg. Phyc. Gener., p. 298. — *Corallina (Jania) longifurca.* Kg. Tab. Phyc., 8, p. 37, tab. 78. — *Jania longifurca* Zanard.; Kg. Spec. Alg., p. 709; Crn. in Schramm et Mazé, l. c.

Vit sur des rochers ensablés encroûtés de calcaires; se rencontre parfois en parasite sur certaines *Fucoïdées*.

Marie-Galante (Grand-Bourg). — Saintes (Anse du Mouillage).

En Janvier, Février, Mars. — *Coll. n°*

Rose vif plus ou moins foncé, selon l'âge de la plante.

J. PUMILA. Lamour.

Jania pumila. Lamour. Polyp. Flex., p. 269; Kg. Spec., p. 710; J. Ag. Spec., 2, p. 559. — *Corallina (Jania) pumila.* Kg. Tab. Phyc., 8, p. 39, p. 83.

Parasite sur *Sargassum, Laurencia* ... Tapisse fréquemment la base des blocs madréporiques ensablés que la mer ne laisse jamais à découvert ou qui ne découvrent que partiellement.

Saint-Martin (Anse du Marigot, pointe Rund'Hill). — Vieux-Fort (Anse de la Petite-Fontaine).

En Janvier, Juin, Août. — *Coll. n°s 140, 200, 201 1re Série, 1503.*

Coloration vivante : rose vif.

J. TENELLA. Kg.

Corallina (Jania) tenella. Kg. Tab. Phyc., 8, p. 41, tab. 85.

Parasite sur les frondes de *Digenea simplex* recueillis sur la coquille du *Strombus gigas*.

En Février, Mai, Juin. — *Coll. n° 1360, 1906*.

Coloration : rose tendre, passant au blanc souillé à la lumière.

J. CUBENSIS. Mont.

Jania Cubensis. Mont. in Kg. Spec. Alg., p. 709. — *Corallina (Jania) Cubensis.* (Mont.). Kg. Tab. Phyc., 8, p. 37, tab. 77.

Parasite sur un fragment de *Digenea simplex* flottant à la lame.

En Avril. — *Coll. n° 1695.*

D'un rose pâle, à l'état frais.

J. COMOSA. Crn. mscr.

Jania comosa. Crn. in Schramm et Mazé, l. c.

Recueilli sur des roches madréporiques toujours immergées, à petite distance du rivage; eaux très-remuées fortement chargées de productions calcaires.

Saintes (Ilet à Cabris, anse à Chaux). — Anse-Bertrand (Porte d'Enfer).

En Décembre, Février. — Très-rare. — *Coll. n° 238* bis *1re Série.*

De couleur rose-carmin très-vif, à l'état vivant.

CORALLINA. Lamour. Crn. Gener. 135, pl. 20.

C. CUVIERI. Lamour.

Corallina Turneri. Lamour. Polyp. Flex., p. 289. — *Jania granifera.* Sond. Plant. Preiss., 2, p. 187 (excl. synon. omni.); Harv. Ner. Bor. Austr., p. 106. — *Corallina Cuvieri.* Lamour. Polyp. Flex., p. 286; Harv. Ner. Bor. Austr., p. 105; Areschg. Phyc. extrà Europ. Exsicc.; Kg. Tab. Phyc., 8, p. 33, tab. 70; Crn. in Schramm et Mazé, l. c.

Parasite sur *Hymenocladia* recucilli flottant à la plage.

Moule (La baie).

En Janvier. — Assez rare. — *Coll. n°*

Coloration : rose légèrement violacé.

Les spécimens appartenaient à la collection de M. Schramm, qui a été détruite comme il a été dit précédemment.

C. CERATOIDES. Kg.

Corallina ceratoides. Kg. Tab. Phyc., 8, p. 36, tab. 75.

A la plage sur le sable.

Recueillie sur de vieilles frondes de *Digenea,* où elle vivait en parasite.

Gosier (Pointe Laverdure). — Capesterre (Plage du bourg).

En Janvier, Décembre. — *Coll. n°s 238, 747.*

D'un beau rose carminé sous l'eau.

C. TRICHOCARPA. Kg.

> *Corallina trichocarpa.* Kg. Tab. Phyc., 8, p. 35, tab. 74.
>
> A la plage, après de violents ras de marée.
>
> Capesterre (Plage).
>
> En Avril. — *Coll. no 1541.*
>
> Coloration : rose pâle.

C. PLUMIFERA Kg.

> *Corallina Cuvieri.* var.: Crn. in Schramm et Mazé, l. c. — *Corallina plumifera.* Kg. Spec. Alg., p. 705; Tab. Phyc., 8, p. 34, tab. 71.
>
> A la plage, à la suite des ras de marée.
>
> Capesterre (Plage du bourg).
>
> En Mai, Septembre, Décembre. — *Coll. nos 638, 1830, 1870.*
>
> D'un joli rose carminé, à l'état de vie.

SPHÆROCOCCOÏDÉES.

Trib. SPHÆROCOCCOÏDÉES.

CORALLOPSIS. Grev.

C. SAGRŒANA. Mont.

> *Corallopsis sagrœana.* Mont. Syll., p. 435. — *Sphœrococcus corallopsis.* Mont. Cub. Crypt., p. 49, tab. 3, f. 1; Kg. Spec. Alg., p. 777, Tab. Phyc., vol. 18, p. 29, tab. 83. — *Corallopsis sagrœana.* Mont. Syll., p. 435.
>
> Flottant à la lame, après les ras de marée.
>
> Capesterre (Plage du bourg). — Moule (Vieux-Bourg).
>
> En Février, Mars, Septembre, Octobre, Novembre, Décembre. — *Coll. nos 114, 561, 635, 1165.*
>
> De couleur brune pourprée, à l'état frais.

GRACILARIA. Grev. Crn. Gener., 137, pl. 21.

G. CONFERVOIDES. (Linn.). Grev.

> *Fucus confervoides.* Linné. Spec., p. 1629; Esper. Fuc., tab. 68; Turn. Hist., tab. 84; Bert. Amœn., p. 299. — *Plocaria confervoides.* Mont. Bonit., p. 101, Flor. d'Alg., p. 70; Crn. Florul. Finist., p. 151, Gener. 136, pl. 21. — *Sphœrococcus confervoides.* Ag. Spec., p. 303, et Syst., pl. 67 (excl. var.); Kg. Spec. Alg., p. 772, Tab. Phyc., vol. 18, p. 70,

tab. 72. — *Gigartina confervoides.* Lamour.; Lynb. Hydr. Dan., p. 43.
Hypnea confervoides. J. Ag. Alg. Med., p. 149. — *Fucus verrucosus.*
Huds. Staekh. Ner., tab. 20. — *Fucus longissimus.* Wulf. Crypt.
Aqu., n° 24; Gmel. Fuc., tab. 13; Esp., tab. 20. — *Fucus procer-
rimus.* Esper., tab. 92. — *Gracilaria confervoides.* Grev. Alg. Brit.,
p. 123; Harv. Man., p. 74; Phyc. Brit., tab. 65; J. Ag. Spec., 2,
p. 587; Crn. in Schramm et Mazé; Ess.

Sur de petits galets, des fragments de coquilles ou de madrépores,
à très-petite distance du rivage; eaux vives et claires, fond de sable
blanc.

Moule (Vieux-Bourg, plage du cimetière des Nègres, fond du port).
— Marie-Galante (Grand-Bourg, plage). — Sainte-Anne (Plage du
bourg, anse à la Barque). — Gosier (Anse Laverdure, Grand'Baie,
anse Dumont). — Port-Louis (Anse du Souffleur). — Saintes (Anse
du Marigot). — Désirade (Anse des Galets).

De Décembre à Juillet. — *Coll. n°s. 259, 852, 1115, 1286.*

Coloration vivante : jaune verdâtre, brune claire ou violacée, selon
l'âge de la plante.

G. TUBERCULOSA. (Hampe.). J. Ag.

Sphærococcus tuberculosus. Hampe. mscr. fide. Kg. Spec. Alg., p. 775,
Tab. Phyc., vol. 18, p. 27, tab. 77. — *Gracilaria flagelliformis.*
Sond. mscr. — *Gracilaria tuberculosa.* J. Ag. Spec., 2, p. 588.

Sur des galets ensablés qui découvrent à marée basse; fond de sable
vaseux; eaux souvent troubles.

Petit-Bourg (Plage de la Source, plage au vent du bourg).

En Mars, Mai. — *Coll. n°s 415, 844, 845, 1363.*

De couleur jaune brunâtre ou brun verdâtre, à l'état vivant.

G. SONDERI. (Kg.). Crn. mscr.

Sphærococcus Sonderi. Kg. Spec. Alg., p. 773, Tab. Phyc., 18, p. 27,
tab. 76. — *Gracilaria Sonderi.* Crn. mscr.

Flottant à la lame. Recueilli vivant sur la coquille du *Strombus gigas.*

Saintes (Anse du Marigot). — Saintes (Anses sous le vent).

En Mars, Avril, Octobre. — *Coll. n°s 1417, 1693, 1924.*

Rose tendre, à l'état de vie.

G. DURA. (Ag.). J. Ag.

Sphærococcus durus. Ag. Spec., p. 310, Syst., p. 234; Kg. Spec.

Alg., p. 775; Tab. Phyc., vol. 18, p. 27, tab. 78. — *Gracilaria dura.* J. Ag. Alg., Med., p. 151, Spec., 2, p. 589; Crn. in Schramm et Mazé, l. c.

Flottant à la lame. Recueilli vivant sur des fragments de madrépores ensablés, par un mètre de profondeur; eaux calmes et claires.

Marie-Galante (Grand-Bourg). — Saintes (Anse du Marigot).

En Janvier, Mars. — *Coll.* nᵒˢ *333, 335.*

De couleur jaune-serin, nuancé de vert sous l'eau.

G. ARMATA. (Ag.). J. Ag.

Sphærococcus armatus. Ag. Aufz., p. 73; Kg. Spec., Alg., p. 774, Tab. Phyc., vol. 18, p. 27, tab. 77. — *Plocaria armata.* Mont. Bonit., p. 100; Flor. Alg., p. 71. — *Hypnea armata.* J. Ag. Alg., Med., p. 149. — *Sphærococcus confervoides,* var. : *verrucosus.* Ag. Spec., p. 306. (partim. excl. syn.). — *Gigartina dura.* Mont. Canar., p. 160. — *Gracilaria armata.* J. Ag. Alg., Liebm., p. 15, Spec., 2, p. 591.

Sur des rochers ensablés, à petite distance de la plage; eaux généralement calmes. Se rencontre souvent flottant à la lame.

Marie-Galante (Grand-Bourg, plage des Basses, anses Ballet et Trianon). — Gosier (Anse et pointe Laverdure). — Saintes (Anses sous le vent).

Toute l'année. — *Coll.* nᵒˢ *402, 403, 1113, 1131, 1233, 1278, 1593.*

Vert jaunâtre teinté de rose dans l'eau.

G. ARMATA. J. Ag. *var.: gracilis.* Crn. mscr.

Gracilaria armata. J. Ag. *var.: gracilis.* Crn. mscr.

Flottant à la lame après un ras de marée.

Capesterre (Plage du bourg).

En Novembre et Décembre. — Rare. — *Coll.* nᵒ *1644.*

Coloration à l'état frais : vert violacé passant au brun.

G. ARMATA. J. Ag. *var.*

Flottant à la lame.

Saintes (Anse Rodrigues). — Gosier (Anse Laverdure).

En Avril, Septembre, Octobre. — *Coll.* nᵒˢ *809, 1009.*

De couleur pourpre violacé.

Un seul exemplaire décoloré, collections Mazé et Cassé.

G. ARMATA. J. Ag. FORMA OCEANICA. Crn. mscr.

Gracilaria ferox. J. Ag.? — *Gracilaria armata*. J. Ag. *forma Oceanica*. Crn. mscr.

Flottant à la lame.

Gosier (Anse Laverdure).

En Mai, Juin. — *Coll. nos 1336, 1337, 1411.*

Jaune-serin, à l'état frais.

G. FEROX. J. Ag.

Gracilaria ferox. J. Ag. Spec., 2, p. 592; Crn. in Schramm et Mazé, l. c.

A la plage, sur le sable, ou flottant près du rivage.

Moule (Plage de la Couronne). — Gosier (Pointe Laverdure). — Capesterre (Plage du bourg). — Vieux-Fort (Anse de la Petite-Fontaine).

En Avril, Mai. — Rare. — *Coll. no 70.*

Jaune ambré, à l'état frais; passe au rose et au rouge à la lumière.

G. CORONOPIFOLIA. J. Ag.?

Gracilaria coronopifolia. J. Ag. Spec., 2, p. 591.

Flottant à la lame.

Gosier (Anse Dumont, plage de l'habitation Dunoyer, pointe Laverdure). — Marie-Galante (Anse Ballet, anse Trianon).

En Mai, Octobre, Novembre. — *Coll. nos 62, 139, 149, 281.*

Coloration : vert-olive à la base, brune aux extrémités dans les sujets les plus frais; passe d'ordinaire au rose carminé sous l'influence de la lumière.

G. USNEOIDES. (Mert.). J. Ag.

Fucus usneoides. Mert. mscr. — *Sphœrococcus usneoides*. Ag. Spec. Alg., p. 333. — *Laurencia usneoides*. Kg. Spec. Alg., p. 852. — *Gracilaria usneoides*. J. Ag. Spec., 2, p. 596.

A la plage, sur le sable. Recueilli vivant sur des rochers ensablés, à petite distance de la plage, par environ un mètre de profondeur.

Capesterre (Plage du bourg). — Saint-Martin (Anse du Marigot). — Petit-Bourg (Plage).

En Avril, Octobre. — *Coll. nos 818, 823, 1586.*

Jaune-serin, à l'état de vie.

G. POITEI. (Lamour). J. Ag.?

Fucus Poitei. Lamour. Diss., p. 63. — *Chondrus Poitei.* Lam. Ess.,
p. 40. — *? Sphærococcus corrallopsis.* Mont. Cuba, p. 49; Kg. Spec.
Alg., p. 777; Tab. Phyc., 18, p. 29, tab. 83. — *Gracilaria Poitei.*
J. Ag. Sp., 2, p. 596.

Flottant à la lame.

Gosier (Pointe Laverdure).

En Août. — Très-rare. — *Coll. nᵒ 1536.*

Cette espèce est représentée par un spécimen décoloré et non fructifié.

G. CAUDATA. J. Ag.

Gracilaria caudata. J. Ag. Spec., 2, p. 598; Crn. in Schramm et
Mazé, l. c.

Vit et croît sur des rochers détachés, de vieux madrépores que la
mer ne laisse jamais à découvert, par deux mètres environ de profondeur; eaux troubles, fond remué.

Moule (Vieux-Bourg, fond du port).

En Avril, Octobre. — Rare. — *Coll. nᵒˢ 43, 54 1ʳᵉ Série.*

Coloration : brune violacée sous l'eau; prend une teinte pourpre à
la lumière.

G. CORNEA. J. Ag.

Gracilaria cornea. J. Ag. Spec., 2, p. 598; Crn. in Schramm et Mazé,
l. c.

Porté à la plage par les courants et le flot.

Moule (Fond du port). — Capesterre (Plage du bourg). — Gosier
(Grand'Baie, pointe Laverdure).

Presque toute l'année. — *Coll. nᵒˢ 13, 55, 91, 117, 410, 416.*

De couleur brune rougeâtre, à l'état frais.

G. CERVICORNIS. (Turn.). J. Ag. ?

Fucus cervicornis. Turn. Hist., tab. 121. — *Sphærococcus cervicornis.*
Ag. Spec., p. 292; Syst., p. 229; Kg. Spec. Alg., p. 775, Tab. Phyc.,
vol. 18, tab. 79. — *Rhodymenia cervicornis.* Mont. Voy. Bonite.,
p. 198; Voy. 2, p. 448. — *Sphærococcus Gaudichaudii.* Bory. partim ?
Gracilaria cervicornis. J. Ag. Spec., 2, p. 604; Crn. in Schramm et
Mazé, l. c.

Flottant à la lame. Recueilli vivant sur des fragments de madrépores
ensablés, au milieu de bancs de *Zostera marina ;* eaux très-remuées.

Marie-Galante (Grand-Bourg, plage des Basses). — Gosier (Anse
Laverdure). — Petit-Bourg (Plage de la Source).

En Février, Mars, Mai. — *Coll. nos 397, 398, 623, 1244.*

De couleur violet purpurescent, à l'état de vie; pâlit à la lumière.

G. CERVICORNIS. J. Ag. *var. : ?*

Gracilaria cervicornis. J. Ag. *var. :*

Même habitat que le *Gracilaria caudata.* J. Ag. ; se rencontre aussi
parfois flottant à la lame.

Moule (Vieux-Bourg, fond du port). — Capesterre (Plage au vent
du bourg).

En Décembre. — *Coll. no 209.*

Rose vineux, à l'état vivant.

G. DENTATA. J. Ag.

Gracilaria dentata. J. Ag. Spec., Alg. 2, p. 603.

Sur des galets ensablés, à petite distance du rivage; eaux calmes.
Recueilli aussi à la plage, après un ras de marée.

Saintes (Anse du Marigot). — Sainte-Anne (Plage du bourg).

En Octobre. — Peu abondant. — *Coll. nos 955, 1045.*

Coloration vivante : brun vineux ou violacé. Sous l'influence des
rayons solaires, la plante prend une teinte générale vert jaunâtre
nuancée de violet à l'extrémité des frondes.

G. MEXICANA. (Kg.). Crn. mscr.

Sphærococcus mexicanus. Kg. Tab. Phyc., 18, p. 29, tab. 83. —
Gracilaria mexicana. Crn. mscr.

Croît sur de vieux fragments de madrépores envasés qui découvrent
à marée basse.

Sainte-Rose (Plage du bourg, embouchure de la rivière la·Ramée).
— Marie-Galante (Grand-Bourg, plage).

En Avril, Novembre. — *Coll. nos 1577, 1788, 1789.*

Brun rougeâtre, à l'état de vie.

G. CARTILAGINEA. Crn. mscr.

Graciliaria cartilaginea. Crn. in Schramm et Mazé, l. c.

À la plage, sur le sable.

Gosier (Grand'Baie).

En Mars. — Coll. n° 398 1re Série.

Brun verdâtre, à l'état frais.

Un seul exemplaire, collection du musée L'herminier.

G. PATENS. Crn. mscr.

Graciliaria patens. Crn. in Schramm et Mazé, l. c.

Sur des fragments de madrépores, des débris de coquilles que la mer ne laisse jamais à découvert, par un mètre environ de profondeur; fond de sable un peu vaseux.

Moule (Vieux-Bourg). — Marie-Galante (Grand-Bourg). — Sainte-Rose (Ilet Blanc, îlet du Carénage). — Gosier (Anse Laverdure).

De Janvier à Juin. — Coll. n°s 91, 93, 94, 387 1re Série, 284.

De couleur brune rougeâtre ou rose tendre, selon la profondeur de l'eau.

G. PATENS. var.: GRACILIS. Crn. mscr.

Graciliaria patens. var. : gracilis. Crn. in Schramm et Mazé, l. c.

Recueilli sur des rochers avancés toujours immergés; eaux presque calmes, abritées par les brisants du large.

Marie-Galante (Grand-Bourg, près des récifs du large).

En Janvier. — Très-rare. — Coll. n° 94 bis 1re Série.

Rose carminé dans l'eau.

G. DIVARICATA. Harv.

Graciliaria divaricata. Harvey.

Flottant à la lame.

Marie-Galante (Anse Ballet, Grand-Bourg, plage de Trianon). — Gosier (Grand'Baie, pointe Laverdure).

En Janvier, Avril, Octobre, Novembre. — Coll. n°s 88 bis, 134, 137, 157, 169, 252.

Coloration : brun sombre.

G. APICULATA. Crn. mscr.

Graciliaria apiculata. Crn. in Schramm et Mazé, l. c.

En dedans du récif de ceinture, sur des blocs madréporiques qui forment le haut-fond; eaux très-chargées de productions calcaires.

Marie-Galante (Grand-Bourg, rade).

En Janvier. — Très-rare. — *Coll. n° 95 bis 1re Série.*

Brun rougeâtre à la base, rose-carmin très-vif aux extrémités des ramules.

G. CIRCINNATA. Crn. mscr.

Gracilaria circinnata. Crn. in Schramm et Mazé, l. c.

Flottant à la lame. Recueilli vivant sur des roches madréporiques toujours immergées, près des récifs du large.

Moule (Plage du Vieux-Bourg). — Marie-Galante (Grand-Bourg, plage des Basses). — Gosier (Anse et pointe Laverdure).

D'Avril à Septembre. — Rare. — *Coll. n°s 96, 37 1re Série, 58, 58 bis.*

De couleur violacée verdâtre, à l'état frais.

G. SECUNDA. Crn. mscr.

Gracilaria secunda. Crn. in Schramm et Mazé, l. c.

Recueilli tantôt sur des rochers détachés, tantôt sur des fragments de madrépores que la mer ne laisse que partiellement à découvert et qu'abritent les récifs du large.

Moule (Vieux-Bourg). — Marie-Galante (Rade du Grand-Bourg).

En Janvier, Avril, Juin. — Peu abondant. — *Coll. n° 95 1re Série.*

Coloration vivante : brune claire.

G. SECUNDIRAMEA. Crn. mscr.

Gracilaria secundiramea. Crn. in Schramm et Mazé, l. c.

A la plage, sur le sable.

Moule (Plage du Gros-Mapou, près la Couronne).

En Septembre. — Plus rare que le type. — *Coll. n°*

De couleur brune violacée, à l'état frais.

Le *Gracilaria secundiramea* n'est à vrai dire qu'une variété du *secunda*.

G. FLABELLATA. Crn. mscr.

Gracilaria flabellata. Crn. in Schramm et Mazé, l. c.

28

Vit sur des roches madréporiques découvrant à la marée; eaux vives très-remuées.

Moule (Caye Fendue).

En Juin. — Très-rare. — *Coll. n⁰ 15 1ʳᵉ Série.*

Brun vineux, à l'état de vie.

G. DICHOTOMO-FLABELLATA. Crn. mscr.

Gracilaria dichotomo-flabellata. Crn. mscr.

Recueilli sur la coquille du *Strombus gigas.*

Saintes (Anse sous le vent).

En Mai, Juillet. — *Coll. nᵒˢ 196, 224 1ʳᵉ Série.*

Coloration vivante : rose-carmin, foncé à la base, plus clair aux extrémités.

G. CRASSISSIMA. Crn. mscr.

Gracilaria crassissima. Crn. in Schramm et Mazé, l. c.

Croît d'ordinaire sur les blocs madréporiques des brisants du large qui découvrent aux plus basses marées seulement; eaux très-claires et très-agitées. Se rencontre souvent flottant à la lame.

Moule (Récifs de ceinture du port). — Pointe-à-Pitre (Anse de Fouillole). — Gosier (Anses Laverdure, Dumont, Grand'Baie, pointe Laverdure). — Capesterre (Plage).

De Janvier à Juin, Novembre. — *Coll. nᵒˢ 17 1ʳᵉ Série, 43, 1591, 1682.*

Brun rougeâtre ou violet verdâtre, marbré de jaune. Se couvre parfois d'encroûtements calcaires à la naissance des rameaux.

G. ACANTHOPHORA. (Kg.). Crn.

Sphærococcus acanthophorus. Kg. Spec. Alg., p. 778, Tab. Phyc., vol. 18, p. 30, tab. 85. — *Gracilaria acanthophora.* Crn. mscr.

Sur des fragments de rochers, à petite distance de la plage; eaux claires. Vient abondamment à la plage après les ras de marée.

Gosier (Anse Laverdure, Grand'Baie, anse Dumont, plage de l'habitation Dunoyer). — Marie-Galante (Grand-Bourg, plage). — Capesterre (Plage du bourg).

En Mars, Avril, Mai. — *Coll. nᵒˢ 88, 93, 401, 765, 1673.*

De couleur brune violacée ou brune jaunâtre, selon la profondeur de l'eau.

G. ACANTHOCOCCOIDES. Crn. mscr.

Gracilaria acanthococcoides. Crn. mscr.

Croît sur des rochers envasés, par un mètre environ de profondeur; eaux chargées de calcaires. Ramené avec la drague de profondeurs bien plus considérables; fond de sable blanc mélangé de vase.

Gosier (Grand'Baie, pointe Laverdure). — Petit-Bourg (Plage de l'habitation Roujol). — Pointe-à-Pitre (Grand-Cul-de-Sac, îlet à Fajou, au vent).

De Janvier à Juin. — *Coll.* n^os *254, 277, 337.*

Coloration vivante: jaune verdâtre nuancé de brun.

G. DENDROIDES. Crn. mscr.

Gracilaria dendroides. Crn. mscr.

Flottant à la lame.

Gosier (Anse Dumont, plage de l'habitation Dunoyer, anse Laverdure).

En Mai, Juin, Octobre. — *Coll.* n^os *53, 71, 1012, 1013.*

Pourpre sombre à l'état frais.

Le type unique de cette plante fait partie de la collection de M. Cassé, sous le n° 71; les autres exemplaires ne sont que des fragments.

G. LUTEOPALLIDA? Crn. mscr.

Gracilaria luteopallida. Crn. mscr.

Recueilli sur des fragments de madrépores, au milieu de bancs de *Zostera marina,* par plus d'un mètre de profondeur; fond de sable vaseux.

Gosier (Anse Laverdure, au large).

En mars. — Très-rare. — *Coll.* n° *308.*

De couleur jaune-serin dans l'eau. Spécimen unique, sans fruits, collection Mazé.

G. RAMULOSA. (Mart.). Crn. mscr.

Sphærococcus ramulosus. Mart. Icon. Sel., tab. 3, f. 2 (non Montag., non Kutz.); Crn. in Schramm et Mazé, l. c. — *Gracilaria ramulosa.* Crn. mscr.

Recueilli vivant sur des fragments de vieux madrépores, en dedans des récifs du large. Se rencontre souvent à la plage, après les ras de marée du sud.

Marie-Galante (Grand-Bourg, rade). — Capesterre (Plage au vent du bourg). — Gosier (Anse Laverdure). — Saintes (Anse du vent).

En Janvier, Juin, Octobre, Novembre, Décembre. — *Coll.* n^os *118 1re Série, 1114, 1680, 1685.*

D'un beau violet foncé à l'état de vie.

G. SQUARROSA. Crn. mscr.

Gracilaria squarrosa. Crn. mscr.

A la plage, sur le sable.

Gosier (Anse Laverdure).

En Juillet. — Très-rare. — *Coll.* n^os *464, 464* bis.

Coloration : jaune verdâtre souillé.

G. SPINESCENS. (Kg.). Crn. mscr.

Sphœroccoccus spinescens. Kg. Tab. Phyc., vol. 18, p. 27, tab. 79. — *Gracilaria spinescens.* Crn. mscr.

Flottant à la lame.

Petit-Bourg (Plage de la Source). — Marie-Galante (Grand-Bourg, plage).

En Juillet. — *Coll.* n^os *612, 1088.*

Pourpre violacé à l'état frais.

G. ? CURTIRAMEA. Crn.

Croît sur des roches ensablées, à petite distance du rivage.

Gosier (Anse Dumont, plage de l'habitation Dunoyer).

En octobre. — *Coll.* n^o *684.*

De couleur pourpre foncée sous l'eau.

Spécimen unique, collection du musée Lherminier.

G. ARCUATA. Zanard.

Gracilaria arcuata. Zanard., Pl. mar. Rubri., p.

Recueilli sur des assises de calcaire grossier que bat sans cesse la lame du large ; eaux très-vives et très-remuées.

Gosier (Anse Dumont, plage de l'habitation Dunoyer).

En mars. — *Coll.* n^os *782, 784, 785, 786, 787.*

Coloration vivante : jaune clair verdâtre.

G. OBTUSA. Grev.

Gracilaria obtusa. Grev. Alg. Brit., p.

Flottant à la lame. Recueilli vivant avec le Gracilaria arcuata Zanard. sur des assises de calcaire de formation récente continuellement battues par la lame du large.

Gosier (Anse Dumont, plage de l'habitation Dunoyer). — Capesterre (Plage du bourg).

En Mars, Octobre. — Coll. no 119, 783.

De couleur jaune verdâtre sous l'eau.

G. OBTUSA. Grev. var.

Gracilaria obtusa. Grev. var.

Flottant à la lame.

Trois-Rivières (Anse du bourg). — Coll. no 1439.

En Juin.

Jaune verdâtre teinté de brun à l'état frais.

G. PROLIFICA. (Kg.). Crn. mscr.

Gigartina prolifica. Kg. Tab. Phyc., 19, p. 26, tab. 71. — Gracilaria prolifica. Crn. mscr.

Recueilli flottant à la lame.

Basse-Terre (Plage du cimetière militaire). — Gosier (Anse Laverdure). — Saintes (Anse du Marigot).

En Mars, Avril, Mai. — Coll. nos 1271, 1304, 1305, 1335, 1442.

De couleur rose tendre à l'état frais.

G. BICUSPIDATA. Crn. mscr.

Gracilaria bicuspidata. Crn. mscr.

Flottant à la lame.

Gosier (Anse Laverdure).

En Mai, Juin. — Coll. nos 1338, 1409, 1410.

Pourpre ou brun rougeâtre, selon l'âge de la plante.

G. GREVILLEI. Crn. mscr.

Gelidium ramulosum. Grev. — Sphærococcus ramulosus. Mont. Flor. Boliv. (sec. spec.); Kg. Tab. Phyc., 18, p. 7, tab. 20 (non Martins). — Plocaria ramulosa. Crn. in Schramm et Mazé, l. c. — Gracilaria Grevillei. Crn. mscr.

Flottant près du rivage, après des ras de marée.

Gosier (Grand'Baie, pointe Laverdure). — Marie-Galante (Plage du Grand-Bourg).

En Avril, Mai, Août. — *Coll.* nᵒˢ *63, 94, 1780.*

Coloration à l'état frais : brune pourpre.

G. Wrigthii. (Turn.). J. Ag.?

Fucus Wrigthii. Turn. Hist. Fuc., tab. 148. — *Plocaria Wrigthii.* Mont. Pl. cell. ex., p. 46. — *Chondria Wrigthii.* Ag. Spec., p. 354. — *Gracilaria Wrigthii.* J. Ag. Spec., 2, p. 599. ?

Vit sur des rochers ensablés qui découvrent à la marée; eaux très-remuées, chargées de sable.

Capesterre (Anse du Bananier, plage du bourg).

En Juin, Juillet, Décembre. — *Coll.* nᵒˢ *1646, 1913, 1947.*

Brun verdâtre nuancé de jaune à l'état de vie.

G. secundata. Harv.

Gracilaria secundata. Harv.

Flottant à la lame.

Capesterre (Plage du bourg).

En Juin, Juillet. — Très-rare. — *Coll.* nᵒˢ *1926, 1935.*

Jaune verdâtre à l'état frais.

G. chondroides. (Kg.). Crn. mscr.

Sphærococcus chondroides. Kg. Spec., Alg., p. 776, Tab. Phyc., 18, p. 29, tab. 82. ? — *Gracilaria chondroides.* Crn. mscr.

Recueilli sur la coquille du *Strombes gigas.*

Saintes (Anse sous le vent).

En Avril. — Rare. — *Coll.* nᵒˢ *1765, 1792.*

D'un beau rose vif dans l'eau, à l'état vivant.

PLOCARIA. Nees.

P. multipartita. (Clement). Endlh.

Fucus multipartitus. Clem. Ens., p. 311. — *Chondrus agathoicus.* Lamour. Ess., pl. 9, f. 3-5; Duby. Bot.; Desmaz., Exs. 148. — *Sphæro-coccus multipartitus.* Ag. Spec., p. 247, Syst., p. 216; Kg. Tab. Phyc., vol. 18, p. 31, tab. 88. — *Sphærococcus polycarpus.* Grev. Sc. Crypt., t. 352; Kg. Spec. Alg., p. 780. — *Gracilaria multipartita.* J. Ag., Alg. Med., p. 151, Spec., 2, p. 600; Harv. Phyc. Brit., tab. 25;

Lloyd. Alg. Ouest., 121. — *Plocaria multipartita*. Endl. Gener.,
Supp. 3; Crn. Alg. mar. Finist., 251, Florul Finist., p. 151, Crn. in
Schramm et Mazé, Ess.

A la plage, sur le sable. Recueilli vivant sur des conglomérats volcaniques détachés de la falaise, que la mer ne laisse jamais à découvert,
par un mètre environ de profondeur; eaux claires souvent remuées.

Moule (Vieux-Bourg). — Vieux-Fort (Anse de la Petite-Fontaine).
En Février, Avril, Mai. — Très-rare. — *Coll. n° 212 1re Série.*

De couleur brune violacée, à l'état vivant.

P. MULTIPARTITA. Endl. *var.*

Plocaria multipartita. Endl. *var.;* Crn. in Schramm et Mazé, l. c.

Presque au niveau de l'eau, sur des rochers ensablés, des conglomérats volcaniques que la mer ne couvre qu'en partie; eaux très-
claires.

Moule (Fond du port). — Vieux-Fort (Anse de la Petite-Fontaine).
— Saintes (Anse sous le vent).

En Janvier, Avril, Mai, Décembre. — *Coll. n°s 18, 217, 217* bis
1re Série.

Tantôt d'un beau violet foncé, tantôt d'un jaune rosé pâle, passant
au brun à la lumière.

P. COMPRESSA. (Ag.). Endlh.

Sphærococcus compressus. Ag. Spec., p. 308, Syst., p. 233; Kg. Spec.
Alg., p. 774, Tab. Phyc., v. 18, p. 27, tab. 78. — *Gracilaria compressa*. Grev. Alg. Brit., p. 125; J. Ag., Alg. Med., p. 151, Spec., 2,
p. 593; Harv, Phyc. Brit., t. 15; Lloyd. Alg. Ouest., 183. — *Gigartina compressa*. Hook; Harv. Man., p. 74; Griff. in Phytolog., 1843,
n° 23; Denot. Alg. Ligur., t. 14. — *Fucus albidus, flagellaris, uni-
formis*. Esper. Fuc., tab. 100, 105, 108. — *Sphærococcus, Imperati,*
Chiaje, Hydr. Neap., tab. 20. — *Plocaria compressa*. Endl. Gener.,
Mont. Flor. Alg., p. 70; Crn. Alg. mar., Finist. 250, Florule. Finist.,
p. 150; in Schramm et Mazé, l. c.

Au-dessous du niveau de l'eau, sur les piles d'un petit appontement
en bois, à l'embouchure d'une rivière marine; eaux mêlées.

Rade de la Pointe-à-Pitre. (Embouchure de la rivière du Coin).
En Avril. — Très-rare. — *Coll. n° 16.*

Brun rougeâtre sous l'eau; rouge pourpre en herbier.

Un seul spécimen, collection Mazé.

P. COMPRESSA. Endl. *var.* :

> *Plocaria compressa.* Endlh., *var.* ; Crn. in Schramm et Mazé, l. c.
>
> Recueilli flottant à la lame, et sur la coquille du *Strombus gigas.*
>
> Vieux-Habitants (Baie). — Saintes (Anses sous le vent).
>
> En Avril, Juin. — *Coll.* n^{os} *16* bis *et 16* ter.
>
> Violet clair nuancé de brun à l'état vivant.

P. FLABELLIFORME. Crn. mscr.

> *Plocaria flabelliforme.* Crn. in Schramm et Mazé, l. c.
>
> Croît sur des roches madréporiques que la mer ne laisse jamais à découvert; eaux vives et claires fortement remuées par le ressac.
>
> Moule (Vieux-Bourg). — Vieux-Fort (Anse Raby).
>
> En Avril. — *Coll.* n^o *57 1re Série.*
>
> Le *Pl. flabelliforme* pourrait bien n'être qu'une forme non fructifiée du *Plocaria chondroides.*
>
> Coloration vivante : brune violacée sombre.

P. CHONDROIDES. Crn. mscr.

> *Plocaria chondroides.* Crn. in Schramm et Mazé, l. c.
>
> Au niveau de l'eau, sur des conglomérats volcaniques détachés de la falaise, des galets ensablés que la mer couvre en partie.
>
> Vieux-Fort (Anse Raby, pointe). — Marie-Galante (Grand-Bourg) (Plage Trianon, anse Ballet). — Petit-Bourg (Plage de la Source, plage de l'habitation Roujol). — Port-Louis (Pointe d'Antigue).
>
> En Janvier, Février, Mars, Juin, Novembre. — *Coll.* n^{os} *294, 1re Série, 166, 230, 776, 1484.*
>
> D'un beau violet foncé nuancé de pourpre, parfois de vert, à l'état de vie.

P. DISTICHA. (J. Ag.), Crn.

> *Sphœrococcus distichus.* J. Ag. Ann. Sc. nat. 8, p. 191; Kg. Spec. Alg., p. 778. — *Plocaria disticha.* Crn. mscr.
>
> Flottant à la lame.
>
> Gosier (Grand'Baie).
>
> En Août. — *Coll.* n^o *412.*
>
> Coloration : brun rougeâtre, à l'état frais.
>
> Exemplaire unique. — Collection Musée Lherminier.

P. ACULEATA. (Kg.). Crn. mscr.

> *Sphœrococcus aculeatus.* Kg. Spec. Alg., p. 775. — *Plocaria aculeata.*
> Crn. mscr.
>
> Rochers ensablés, à petite distance de la plage; eaux très-chargées
> de productions calcaires.
>
> Marie-Galante (Plage du Grand-Bourg).
>
> En Janvier, Mars. — *Coll. no 802.*
>
> De couleur pourpre violacé sombre.

P. DAMÆCORNIS. J. Ag. FORMA MINOR. Crn. mscr.

> *Plocaria damœcornis.* J. Ag. Forma minor. Crn. mscr.
>
> Flottant à la lame.
>
> Saintes (Anse du Marigot).
>
> En Décembre. Rare. — *Coll. no 1089.*
>
> De couleur brune violacée.

P. DAMÆCORNIS. J. Ag. *var.:*

> *Plocaria damœcornis.* J. Ag., *var.:* Crn. mscr.
>
> Croît sur des fragments de madrépores, des galets ensablés, par un
> mètre environ de profondeur; eaux tantôt claires, tantôt chargées de
> productions calcaires.
>
> Pointe-à-Pitre (Vivier de l'îlet Bily). — Saintes (Anse du Marigot).
>
> En Avril, Mai, Juin. — *Coll. nos 791, 867, 880, 881.*
>
> A l'état de vie, tantôt pourpre violacé, tantôt brun rougeâtre.

P. OLIGACANTHA. (Kg.). Crn. mscr.

> *Sphœrococcus oligacanthus.* Kg. Tab. Phyc., 18, p. 25, tab. 71. —
> *Plocaria oligacantha.* Crn. mscr.
>
> Flottant à la lame.
>
> Saint-Martin (Anse du Marigot, plage de la Grand'Case).
>
> En Mai. — *Coll. no 885.*
>
> Coloration: brun clair, à l'état frais.
>
> Un seul fragment. Collection Mazé.

P. VAGA. (Kg.). var.?

> *Sphœrococcus vagus.* Kg. Tab. Phyc., 18, p. 27, tab. 76 *var.?* —
> *Plocaria vaga, var.?* Crn. mscr.
>
> Flottant à la lame.
>
> Saint-Martin (Anse du Marigot).

En Septembre. — Très-rare. — *Coll. n° 1129.*

Rose carminé très-vif, à l'état frais.

Un spécimen. Collection Mazé.

P. COMPLANATA. Crn. mscr.

   Plocaria complanata. Crn. mscr.

     Flottant à la lame, près du rivage.

     Saintes (Anse du Marigot). — Basse-Terre (Plage du cimetière militaire).

     En Mars, Avril. — Peu abondant. — *Coll. n°s 1242, 1280.*

     De couleur jaune verdâtre nuancé de rose aux extrémités des frondes.

P. LACINULATA. (Kg.). Crn. mscr.

   Sphærococcus lacinulatus. Kg. Tab. Phyc., 18, p. 30, tab. 87. — *Plocaria lacinulata.* Crn. mscr.

     Sur des rochers avancés que bat la lame du large; eaux vives et claires. Se rencontre sur la coquille du *Strombus gigas.*

     Saintes (Anse du Marigot, sous le vent).

     En Mai, Octobre. — *Coll. n°s 1416, 1425, 1434.*

     Vert jaunâtre nuancé de rose aux extrémités des frondes.

P. DACTYLOIDES. (Sond.) Crn. mscr.

   Gracilaria dactyloides. Sond. Alg. Preiss., p. 43; J. Ag. Spec. Alg., 2, p. 604. — *Sphærococcus dactyloides.* Kutz. Spec., p. 776, Tab. Phyc., 19, p. 8, tab. 22. — *Plocaria dactyloides.* Sond. Alg. Preiss.; Crn. mscr.

     Sur la coquille du *Strombus gigas.* Le plus souvent à la plage, après les ras de marée.

     Saintes (Anses sous le vent). — Basse-Terre (Plage du cimetière militaire).

     En Janvier, Juillet, Octobre. — *Coll. n°s 223, 448, 1563, 1612.*

     D'un beau rose foncé, à l'état vivant.

P. DURVILLÆI. Mont.

   Plocaria Durvillœi. Mont. Flor. Chil. et Syllog.

     Flottant à la lame.

     Marie-Galante (Grand-Bourg) (Plage).

     En Novembre. — Rare. — *Coll. n°s 1578, 1580.*

     Coloration, à l'état frais : brune rougeâtre.

P. FLAGELLIFORMIS. (Kg.). Crn. mscr. ?

> Sphœrococcus.... ? Kg. — Plocaria flagelliformis. Crn. mscr. ?
>
> A la plage, flottant à la lame.
>
> Marie-Galante (Plage de l'usine Trianon).
>
> En Novembre. — Coll. nᵒ 1630.
>
> Pourpre vineux.

P. DISCIPLINALIS. (Bory). Crn. mscr.

> Sphœrococcus disciplinalis. Bory. Voy. Coq., nᵒ 62. — Chondrus disciplinalis. Grev.; Kg. Spec., p. 737, Tab. Phyc., 17, p. 16, tab. 55. — Gymnogongrus disciplinalis. J. Ag. Spec. Alg., 2, p. 319. — — Plocaria disciplinalis. Crn. mscr.
>
> Flottant à la lame. Recueilli vivant sur la coquille des Strombes.
>
> Marie-Galante (Grand-Bourg) (Plage des Basses, anse Trianon).
>
> En Mars, Juin., Novembre. — Coll. nᵒˢ 1581, 1631, 1701.
>
> Coloration vivante : rose vif brunissant et jaunissant en herbier.

P. DIVARICATA. (Grev.). Crn. mscr.

> Chondrus divaricatus. Grev.; Kg. Spec., p. 737, Tab. Phyc., 17, p. 16, tab. 56. — Plocaria divaricata. Crn. mscr.
>
> Recueilli vivant sur la coquille du Strombus gigas. Se rencontre parfois à la plage, flottant à la lame.
>
> Saintes (Anses sous le vent). — Pointe-à-Pitre (Ilet Boissard). — Capesterre (Plage du bourg).
>
> En Mars, Avril, Juillet. Coll. nᵒˢ 1755, 1773, 1918.
>
> Pourpre rosé, à l'état vivant et dans l'eau.

P. SQUARROSA. (Kg.). Crn. mscr.

> Chondrococcus squarrosus. Kg. Tab. Phyc., 17, p. 28, tab. 96. — Plocaria gigartinoides. Crn. in Schramm et Mazé, l. c. — Plocaria squarrosa. Crn. mscr.
>
> Sur des rochers ensablés qui restent presque à découvert aux basses eaux.
>
> Moule (Fond du port).
>
> En Septembre. — Très-rare. — Coll. nᵒ 1869.
>
> De couleur brune violacée.

P. TRIDACTYLITES. Crn. mscr.

Plocaria tridactylites. Crn. mscr.

Sur des rochers ensablés, un peu au large, par deux mètres de profondeur.

Saintes (Anse du Marigot).

En Janvier. — Rare. — *Coll. nᵒ 1642.*

Pourpre vineux, à l'état de vie.

P. POLYMORPHA. Crn. mscr.

Gracilaria latifrons. Crn. in Schramm et Mazé, l. c. — *Plocaria polymorpha.* Crn. mscr.

Croît d'ordinaire sur les récifs madréporiques qui bordent les plages de la Grande-Terre et de Marie-Galante, un peu au large. Vient au rivage après les ras de marée; touffes nombreuses.

Moule (Vieux-Bourg, fond du port). — Port-Louis (Plage du bourg). — Petit-Bourg (Plage, pointe de l'habitation Roujol). — Marie-Galante (Grand-Bourg) (Plage des Basses).

De Janvier à Octobre. — *Coll. nᵒˢ 53, 54 1ʳᵉ Série, 405, 406, 407, 1557, 1675.*

Très-varié dans sa coloration, tantôt brune rougeâtre, tantôt brune violacée, et parfois violet pourpre nuancé de vert.

Le *Plocaria polymorpha* Crn. a trois formes principales: 1ᵒ *acutiloba;* 2ᵒ *arborescens;* 3ᵒ *latifrons;* il ne faut pas confondre cette dernière forme avec celle du *Gracilaria cervicornis.*

P. BIPENNATA. Crn. mscr.

Plocaria bipennata. Crn. mscr.

A petite distance de la plage, sur des rochers toujours immergés; se rencontre aussi sur des fragments de madrépores ensablés, au milieu de bancs de *Zostera marina.*

Petit-Bourg (Plage de l'habitation Roujol, plage de la Source).

En Avril, Mai, Juin. — *Coll. nᵒˢ 87, 86, 404.*

De couleur jaune verdâtre nuancée de rose sous l'eau.

Le *Plocaria bipennata* Crn. est très-voisin, comme formes extérieures, du *Gracilaria caudata.* J. Ag.

P. CORTICATA. (J. Ag.). Crn. mscr.

Rhodymenia corticata. J. Ag. Symb., p. 14. — *Sphærococcus cor-*

ticatus. Kg. Spec. Alg., p. 483. — *Gracilaria corticata.* J. Ag. Spec. Alg., 2, p. 602. — *Plocaria corticata.* Crn. mscr.

Croît sur des fragments de madrépores ensablés découvrant à marée basse, en société du *Gracilaria tuberculosa.*

Marie-Galante (Grand-Bourg) (Plage, anse de Trianon, anse Ballet). — Petit-Bourg (Plage au vent). — Gosier (Anse Laverdure).

En Mai, Octobre, Novembre. — *Coll.* nos *150, 150* bis, *1364, 1365.*

Brun rougeâtre ou vert-olive nuancé de violet.

P. CORTICATA. *var. :* CHONDROIDES. Crn. mscr.

Plocaria corticata. var.: *chondroides.* Crn. mscr.

Sur des galets ensablés, presque à la lame.

Petit-Bourg (Plage). — Marie-Galante (Grand-Bourg) (Plage des Basses).

En Mai. — Très-rare. — *Coll.* nos *843, 1199.*

Brun rougeâtre, à l'état vivant.

Un exemplaire, collection R.

EUCHEUMA : J. Ag.

E. SPINOSUM. (Linn). J. Ag.

Fucus spinosus. Linn. Mant., p. 313 et Syst. Nat. Gm., 2, p. 1386; Turn. Fuc., tab. 18. — *Sphærococcus spinosus.* Ag. Spec. Alg. p. 271, Syst., p. 223; Kg. Spec. Alg., p. 177. — *Fucus muricatus.* Gm. Hist. Fuc., p. 111, tab. 6, f. 4; Web. et Mohr. Beit. 1, p. 291. — *Fucus denticulatus.* Burn. Prodr., p. 28 (fide Kg.). — *Eucheuma spinosum.* J. Ag. Spec., 2, p. 626. — *Gigartina spinosa.* Kg. Tab. Phyc., 18, p. 3, tab. 7. — *Eucheuma?* Crn. in Schramm et Mazé.

Ramené à la plage par les courants du large.

Saint-Martin (Anse du Marigot, Simpson-bay).

Presque toute l'année. — *Coll.* no *73, 1re Série, 814.*

D'un beau rouge pourpre, à l'état frais.

E. GELIDIUM. J. Ag.

Sphærococcus gelidium. J. Ag. Symb., 1, p. 17. — *Mychodea gelidium.* Crn. mscr. — *Eucheuma gelidium.* J. Ag. Spec., 2, p. 627.

Flottant à la lame.

Gosier (Grand'Baie, pointe Laverdure). — Port-Louis (Plage du bourg).

En Mars, Avril. — *Coll.* n^os *95, 95* bis, *748.*

Coloration à l'état frais : tantôt brune verdâtre, tantôt brune pourprée.

E. NUDUM. J. Ag.

Eucheuma nudum. J. Ag. mscr. Spec. Alg., 2, p. 625.

Flottant à la lame.

Saint-Martin (Anse du Marigot).

En Octobre. — *Coll.* n^os *1584, 1990.*

Jaune-serin à l'état frais.

Trib. DÉLESSÉRIÉES.

DELESSERIA. Grev. Crn. Gener., 141, pl. 22.

D. LEPRIEURII. Mont.

Delesseria? Leprieurii. Hook. et Harv. in Lond. Journ., 4, p. 541 ; Harv. Ner. Aust., p. 116. — *Hypoglossum Leprieurii.* Kg. Spec. Alg., p. 875., Tab. Phyc., 16, p. 5, tab. 10. — *Delesseria Leprieurii.* Mont. Pl. Cell. exot. cent., 2, p. 4, Guy. n° 1, Syll., p. 409; Crn. in Schramm et Mazé, l. c.

Recueilli sur les piles d'une passerelle en bois, au niveau moyen des eaux et au point de jonction du flot avec les eaux de la rivière. Se rencontre souvent en parasite sur des frondes de *Catenella* ou de *Bostrychia* croissant sur des racines de palétuviers.

Moule (Passerelle de la Baie). — Pointe-à-Pitre (Ilet Monroux, anse de Fouillole, berges de la Rivière-Salée).

En Juillet, Août, Septembre, Novembre, Décembre. — *Coll.* n^os *169, 261 1re Série, 1297.*

De couleur violet clair persistant à l'air.

D. TENUIFOLIA. Harv.

Delesseria tenuifolia. Harv. Ner. Bor. Amer., p.   ; Kg. Tab. Phyc., 19, p. 5, tab. 13.

Parasite sur des frondes de *Digenea simplex* croissant sur la coquille du *Strombus gigas.*

Saintes (Anse sous le vent).

En Janvier, Mars, Mai. — *Coll.* n^os *1123, 1381, 1688.*

Coloration : rose pâle, à l'état vivant.

WRANGÉLIÉES.

WRANGELIA. Ag.

W. PLEBEJA. J. Ag. Spec. Alg., 2, p. 707.

Flottant à la lame. Recueilli en parasite sur des frondes de *Digenea simplex* croissant sur la coquille des Strombes.

Gosier (Anse et pointe Laverdure). — Saintes (Anse sous le vent).
En Janvier, Février, Mars, Juillet. — *Coll. nos 244, 273, 516, 1172.*
Coloration vivante : rose carminé.

W. PENICILLATA. Ag.

Griffithsia penicillata. Ag. Syst., p. 143. — *Wrangelia tenera.* Ag.
Spec., p. 137 (forma tenuior). — *Dasya spinella.* Duby., 2. Mem.
Ceram., p. 13, tab. 2, fig. 4, 5, et tab. 3, fig. 2; Mont. Crypt. Franc.,
p. 4. — *Ceramium Boucheti.* Duby. Bot. Gall., p. 969. — *Griffithsia caudata.* Schousb. mscr. — *Wrangelia penicillata.* Ag. Spec., 2,
p. 138; J. Ag. Symb., p. 38, Alg. med., p. 79, Spec. 2, p. 708; Kg.
Spec. Alg., 664, Tab. Phyc., 12, p. 13, tab. 40.

Recueilli flottant à la lame.

Gosier (Pointe Laverdure, anse Laverdure, Grand'Baie). — Marie-Galante (Saint-Louis, plage au N.).
En Janvier, Août. — *Coll. nos 239, 1157, 1911.*
Rose carminé très-vif, à l'état frais.

W. VERTICILLATA. Kg.

Wrangelia verticillata. Kg. Spec. Alg., p. 664.

Recueilli vivant sur des fragments de madrépores ensablés, au milieu de bancs de *Zostères,* par quatre-vingt centimètres de profondeur ; eaux un peu troubles.

Port-Louis (Pointe des Sables, près de l'embouchure du canal Faujas).
En Juin. — *Coll. no 1399.*
Coloration vivante : pourpre carminée.

CHONDRIÉES.

Trib. BONNEMAISONNIÉES.

LAURENCIA. Lamour. Crn. Gen., 147.

L. IMPLICATA. J. Ag.

Laurencia implicata. J. Ag. Spec., 2, p. 744; Crn. in Schramm et Mazé. Ess.

Croît sur des galets ensablés, des fragments de vieux madrépores, au milieu de bancs de *Zostera marina*. Se rencontre parfois à la plage, sur les galets ou le sable, après les forts ras de marée de l'hivernage.

Pointe-à-Pitre (Ilet à Cochons, bancs extérieurs des passes). — Moule (Plage du cimetière des Nègres). — Vieux-Fort (Anse de la Petite-Fontaine). — Saint Martin (Anse du Marigot).

En Février, Mars, Avril, Mai, Juin. — *Coll. nos 14 2e Série, 998, 999* bis.

De couleur rose vif, sous l'eau.

L. SCOPARIA. J. Ag.

Laurencia corymbifera. Kg. Tab. Phycolog., 15, p. 20, tab. 55. — *Laurencia scoparia.* J. Ag. Spec., 2, p. 746; Crn. in Schramm et Mazé, l. c.

Flottant à la lame. Recueilli vivant sur des blocs de calcaire grossier que la lame bat avec violence; aussi sur des rochers avancés, partiellement couverts par le flot; eaux très-vives et très-remuées.

Saint-Martin (Pointe Rund-Hill, anse du Marigot). — Moule (Caye Kennebeck, porte d'Enfer, pointe S.). — Saintes (Anse Rodrigues, anse Figuier). — Gosier (Grand'Baie, pointe Laverdure, anse Dumont, plage de l'habitation Dunoyer). — Saint-Martin (Anse du Marigot, plage de la Grand'Case).

De Mars à Décembre. — *Coll. nos 50, 76, 96, 647, 812, 873, 892, 1027.*

Coloration brune verdâtre sous l'eau.

L. SCOPARIA. J. Ag. FORMA MINOR. Crn.

Sur des fragments de madrépores ensablés, à petite distance de la plage.

Pointe-à-Pitre (Ilet à Cochons, sous le vent).

En Mars. — *Coll. no 45.*

De couleur brune verdâtre à la base, violacée aux extrémités.

L. SCOPARIA. *var.*

Flottant à la lame.

Gosier (Anse Laverdure).

En Juillet. — *Coll. no 466.*

Brun verdâtre très-foncé.

L. CORYMBOSA. J. Ag.

Laurencia corymbosa. J. Ag. Spec. Alg., 2, p. 747.

Vit sur des rochers ensablés, à très-petite distance du rivage et à l'ombre.

Saintes (Anse Rodrigues).

En Juillet. — Très-rare. — *Coll. nº 971.*

Coloration dans l'eau : rose vif.

Nous devons cette belle espèce, qui n'a été encore rencontrée qu'une seule fois, à l'obligeance d'un de nos zélés collaborateurs, M. le docteur Matteï, médecin de la marine, qui nous l'a rapportée des Saintes.

L. OBTUSA. (Huds.). Lamour.

Fucus obtusus. Huds. Fl. Angl., p. 586; Turn. Hist., tab. 21, Engl. Bot., tab. 1201. — *Chondria obtusa.* Ag. Spec. Alg., p. 34, Syst., p. 202; Mart. Fl. Bras., p. 29. — *Laurencia obtusa.* Lamour. Duby. Bot., p. 951; Grev. Alg. Brit., tab. 111; J. Ag. Alg. Med., p. 114, Spec., 2, p. 750; Harv. Man., p. 70, Phyc. Brit., tab. 148; Kg. Spec. Alg., p. 854, Tab. Phyc., 15, p. 19, tab. 54; Mont. Fl. Alger., p. 92; Desmaz. Exs., 1405; Crn. Alg. mar. Finist., 280, Florul. Finist., p. 154, Genera, 147, in Schramm et Mazé, l. c.

Sur des fragments de madrépores ensablés, par un mètre de profondeur; eaux claires toujours agitées.

Moule (Baie). — Pointe-à-Pitre (Ilet à Cochons, pointe S., au large, ilet Boissard au S.).

En Février. — *Coll. nos 54, 228, 282 1re Série, 265, 1151, 1152.*

De couleur rose-carmin très-vif sous l'eau.

L. OBTUSA. *var.:* GELATINOSA. J. Ag.

Fucus gelatinosus. Desf. Fl. Atl., 2, p. 427; Bert. Amer., p. 84 et 301. — *Laurencia gelatinosa.* Lamour. Ess., p. 42; Bory. Expéd. Morée, nº 1474; Mont. Fl. Alger., p. 94; Kg. Spec. Alg., p. 855. — *Laurencia obtusa,* var. Sér. 1. J. Ag. Alg. Med. — *Laurencia obtusa,* var.: *gelatinosa.* J. Ag. Spec., 2, p. 751.

Croît sur des rochers ensablés que vient battre la lame du large; eaux claires.

Gosier (Anse Dumont, au N.-O., plage de l'habitation Dunoyer).

En Mars. — Très-rare. — *Coll. nº 774.*

Coloration vivante : jaune-citron.

30

L. OBTUSA. *var.* : RACEMOSA. Kg. ?

Laurencia obtusa, var. : *racemosa*. Kg. Tabul. Phycolog., 15, p. 20, tab. 55.

Flottant à la lame.

Saint-Martin (Anse du Marigot).

En Mai. — *Coll. nº 999.*

Coloration : Spécimen unique déjà décoloré par l'influence de la lumière et de l'humidité. Collection du musée Lherminier.

L. OBTUSA. *var.*

Sur des fragments de vieux madrépores ensablés que la mer ne laisse jamais à découvert; eaux remuées chargées de productions calcaires.

Marie-Galante (Rade du Grand-Bourg).

En Avril. — *Coll. nº*

Vert clair passant à la lumière au jaune souillé.

L. INTRICATA. Lamour.

Laurencia intricata. Lamour. Ess., tab. 3, f. 8-9 ; Mont. Cuba., p. 41 ; J. Ag. Spec., 2, p. 750 ; Kg. Phyc. Gener., 437, Tab. Phyc., 15, p. 22, tab. 61.

Flottant à la lame. Recueilli vivant sur des rochers ensablés, à petite distance du rivage.

Saint-Martin (Anse du Marigot, pointe Rund-Hill).

En Février, Mars, Mai, Août. — *Coll. nºs 826, 827, 1022, 1290, 1661.*

Coloration générale : vert clair prenant une teinte brune violacée à l'extrémité des rameaux et des ramules.

L. VIRGATA. J. Ag.

Chondria virgata. var. : *virgata.* Ag. Spec. Alg., p. 343. — ? *Laurencia versicolor.* Lamour. Ess., p. 43 ; Bory. ap. Bel. Voy. p. 164. —- *Laurencia botryoides.* Harv. Ner. Aust., p. 82 ; Kg. Spec. Alg., p. 857, Tab. Phyc., 15, p. 25, tab. 70. — *Laurencia obtusa.* var. : *b. pyramidalis.* Harv. Ner. Austr., p. 83. — *Laurencia virgata.* J. Ag. Spec., 2, p. 752 ; Crn. in Schramm et Mazé, l. c.

Recueilli tantôt au-dessous du niveau de l'eau, dans les cavités de blocs de calcaire cristallins, tantôt sur des rochers ensablés ou envasés que la mer ne laisse jamais à découvert; eaux toujours agitées, souvent troubles. Se rencontre souvent flottant à la lame après les ras de marée.

Gosier (Anse et pointe Laverdure, Grand'Baie). — Saint-Martin (Lac Simpson, îlet Durat). — Capesterre (Plage du bourg). — Sainte-Rose (Ilet du Carénage, plage du bourg). — Saintes (Anse Pont-Pierre). — Marie-Galante (Anse Trianon). — Pointe-à-Pitre (Bancs de la rade). — Sainte-Anne (Plage du bourg).

Presque toute l'année. — *Coll.* nos *27, 109, 130, 318, 467.*

De couleur rouge pourpre, à l'état de vie.

L. VIRGATA. J. Ag. FORMA DENUDATA. Crn. mscr.

Flottant à la lame.

Gosier (Anse Laverdure, pointe Laverdure).

En Janvier, Octobre. — *Coll.* nos *129, 1111.*

L. DENDROIDEA. J. Ag.

Laurencia dendroidea. J. Ag. mscr. Spec. Alg., 2, p. 753; Crn. in Schramm et Mazé, l. c.

Vit sur les brisants du large, dans des cavités un peu abritées, mais à grande eau, sur les galets du rivage qui ne restent jamais à découvert. Forme des gazons épais sur de vieux madrépores qui bordent les plages.

Moule (Brisants du large, plage du cimetière des Nègres). — Gosier (Pointe Laverdure, anse Laverdure, anse de la Saline). — Saint-Martin (Anse du Marigot, plage du Bloff). — Pointe-à-Pitre (Ilet à Cochons, îlet Boissard, au vent). — Port-Louis (Plage du bourg). — Saintes (Anse du Marigot). — Vieux-Habitants (Galets de la plage).

En toute saison. — *Coll.* nos *249, 309, 1re Série, 132, 275, 523, 820, 1566.*

Coloration vivante : brune violacée nuancée de vert dans les parties exposées à la lumière, ou vert pâle selon la profondeur de l'eau.

L. DENDROIDEA. J. Ag. FORMA DENUDATA.

Recueilli sur des galets ensablés, à petite distance du rivage; eaux très-remuées.

Pointe-à-Pitre (Ilet à Cochons, au vent).

En Février. — *Coll.* no *264.*

Vert pâle teinté de violet à l'extrémité des ramules.

Exemplaire unique, collection Mazé.

L. DENDROIDEA *var.*: TENUIFOLIA. Crn.

> *Laurencia dendroidea.* J Ag. var.: *tenuifolia.* Crn. mscr.
>
> Flottant à la lame.
>
> Gosier (Anse Laverdure).
>
> En Septembre. — *Coll. nᵒ 565.*
>
> Coloration : brune pourprée, à l'état frais.

L. DENDROIDEA. *var.*: CORYMBIFERA. Crn.

> *Laurencia dendroidea.* J. Ag. var.: *corymbifera.* Crn. mscr.
>
> Sur des rochers ensablés, à petite distance de la plage ; eaux calmes et claires.
>
> Saint-Martin (Anse du Marigot, plage du Bloff).
>
> En Avril. — *Coll. nᵒ 820.*
>
> De couleur brune violacée dans l'eau.

L. DENDROIDEA. J. Ag. *var.*:

> Flottant à la lame. Ramenée vivante sur des fragments de madrépores dragués à des profondeurs de cinquante mètres et au-delà. Forme parfois des sortes de gazons épais et serrés sur des rochers ensablés que la mer laisse à découvert à chaque marée.
>
> Gosier (Anse Laverdure). — Moule (Plage du cimetière des Nègres, au large). — Saintes (Anse Rodrigues). — Pointe-à-Pitre (Ilet à Cochons, pointe N.).
>
> En Janvier, Février, Avril. — *Coll. nᵒˢ 1155, 1287.*
>
> Violet brunâtre nuancé de vert foncé dans l'eau.

L. DIVARICATA. J. Ag.

> *Laurencia divaricata.* J. Ag. Spec., 2, p. 754.
>
> Croît sur des rochers ensablés, des fragments de vieux madrépores, à petite distance du rivage, par cinquante centimètres de profondeur environ ; eaux le plus souvent calmes, parfois chargées de productions calcaires. Recueilli aussi sur la carène d'un aviso à vapeur affecté aux travaux hydrographiques de la colonie.
>
> Pointe-à-Pitre (Ilet Boissard, îlet à Cochons). — Gosier (Anse Laverdure). — Canal (Baie). — Saintes (Anse du Marigot). — Vieux-Fort (Anse Raby). — Baillif (Plages). — Carène de la *Pique.*
>
> De Janvier à Septembre. — *Coll. nᵒˢ 348, 429, 432, 474, 522, 532, 554, 1585, 1746.*
>
> Coloration vivante : vert foncé à la base, brun violacé aux extrémités.

L. DIVARICATA. J. Ag. *var.*

Recueilli sur des rochers avancés qui ne découvrent jamais, par un mètre de profondeur. Vient souvent à la plage dans les ras de marée.

Saintes (Anse du Marigot, pointe S.). — Saint-Martin (Anse du Marigot, pointe O. du Bloff).

En Mai, Juin. — *Coll. n°s 868, 869.*

Coloration : vert sombre dans l'eau.

L. PANICULATA. J. Ag.

Chondria obtusa var.: d *paniculata.* Ag. Spec., p. 343. — *Laurencia paniculata.* Kg. Spec. Alg., p. 855; Tab. Phyc., 15, p. 22, tab. 63. — *Laurencia paniculata.* J. Ag., Spec., 2, p. 755.

Vit en société de la *Dictyota dichotoma,* sur des rochers avancés que la lame bat sans cesse; eaux souvent chargées de productions calcaires. Recueilli fréquemment à la plage, sur le sable.

Saintes (Anse Rodrigues). — Gosier (Grand'Baie, anse Laverdure). — Saint-Martin (Anse du Marigot, anse Figuier).

En Avril, Mai, Juin, Juillet, Août, Septembre. — *Coll. n°s 808, 810, 930, 972, 1024.*

De couleur brune vineuse sous l'eau.

L. PAPILLOSA. (Forsk.) Grev.

Fucus papillosus. Forsk. Fl. Égypt. Arab., p. 190, fide Spec. in reliq. Forsk. — *Chondria papillosa.* Ag. Spec. Alg., p. 344, Syst., p. 203. — *Fucus cyanospermus.* Del. Égypt., p. 152, tab. 57 (forma major). — *Laurencia cyanosperma.* Lam. Ess., p. 42 (forma minor); Kg. Spec. Alg., p. 855. — *Chondria obtusa, var.:* Delilei. Ag. Spec. Alg., p. 342. — *Fucus tenerrimus.* Clem. Ens., p. 315. — *Fucus thyrsoides.* Turn. Hist. Fuc., Tab. 19. — *Laurencia thyrsoides.* Bory. Morée, n° 1476; Kg. Spec., p. 855. — *Chondria thyrsoidea.* Mart. Fl. Bras., 1, p. 30; Mont. Cub., p. 42. — *Gigartina julacea.* Bory. Morée, n° 1462, tab. 27, f. 4. — *Sphærococcus tuberculatus.* Bory. mscr. — *Laurencia papillosa.* Grev; J. Ag. Alg. Med., p. 115. Spec. 2, p. 756; Mont. Voy. Bonite, p. 86, Pol. Sud., p. 124; Harv. Alg. Telf., n° 10, in Lond. Journal 1, 147, Ner. Austr., p. 344; Kg. Spec., Alg. p. 855, Tab. Phyc., 15, p. 22, tab. 62.

Cette espèce se distingue par l'étendue et la diversité de ses lieux de croissance. Tantôt on la rencontre près de terre, sur les rochers ensablés ou envasés qui découvrent à chaque marée; tantôt au contraire elle se trouve sur les brisants du large, les récifs à fleur d'eau que bat sans cesse la lame ; enfin on la recueille aussi, à de grandes profondeurs, sur la coquille des *Strombes*.

Saint-Martin (Anse du Marigot, pointe Rund'Hill, plage de la Grand'-Case). — Marie-Galante (Grand-Bourg). — Moule (Port, récifs du large). — Pointe-à-Pitre (Les îlets de la rade, les bancs des passes). — Gosier (Pointe Laverdure, anse Dumont, habitation Dunoyer, anse Laverdure). — Saintes (Anses sous le vent). — Vieux-Fort (Anse de la Petite-Fontaine, anse Turlet). — Moule (Anse des Gros-Mapous, près la Couronne.

Persiste presque toute l'année.

Coll. nos *355, 362, 524, 562, 649, 821, 1055, 1002, 1235.*

Vert sombre, à l'état de vie.

L. PAPILLOSA. Grev. *var.*

Laurencia trifaria. Kg. Tab. Phycol., 15, p. 26, tab. 74. — *Laurencia papillosa.* Grev. *var.*

Croît presque au niveau de l'eau, sur des roches calcaires, de vieux madrépores que la mer laisse à découvert aux basses marées ; eaux généralement chargées de productions calcaires.

Marie-Galante (Plage du Grand-Bourg). — Gosier (Anse de la Saline, anse Dumont, habitation Dunoyer).

En Mai, Juillet, Octobre, Décembre. — *Coll.* nos *197, 394, 648, 1001.*

Coloration vivante : pourpre violacé, passant, à la lumière, au brun noirâtre.

L. PAPILLOSA. Grev. *var.*

A la plage sur le sable.

Moule (Plage du cimetière des Nègres).

En Février. — *Coll.* no *56.*

Cette variété diffère de l'espèce type par ses ramules tantôt alternes, tantôt opposées, toujours plus espacées et d'inégales grandeurs.

Coloration : vert olivâtre très-foncé.

L. TUBERCULOSA. J. Ag.

Laurencia mexicana et *moriformis.* Kg. Tabul. Phyc., 15, p. 25, tab. 70. — *Laurencia tuberculosa.* J. Ag. Spec., 2, p. 760.

Sur des galets, des fragments de madrépores, dans des eaux peu

profondes fortement chauffées par le soleil. Se rencontre très-fréquemment sur la coquille du *Strombus gigas* ou en parasite sur les
frondes de l'*Udotea*.

Pointe-à-Pitre (Ilet à Cochons, îlet Boissard). — Gosier (Grand'Baie,
pointe Laverdure, anse Laverdure, plage du fort l'Union, anse de la
Saline, îlet Diamant). — Saint-Martin (Anse du Marigot). — Sainte-
Rose (Ilet Blanc). — Saintes (Anses sous le vent, anse du Marigot).

Toute l'année. — *Coll.* nos *110, 234, 417, 426, 475, 775, 1003,
1096.*

De couleur rose violacée tirant parfois sur le jaune dans l'axe principal de la fronde, ou jaune verdâtre, selon le milieu.

L. HYBRIDA. (Decand). Lenormand.

Fucus hybridus. Decand. Fl. Fr., 2, p. 30. (Fide Chauvin). — *Chon-
dria hybrida.* Chauv. Alg. Norm., n° 40. — *Laurencia cæspitosa.* Harv.
Phycol. Brit. tab. 286, et Man. Ed., 2, p. 98; Crn. Alg. Mar. Finist.
278, Florul. Finist., p. 155, in Schramm et Mazé. l. c. — *Fucus
pinnatifidus, var.:* angustus. Turn. Hist. Fuc., tab. 20, fig. f. —
Laurencia pinnatifida, var.: g angusta. Grev. Alg. Brit., p. 109;
Harv. Man., p. 69, et Phyc. Brit. Sud., tab. 55. — *Laurencia hybrida.*
Lenormand in Duby. Bot. Gall., p. 951; Kg. Spec. Alg., p. 856, Tab.
Phyc. 15, p. 23, tab. 65.

Sur des rochers toujours immergés dans des eaux claires où la mer
brise sans cesse.

Saint-Martin (Pointe Rund'Hill). — Moule (Anse des Gros-Mapous,
récifs de la Couronne).

En Décembre, Janvier. — Très-rare. — *Coll.* n° *146, 1re Série.*

Pourpre obscur dans l'eau; se décolore complétement à l'air. Un
fragment incomplet et décoloré, musée Lherminier.

L. CÆSPITOSA. (Lamour). J. Ag. ?

Laurencia cæspitosa. Lamour. Ess., p. 43 (fide Spec. auth.); J. Ag.
Spec., 2, p. 763.

Recueilli près du rivage, sur un rocher ensablé que la lame couvre
et découvre incessamment; eaux très-chargées de sable. Croît aussi
sur des fragments de madrépores ensablés, par un mètre d'eau.

Saintes (Anse Figuier). — Pointe-à-Pitre (Ilet Pauline).

En Avril, Août. — *Coll.* n° *262 1re Série, 799.*

Coloration, à l'état de vie: pourpre foncé, passant au vert.

L. PINNATIFIDA. (Gm.). Lamour.

Fucus pinnatifidus. Gmel. Syst. Nat., 2, p. 1385; Stackh. Ner. Brit. Ed., 2, p. 19; Esp. Icon. Fuc., Tab. 132. Turn. Hist. Fuc., Tab. 20 (excl. variet.). Engl. Bot., tab. 1202. — *Chondria pinnatifida* (excl. var.). Ag. Spec. Alg., p. 337, Syst., p. 204; Mart. Fl. Bras., p. 20. — *Fucus multifidus.* Huds. — *Fucus corymbiferus.* Esp. Icon. Fuc., tab. 94? — *Laurencia pinnatifida.* — Lamour; Grev. Alg. Brit., p. 108; Harv. Man., p. 69, Phyc. Brit., tab. 55, Ner. Austr., p. 82; Mont. Pl. Canar., p. 154, Voy. Pôle Sud., p. 126; J. Ag. Alg. Med., p. 114, Spec., 2, p. 765; Hook et Harv. Alg. Nov. Zel., n° 65, Crypt. Antarct., p. 178; Kg. Spec. Alg., p. 856, Tab. Phyc., 15, p. 23; Lloyd. Alg. Ouest., 11; Crn. Alg. Finist., 277, Florule Finist., p. 155.

Recueilli flottant à petite distance de la plage.

Moule (Vieux-Bourg, pointe de la Chapelle).

En Juin. — Très-rare. — *Coll. n° 149 1re Série.*

De couleur pourpre foncé, à l'état frais.

L. CONCINNA. Mont.

Laurencia concinna. Mont. Prodr. Phyc. ant., p. 6, Voy. Pôle Sud., p. 126, Syll., p. 426; J. Ag. Spec., 2, p. 764; Kg. Spec. Alg., p. 857, Tab. Phyc., 15, p. 24.

A la plage, sur le sable.

Moule (Vieux-Bourg, fond du port). — Capesterre (Plage du bourg).

En Février, Avril, Mai, Juin. — *Coll. n°s 27 1re Série, 1828.*

D'un beau brun pourpré, à l'état frais.

L. FLEXUOSA. J. Ag.

Laurencia glomerata. Kg. Spec. Alg., p. 857. — *Laurencia glomerata* b *corymbifera.* Kg. Spec., p. 857. — *Laurencia flexuosa.* J. Ag. Spec., 2, p. 767; Kg. Spec. Alg., p. 856, Tab. Phyc., 15, p. 24, tab. 68.

Flottant à la lame.

Capesterre (Plage du bourg). — Gosier (Anse Laverdure, Grand'-Baie). — Sainte-Anne (Plage du bourg). — Pointe-à-Pitre (Ilet à Fajou). — Marie-Galante (Saint-Louis) (Plage).

En Avril, Juillet, Septembre, Octobre, Novembre, Décembre. — *Coll. n°s 363, 476, 559, 636, 1004, 1046, 1095, 1190.*

Coloration, à l'état frais: rose carminé.

L. CANARIENSIS. Mont.

Laurencia cæspitosa. Mont. Canar., p. 154 (non. Lamour.). — *Laurencia Canariensis.* Mont. in Kg. Spec. Alg., p. 854 et 856, Syll., p. 426; J. Ag. Spec., 2, p. 769.

Sur des galets roulants, de vieux madrépores ensablés, à la limite du flot; eaux tantôt claires, tantôt chargées de productions calcaires.

Trois-Rivières (Embouchure de la rivière Grand'Anse). — Saintes (Anse Rodrigues, anse Pont-Pierre).

En Juillet, Septembre, Octobre. — *Coll.* n°s *148, 444, 453, 568.*

De couleur vert bleuâtre dans l'eau.

L. CANARIENSIS. Mont. FORMA MAJOR. Crn.

Laurencia Canariensis. Mont. *Forma major.* Crn.

Sur les récifs de terre, par un mètre de profondeur; eaux très-claires, assez agitées.

Moule (Plage de la Couronne).

En Novembre. — Très-rare. — *Coll.* n° *1042.*

Coloration vivante : vert clair marqué de pourpre au sommet des ramules.

L. ARBUSCULA. Sond. ?

Laurencia arbuscula. Sond. in Mohl. Bot. Zeit., 1845, p. 55, Alg. Preiss., p. 50; Harv. Ner. Aust., p. 83; Kg. Spec. Alg., p. 855; J. Ag. Spec. Alg., p. 769.

Recueilli à la plage, dans des amas d'algues portées au rivage par les ras de marée.

Moule (Anse des Gros-Mapous).

En Avril. — *Coll.* n° *19* 1re *Série.*

Rouge vineux, à l'état frais.

Fragment non fructifié, trop incomplet pour être sûrement déterminé.

L. CERVICORNIS. Harv.

Laurencia cervicornis. Harv.

Flottant à la lame.

Gosier (Grand'Baie).

En Octobre. — Très-rare. — *Coll.* n° *131.*

De couleur rose carminé vif.

Un exemplaire, collection Cassé.

31

L. GEMMIFERA. Harv.

> Laurencia truncata. Kg. Tab. Phyc., 15, p. 19, tab. 51. — Laurencia gemmifera. Harv. Ner. Bor. Amer.

> Recueilli sur une roche calcaire, un peu au-dessous du niveau de l'eau. Se rencontre aussi très-fréquemment sur la coquille des Strombes.

> Sainte-Anne (Plage du bourg). — Gosier (Pointe Laverdure, au N.-O.). — Saintes (Anses sous le vent).

> En Mars, Avril, Mai, Novembre. — Coll. nos 161, 1401, 1724, 1766, 1801.

> De couleur pourpre foncée sous l'eau ; rougit et brunit à la lumière.

L. CHONDRYOPSIDES. Crn. mscr.

> Laurencia chondryopsides. Crn. mscr.

> Flottant à la lame.

> Gosier (Anse Laverdure). — Saint-Martin (Anse du Marigot, plage du Bloff).

> En Mai, Août, Septembre, Octobre. — Coll. nos 1014, 1016, 1018, 1023.

> Brun pourpré, à l'état frais.

L. CRASSIFRONS. Crn. mscr.

> Laurencia crassifrons. Crn. mscr.

> Recueilli sur des roches calcaires immergées qui forment la base des récifs extérieurs ; eaux fortement remuées.

> Moule (Baie, en dehors de la pointe extrême).

> En Octobre. — Très-rare. — Coll. no 1028.

> De couleur brune verdâtre, nuancée de violet sous l'eau.

L. CRASSIFRONS, FORMA DENDROIDES. Crn. mscr.

> Laurencia crassifrons, forma dendroides. Crn. mscr.

> Croît sur les récifs intérieurs, par un mètre de profondeur ; eaux très-claires.

> Moule (Plage de la Couronne).

> En Novembre. — Très-rare. — Coll. no 1041.

> Coloration vivante : jaune verdâtre teinté de brun pourpré aux extrémités des ramules.

L. VAGA. Kg.

>*Laurencia vaga.* Kg. Tab. Phyc., 15, p. 18, tab. 50.
>
>Croît sur les brisants du large, que la mer balaie sans cesse.
>
>Moule (Entrée des passes).
>
>En Janvier. — Peu abondant. — *Coll. n⁰ 1617.*
>
>Bleu d'azur sous l'eau.

L. THUYOIDES. Kg.

>*Laurencia dendroidea.* J. Ag. var. — *Laurencia thuyoides.* Kg. Tab.
>Phyc., 15, p. 26, tab. 74.
>
>A la plage, après un ras de marée.
>
>Gosier (Anse Laverdure).
>
>En Mai. — Très-rare. — *Coll. n⁰ 1332.*
>
>Coloration : pourpre brunâtre à l'état frais.

HYMENOCLADIA. J. Ag.

H. DIVARICATA. Harv. *var.* : TROPICA. Crn. mscr.

>*Hymenocladia divaricata.* Harv. var. : *tropica.* Crn. mscr.
>
>Flottant à la lame.
>
>Moule (Fond du port). — Capesterre (Plage du bourg).
>
>En Janvier, Février, Décembre. — *Coll. n⁰ˢ 60 2ᵉ Série, 257.*
>
>Coloration : rouge vineux, à l'état frais.

ASPARAGOPSIS. Mont.

A. DELILEI. Mont.

>*Dasya Delilei.* Mont. Canar., p. 166. — *Fucus taxiformis.* Delile.
>Egypt., p. 151, tab. 57 ; Ag. Spec. Alg., p. 368. — *Lictoria taxiformis.*
>J. Ag. Symb., p. 23 ; Harv. Alg. Tasm. n⁰ 38. — *Asparagopsis Delilei.*
>Mont. Canar., p. 14, Pl. cell. Philipp., n⁰ 24 ; Harv. Ner. Austr., p. 88,
>tab. 35 ; Kg. Spec. Alg., p. 802 ; Tab. Phyc., 14, p. 32 ; J. Ag. Spec.,
>2, p. 776.
>
>Flottant à la lame. Recueilli vivant sur des fragments de madrépores,
>des éponges vivant dans le sable, par un mètre de profondeur ; eaux
>calmes.
>
>Saint-Martin (Pointe Rund'Hill). — Moule (Brisants du large, fond
>de la rade). — Gosier (Grand'Baie, anse Laverdure, pointe Laverdure).
>
>Presque toute l'année. — *Coll. n⁰ˢ 20 1ʳᵉ Série, 1291, 1293.*

D'un beau rose vif sur la partie rampante de la fronde et les pius jeunes rameaux, d'un vert pâle grisâtre avec des nuances violacées dans toutes les autres parties de la plante. Entre en fructification en Janvier et Février.

RHODOMELÉES.

Trib. CHONDRIOPSIDÉES.

CHONDRIOPSIS. J. Ag. Crn. Gen., 150, pl. 23.

Ch. LITTORALIS. (Harv.). J. Ag.

Chondria littoralis. Harv. Ner. Austr., p. 86. — *Chondriopsis littoralis*. J. Ag. Sp. Alg., 2, p. 802.

Vit sur des galets ensablés, à la lame.

Moule (Fond du port).

En Mai. — *Coll.* nos *1311, 1312.*

De couleur rose tendre, à l'état de vie.

Ch. CAPENSIS. Harv. *var.*

Flottant à la lame. Croît presque à fleur d'eau, sur des fragments de roches, dans des eaux très-calmes.

Saint-Martin (Lac Simpson, anse du Marigot, plage de la Grand'-Case).

En Mars, Décembre. — *Coll.* no *825.*

Coloration vivante : sépia claire.

Ch. TENUISSIMA. (Good et Wood.). J. Ag.

Fucus tenuissimus. Good et Wood. Linn. Trat., 3, p. 1215; Turn. Hist. Fuc., tab. 100, Engl. Bot., tab. 1882. — *Chondria tenuissima*. Ag. Spec. Alg., 1, p. 352 (excl. var.), Syst., p. 205; Harv. Ner. Bor. Amer., 2, p. 21. — *Laurencia tenuissima*. Grev. Alg. Brit., p. 113; J. Ag. Med., p. 112; Harv. Phyc. Brit., t. 198; Lloyd. Ouest., 22; Desm. Exss., 862; Chauv. Alg. Norm., 14; Crn. Alg. Mar. Finist., 283. — *Alsidium tenuissimum*. Kg. Phyc. Gener., tab. 55, Spec. Alg., p. 843, Tab. Phyc., 15, p. 13, t. 34; Crn. in Schramm et Mazé, Ess. — *Gigartina tenuissima*. Lamour. Ess., p. 48. — *Chondriopsis tenuissima*. J. Ag. Spec., 2, p. 804; Crn. Florul. Finist., p. 155.

Vit avec l'*Acetabularia* sur des rochers ensablés, des fragments de vieux madrépores, au milieu de bancs de *Zostera marina*; eaux souvent troubles.

Moule (Vieux-Bourg, fond du port). — Sainte-Anne (Plage du bourg). — Port-Louis (Anse Rambouillet). — Marie-Galante (Grand-Bourg, plage des Basses.

En Janvier, Février, Avril, Mai. — *Coll.* n^os *832, 838, 1212.*

De couleur vert jaunâtre transparent, à l'état de vie; prend, à la lumière, une couleur plus foncée.

CH. TENUISSIMA. J. Ag. FORMA CRASSA. Crn. mscr.

Alsidium tenuissimum. Kg. *forma crassa.;* Crn. in Schramm et Mazé, l. c. — *Chondriopsis tenuissima.* J. Ag. *forma crassa.* Crn. mscr.

Au niveau de l'eau, sur des rochers à demi-submergés; eaux très-salées.

Saint-Martin (Lac Simpson).

En Décembre. — Très-rare. — *Coll.* n^o

De couleur sépia foncée dans l'eau; passe au brun rougeâtre à la lumière.

CH. HARVEYANA. J. Ag.?

Chondria dasyphylla (partim). Harv. Flor. Tasm., p. 297. — *Chondriopsis Harveyana.* J. Ag. Spec. Alg., 2, p. 808?

Croît sur des fragments de madrépores, des débris de coquilles ensablés, à petite distance de la plage; eaux très-claires.

Saint-Martin (Anse du Marigot, pointe O. du Bloff). — Sainte-Anne (Plage du bourg).

En Mai. — *Coll.* n^os *836, 875.*

Pourpre violacé dans l'eau.

CH. DASYPHYLLA (Woodw.). J. Ag.

Fucus dasyphyllus. Woodw. in Linn. Trat., 2, p. 239, Engl. Bot., tab. 847; Turn. Hist. Fuc., tab. 22. — *Chondria dasyphylla.* Ag. Spec. Alg., p. 350, Syst., p. 205; Harv. Ner. Bor. Amer., p. 20, Mar. Bot. of West. Austr., p. 539. — *Gigartina dasyphylla.* Lamour. — *Laurencia dasyphylla.* Grev. Alg. Brit., p. 112; J. Ag. Alg. Med., p. 113; Harv. Man., p. 70 et Phyc. Brit., tab. 152; Mont. Fl. Alger., p. 95; Kg. Spec. Alg., p. 853; Desmaz. exs., 2112; Lloyd. Alg. Ouest., 23; Crn. Alg. Mar. Finist., 281. — *Alsidium dasyphyllum;* Crn. in Schramm et Mazé, l. c. — *Chondriopsis dasyphylla.* J. Ag. Spec., 2, p. 809; Crn. Florule. Finist., p. 155.

Recueilli tantôt flottant à la lame, tantôt croissant sur de vieux madrépores immergés, par plus d'un mètre de profondeur; eaux souvent remuées.

Saintes (Anse du Marigot). — Marie-Galante (Rade du Grand-Bourg). — Gosier (Anse Laverdure).

En Janvier, Octobre. — *Coll. nos 256 1re Série, 1592, 1594.*

Coloration vivante : rose carminé.

CH. DASYPHYLLA, FORMA *a* GRACILIS. J. Ag.

Fucus dasyphyllus. Auct. plur. — *Laurencia Vieillardi.* Kg. Tab. Phyc., 15, p. 17, tab. 45. — *Chondriopsis dasyphylla, forma a gracilis.* J. Ag. Spec. Alg., 2, p. 810.

Flottant à la lame, après un ras de marée.

Sainte-Anne (Plage du bourg).

En Juillet. — *Coll. nos 1527, 1700, 1721.*

De couleur rose carminé pâle, à l'état frais.

CH. TENERA. Crn. mscr.

Chondriopsis tenera. Crn. mscr.

Parasite sur des frondes de *Zostera marina* flottant à la lame.

Sainte-Anne (Plage du bourg).

En Août. — *Coll. no 1757.*

ACANTHOPHORA. Lamour.

A. MUSCOIDES (Linn.). Bory.

Fucus muscoides. Linn. Spec., p. 1630. — *Chondria muscoides.* Ag. Spec., p. 361. — *Acanthophora militaris.* Lamour. Ess., p. 44; Grev. Alg. Brit., p. 54. — *Chondria militaris.* Ag. Spec., p. 367. — *Acanthophora Delilei.* Harv. Ner. Bor., p. 18. — *Acanthophora muscoides.* Bory, Coquille 51; Kg. Spec., p. 859, Tab. Phyc., 15, p. 27, tab. 77; J. Ag. Spec., 2, p. 816; Crn. in Schramm et Mazé, l. c.

Croît sur les récifs du large, les rochers avancés, dans des eaux très-vives, mêlée aux *Sargassum, Gelidium,* etc.

Moule (Anse des Gros-Mapous, près la Couronne, cayes du large). — Marie-Galante (Saint-Louis) (Plage au N.). — Gosier (Pointe Laverdure). — Saint-Martin (Anse du Marigot). — Désirade (Anse des Galets).

En Février, Mars, Mai, Août, Septembre. — *Coll.* nᵒˢ *203 1ʳᵉ Série,
1019, 1189, 1538.*

Rouge violacé, à l'état vivant.

A. Thierii. Lamour.

Fucus acanthophorus. Lamour. Diss., tab. 30. — *Chondria acantho-
phora.* Ag. Spec., p. 363, Syst. 209 ; Mart. Flor. Bras., p. 31. —
Acanthophora Thierii. Lamour. Ess., p. 44 ; Grev. Alg. Brit., p. 54 ;
Harv. Ner. Bor. Aust., p. 17 ; Kg. Spec., p. 858, tab. Phyc., 15, p. 27 ;
J. Ag. Spec. 2, p. 819 ; Crn. in Schramm et Mazé, l. c.

Très-abondant sur les fragments de vieux madrépores qui bordent
les îlets de la rade de la Pointe-à-Pitre ; eaux calmes, peu profondes.
Se rencontre aussi très-fréquemment sur les récifs intérieurs de certaines baies abritées, sur des rochers détachés, à petite distance du
rivage, et enfin sur des bancs de sable vaseux, parmi les *Zostera marina,*
toujours en pleine lumière.

Pointe-à-Pitre (Les îlets de la rade, les bancs des passes, anse de
de Fouillole). — Moule (Rade et fond du port). — Vieux-Fort (Anse
Raby). — Marie-Galante (Rade du Grand-Bourg). — Gosier (Grand'-
Baie, anse Laverdure, anse de la Saline, pointe Laverdure). — Saintes
(Anses du Marigot, Rodrigues). — Saint-Martin (Plage de la Grand'Case).

Toute l'année. — *Coll.* nᵒˢ *40, 247, 249, 289, 1747.*

Coloration vivante : brune verdâtre à la base, grisâtre aux extrémités ;
prend une teinte noire presque uniforme en herbier.

A. Thierii. Lamour, forma gracilis. Crn.

Acanthophora Antillarum. Mont., in litteris ; Kg. Tab. Phyc. 15, p. 27,
tab. 75. — *Acanthophora Thierii.* Lamour, forma gracilis. Crn. mscr.

Vit sur des rochers ensablés qui restent à découvert à chaque marée.

Saintes (Anse Rodrigues, au vent). — Marie-Galante (Grand-Bourg,
plage des Basses).

En Février, Juin. — *Coll.* nᵒˢ *9989, 1230.*

A. intermedia. Crn. mscr.

Acanthophora intermedia. Crn. in Schramm et Mazé, l. c. — *Chondria muscoides.* Mont. Hist. Nat. Cuba, p. 43 (non Ag.). — *Acanthophora muscoides.* Kg. — *Acanthophora intermedia.* Crn. mscr.

Recueilli sur des rochers ensablés, des fragments de vieux madrépores, des frondes de *Zostera marina,* par un mètre de profondeur ;
eaux très-remuées.

Gosier (Grand'Baie, pointe extrême). — Saintes (Anse du Marigot).
Saint-Martin (Anse du Marigot, plage O. du Bloff). — Marie-Galante
(Grand-Bourg, bancs de l'habitation Murat).

En Février, Août, Septembre, Octobre. — *Coll. nos 365, 1re Série,
1093, 1119, 1295, 1296.*

De couleur vert pâle, parfois teinté de rose.

Trib. POLLEXFÉNIÉES.

MARTENSIA. Hering.

M. pavonia. J. Ag.

Mesotrema pavonia. J. Ag. Ofvers. Af. vet. Ak. Forsk, 1854, p. 10.
— *Martensia Gabriellei.* Crn. mscr. — *Martensia pavonia.* J. Ag.
Spec., 2, p. 831; Crn. in Schramm et Mazé, l. c.

Recueillie flottant à la lame ou dans le lit de courants venant du
large. Rencontrée vivante, à petite distance du rivage, sur des rochers
ou galets ensablés, par un mètre environ de profondeur; eaux généralement troubles et remuées.

Moule (Anse Sainte-Marguerite, Vieux-Bourg, pointe de la Chapelle).
— Vieux-Fort (Anse de la Petite-Fontaine, pointe N.-O.). — Saint-
Martin (Anse du Marigot). — Saintes (Anse Pont-Pierre).

En Janvier, Mai, Juillet, Août, Octobre. — *Coll. nos 245, 301
2e Série, 1892.*

De coloration rouge foncé dans l'eau; passe au rouge vif et au rose
à l'air.

Trib. ALSIDIÉES.

DIGENEA. Ag.

D. simplex. (Wulf.). Ag.

Conferva simplex. Wulf. Crypt. Aqu., p. 17, n° 16; Roth. Cat., 3,
p. 275. — *Digenea Wulfeni.* Kg. Phyc. Gener., p. 433, tab. 50,
Spec. Alg., p. 841. — *Ceramium digenea.* Delle Chiaj. Hydr. Neap.,
tab. 31. — ? *Fucus lycopodium.* Turn. Hist. Fuc., tab. 199. — ? *Cladostephus lycopodium.* Ag. Spec. Alg., 2, p. 14; J. Ag. Spec., 1,
p. 42. — *Digenea lycopodium.* Hering. in Un. Itin. coll. Schimp.,
n° 931. — *Cladostephus lycopodium.* Harv. Alg. Telf., n° 22. —
Digenea simplex. Ag. Spec., 1, p. 389; J. Ag. Spec., 2, p. 844.

Croît le plus ordinairement dans des eaux calmes et troubles, sur des rochers qui ne restent à découvert qu'aux plus basses eaux, et qu'il tapisse d'épaisses touffes. Se rencontre souvent aussi sur la coquille du *Strombus gigas*.

Moule (Port). — Marie-Galante (Grand-Bourg). — Pointe-à-Pitre (Ilets de la rade). — Gosier (Grand'Baie, anse et pointe Laverdure). — Capesterre (Plage du bourg). — Saintes (Anses sous le vent).

Toute l'année. — *Coll. nos 155, 158 1re Série, 296, 305 2e Série.*

De couleur brune rougeâtre violacée.

BRYOTHAMNION. Kg.

B. Seaforthii. (Turn.). Kg.

Fucus Seaforthii. Turn. Hist. Fuc., tab. 120. — *Thamnophora? Seaforthii.* Ag. Spec., p. 227, Syst., p. 240; Mont. Cuba., p. 59, pl. 5. — *Amansia? Seaforthii.* Grev. Syn; Aug. Saint-Hilaire. Voy., 2, p. 436. — *Sphærococcus triangularis.* var. : *bifarius.* Mart. Fl. Bras., 1, p. 36. — *Alsidium Seaforthii.* J. Ag. in Linn., 15, p. 28. — *Bryothamnion Seaforthii.* Kg. Spec. Al., p. 842, Phyc. Gener., p. 433; J. Ag. Spec., 2, p. 848.

Flottant à la lame.

Trois-Rivières (Plage de l'habitation Lolo). — Vieux-Habitants (Baie). — Moule (Fond du port). — Gosier (Grand'Baie). — Capesterre (Plage du bourg).

En Janvier, Avril, Juillet, Octobre, Novembre, Décembre. — *Coll. nos 60, 1568, 1654.*

D'un beau rouge vif, à l'état frais.

B. hypnoides. Kg.

Bryothamnion hypnoides. Kg. Spec. Alg., p. 842, Tab. Phyc., 15, p. 12, tab. 31.

Croît sur des fragments de rochers ensablés, par un mètre de profondeur; eaux troubles, très-remuées par le ressac. Se rencontre très-souvent flottant à la lame.

Vieux-Fort (Anse de la Petite-Fontaine). — Saint-Martin (Anse du Marigot). — Capesterre (Plage du bourg). — Gosier (Grand'Baie).

En Mai, Août, Septembre, Octobre, Décembre. — *Coll. nos 276 1re Série, 990, 1021, 1167, 1455.*

Coloration: pourpre obscur à la base, très-vif aux extrémités.

B. TRIANGULARE. (Gmel.). Kg.

Fucus triangularis. Gmcl. Syst. Nat., p. 1383; Turn. Hist. Fuc., tab. 33. — *Plocamium triangulare.* Lamour. Ess., p. 50. — *Thamnophora? triangularis.* C. Ag. Spec.. p. 236, Syst., p. 240; Mont. Cuba., p. 56, pl. 5, fo 1. — *Amansia? triangularis.* Grev. — *Sphærococcus triangularis.* Mont. Fl. Bras., 1, p. 36 (partim). — *Physcophora triangularis.* Kg. Phyc., p. 434, tab. 57. — *Alsidium triangulare.* J. Ag. in Linn., 15, p. 28; Harv. Ner. Austr., p. 30, et Ner. Bor. Amer., p. 15, tab. 13. — *Fucus minimus, dentatus, triangularis.* — Sloane. Jam. tab. 20, f. 9. — *Fucus triqueter.* Gm. Hist. Fuc., p. 122, tab. 8; Esp. Icon., t. 119. — *Fucus trifarius.* Sw. — *Bryothamnion triangulare.* Kg. Spec. Alg., p. 842; J. Ag. Spec. 2, p. 850; Crn. in Schramm et Mazé. Ess.

Se rencontre sur presque toutes les plages du groupe, où le flot l'apporte en amas considérables. Vit d'habitude entre de vieux madrépores, des fragments de rochers au niveau de l'eau, sur des bancs de sable vaseux semés de galets; eaux assez calmes, chargées de productions calcaires.

Pointe-à-Pitre (Les îlets de la rade, anse d'Arboussier, anse de Fouillole). — Marie-Galante (Grand-Bourg, bancs de la rade). — Moule (Vieux-Bourg, plage). — Gosier (Anse Laverdure, Grand'Baie). — Port-Louis (Plage de Rambouillet). — Saintes (Anse du Marigot, anse sous le vent). — Saint-Martin (Anse du Marigot). — Vieux-Fort (Anse de la Petite-Fontaine).

Presque en toute saison. *Coll. nos 817, 1020, 1486, 1509.*

De couleur brune rougeâtre dans l'eau.

BOSTRYCHIA. Mont. Crn. Gener., 154, pl. 24.

B. RIVULARIS. Harv.

Bostrychia rivularis. Harv. Ner. Bor. Amer., p. 57; Phyc. Austr., p. 176; J. Ag. Spec. Alg., 2, p. 855; Kg. Tab. Phyc., 15, p. 9, tab. 22.

Au niveau de l'eau, sur des blocs de calcaires grossiers qui garnissent les bords d'un canal de desséchement; eaux presque saumâtres.

Morne-à-l'Eau (Canal des Rotours, près de l'embarcadère).

En Avril. — *Coll. nos 1795, 1802.*

Coloration vivante : noire bleuâtre sous l'eau.

B. PERICLADOS. (Ag.). J. Ag.

Hutchinsia periclados. Ag. Spec., 2, p. 101. — *Polysiphonia peri-*

clados. Kg. Spec. Alg., p. 822. — *Bostrychia Tuomeyi.* Harv. Ner. Bor. Amer., p. 58, tab. 14, E. — *Bostrychia periclados.* J. Ag. Spec., 2, p. 861 ; Crn. in Schramm et Mazé. Ess.

A la limite du flot, sur des roches calcaires, des fragments de madrépores, des racines de palétuviers, presque au niveau de l'eau.

Pointe-à-Pitre (Ilet à Cochons, plage Apollon, anse d'Arboussier, anse de Fouillole, îlet à Jarry, îlet à Fajou, sous le vent). — Port-Louis (Pointe des Sables, au S.).

En Mars, Avril, Mai, Septembre, Décembre. — *Coll. nᵒˢ 199 1ʳᵉ Série,* 97, 176, 341, 1352.

Coloration brune violacée teintée de pourpre aux extrémités.

B. Moriziana. (Sond.). J. Ag.

Polysiphonia? Moritziana. Sond. mscr. in Kg. Spec. Alg., p. 838. — *Bostrychia Moriziana.* J. Ag. Spec., 2, p. 862.

Croît sur des racines de palétuviers toujours immergées, presque à la flottaison ; eaux troubles, parfois mélangées d'eau douce.

Pointe-à-Pitre (Anse d'Arboussier, îlet à Monroux, anse de Fouillole, embouchure de la Lézarde). — Baie-Mahault (Embouchure de la rivière Mahault).

En Février, Mai, Août, Décembre. — *Coll. nᵒˢ 186, 288, 368,* 541, 716.

D'un joli brun violacé, à l'état de vie.

Obs. — Cette espèce semble comprendre dans ses formes diverses les *Bostrychia leptoclada, monosiphonia* et *cornigera* de Montagne, et peut-être aussi le *Bostrychia rivularis.* Harvey.

B. tenella. (Wahl.). J. Ag.

Fucus tenellus. Vahl. Nat. hist. Selsk. Skr., v. 2, p. 45. — *Ceramium tenellum.* Ag. Syst., p. 144. — *Rhodomela calamistrata.* Mont. Cent., 1, nᵒ 18, Cuba., p. 36, tab. 4. — *Bostrychia calamistrata.* Mont. l. c. Syll., p. 419 ; Harv. Ner. Aust., p. 68 ; Ner. Bor. Amer., p. 56, tab. 14 ; Kg. Tab. Phyc., 15, p. 8. — *Dasya crispa.* Suhr. in Hb. Binder (fide. Harv.). Regensb. Bot. Zeit., 1840, p. 279. — *Bostrychia tenella.* J. Ag. Spec., 2, p. 869.

Sur des racines de palétuviers croissant à la lame ou sur les bords d'une rivière ; eaux salées ou saumâtres, indifféremment.

Pointe-à-Pitre (Ilet à Jarry, bords de la Rivière-Salée, anse d'Arboussier).

En Avril, Octobre, Décembre. — *Coll.* nᵒˢ *180, 365, 927.*

Coloration vivante : brun clair.

B. PILIFERA. Kg.

Bostrychia pilifera. Kg. Tab. Phycol., 15, p. 10, tab. 25.

Sur des assises de calcaire grossier, au niveau ordinaire des marées ; eaux chargées de productions calcaires.

Pointe-à-Pitre (Ilet à Jarry, pointe à Patates).

En Juillet. — *Coll.* nᵒ *481.*

De couleur brune noirâtre teintée de roux.

B. ELEGANS. Crn. mscr.

Bostrychia elegans. Crn. in Schramm et Mazé, l. c.

Recueilli d'abord au niveau de l'eau, sur les piles d'une passerelle en bois, à l'embouchure d'une rivière (eaux mêlées) ; rencontré plus tard sur des racines de palétuviers découvrant à la marée ; eaux salées.

Moule (Passerelle de la Baie). — Pointe-à-Pitre (Anse de Fouillole, dépôt de charbon).

En Août, Septembre. — *Coll.* nᵒˢ *281, 359 1ʳᵉ Série, 749.*

Coloration : brune violacée sous l'eau.

B. POLYSIPHONIOIDES. Crn. mscr.

Bostrychia polysiphoniodes. Crn. in Schramm et Mazé, l. c.

Croît sur des racines de palétuviers, des fragments de bois mort, aux bords d'une rivière marine, dans des terrains alternativement lavés par les eaux douces et les eaux salées. Se rencontre parfois sur des roches, à l'embouchure d'une rivière où remonte la marée.

Pointe-à-Pitre (Bords de la Rivière-Salée). — Moule (Rivière de la Baie, sous la passerelle).

En Janvier, Septembre. — *Coll.* nᵒ *260 1ʳᵉ Série.*

De couleur violet bistré, à l'état vivant.

B. MUSCOIDES. Crn. mscr.

Bostrychia muscoides. Crn. in Schramm et Mazé, l. c.

Tapisse les rochers du rivage, à la hauteur qu'atteignent les marées moyennes et qu'elles laissent à découvert à certaines heures. Croît aussi sur des racines de palétuviers, à la lame.

Saintes (Anse du Marigot). — Bouillante (Anse de Pigeon). — Pointe-à-Pitre (Canal de l'îlet Boissard, anse d'Arboussier). — Petit-Bourg (Plage au vent du bourg).

En Janvier, Février, Mars, Mai, Septembre. — *Coll. nos 293 1re Série, 396 2e Série, 369.*

Brun violacé dans l'eau; passe au jaune-nankin à la lumière.

B. DASYÆFORMIS. Crn. mscr.

Polysiphonia dasyæformis. Crn. in Schramm et Mazé, l. c. — *Bostrychia dasyæformis.* Crn. mscr.

Même habitat que le *Bostrychia polysiphonioides*, avec lequel il vit confondu. Recueilli plus tard sur des rochers immergés, par soixante centimètres de profondeur; eaux complétement salées.

Pointe-à-Pitre (Bords de la Rivière-Salée). — Moule (Fond du port).

En Janvier, Octobre. — *Coll. nos 211 1re Série.*

Coloration: brune violacée persistante.

B. GUADELUPENSIS. Crn. mscr.

Bostrychia Guadelupensis. Crn. in Schramm et Mazé, l. c.

Sur des branches immergées dans un ruisseau d'eau douce courante où l'on a creusé une sorte de bassin.

Gosier (Bassin Poucet), à huit kilomètres de la Pointe-à-Pitre, route coloniale nº 4.

En Mars, Novembre. — *Coll. nos 197, 232 1re Série, 1289.*

De couleur brune violacée claire.

B. MAZEI. Crn. mscr.

Bostrychia Mazei. Crn. in Schramm et Mazé, l. c.

Vit sur des roches humides et abritées, un peu au-dessus du niveau de l'eau. Se rencontre aussi sur des racines de palétuviers, à la lame, dans des eaux généralement troubles.

Vieux-Fort (Anse Turlet, anse de la Petite-Fontaine). — Pointe-à-Pitre (Anse de Fouillole, îlet à Fajou, sous le vent).

Presque toute l'année. — *Coll. nos 136 1re Série, 74, 203, 213.*

Cette curieuse espèce, si bien caractérisée par les divisions de sa fronde et ses ramules à tétraspores, se retrouve à la Guyane, où elle acquiert un bien plus grand développement. Coloration à l'état de vie: pourpre teintée de brun foncé.

B. Mazei. Crn. *var.*

> *Bostrychia Mazei.* Crn. *var.*
>
> Recueilli dans les anfractuosités d'une falaise, à deux mètres au-dessus du niveau de la mer; conglomérats toujours humidifiés par les infiltrations des terrains supérieurs ou les embruns de la lame.
>
> Vieux-Fort (Anse de la Petite-Fontaine, anse Turlet, pointe S.).
>
> En Décembre et Janvier. — *Coll. nos 203, 213.*
>
> Croît en tapis serré d'une coloration brune rougeâtre teintée de violet.

B. capillacea. Crn. mscr.

> *Bostrychia capillacea.* Crn. mscr.
>
> Au pied de la falaise, dans une cavité demi-obscure, sur des roches toujours humides.
>
> Vieux-Fort (Anse de la Petite-Fontaine).
>
> En Mars, Août. — *Coll. nos 1247, 1494.*
>
> Coloration brune violacée, à l'état de vie, passant au brun rougeâtre en herbier.

B. sertularioides. Mont.

> *Bostrychia sertularioides.* Mont.
>
> Croît sur des racines de palétuviers qui restent à découvert à marée basse.
>
> Pointe-à-Pitre (Anse d'Arboussier).
>
> En Janvier. — Très-rare. — *Coll. no 1122.*
>
> De couleur noire brunâtre, à l'état vivant.

Trib. POLYSIPHONIÉES.

POLYSIPHONIA. Grev. Crn. Gener., 154, pl. 24.

P. secunda. (Ag.). Zanard.

> *Hutchinsia secunda.* Ag. Syst., p. 149, Spec. Alg., p. 106. — *Polysiphonia pecten Veneris,* var.: *b.* Harv. Ner. Bor. Amer., p. 46; tab. 16. — *Grammita Bertolonii,* Bonnem. Hydr. loc., p. 44. — *Polysiphonia episcopalis.* Zanard. mscr. — *Hutchinsia adunca.* Ag. Syst., p. 149. — *Hutchinsia unilateralis.* Schousb. mscr. — *Ceramium homomallum.* Mert. mscr. — *Polysiphonia secunda.* Zanard. Syn., p. 64; J. Ag. Alg. Med., p. 122, Spec., 2, p. 921; Mont.

Cuba., p. 33, Tab. 5, Syll., p. 424; Kg. Spec. Alg., p. 804; Harv. Ner. Bor. Amer., p. 46, tab. 16; *d,* Crn. in Schramm et Mazé. Ess.

Recueilli flottant à la lame.

Moule (Vieux-Bourg, pointe de la Chapelle).

En Mai. — *Coll. n⁰*

De couleur brune bistre, à l'état frais.

L'unique spécimen recueilli en 1869 a disparu dans l'incendie de la Pointe-à-Pitre.

P. RUFOLANOSA. Harv.

Polysiphonia rufolanosa. Harv. Mar. Bot. of. West. Austr., n° 87; Kg. Tab. Phyc., 14, p. 20, tab. 54; J. Ag. Spec., 2, p. 939.

Parasite sur *Gracilaria* et *Zostera marina* vivant sur des bancs de sable, en dedans des récifs de ceinture.

Moule (Plage du cimetière des Nègres).

En Avril, Mai. — *Coll. nᵒˢ 1798, 1822.*

Coloration vivante : rose pâle.

P. MONOCARPA. Mont.

Polysiphonia monocarpa. Mont. Ann. Sc. Nat., 18, p. 254, Voy. Bonite., pl. 143, f. 3, Syll., p. 424; Kg. Spec. Alg., p. 787, Tab. Phyc., 13, p. 13, tab. 38; J. Ag. Spec., 2, p. 941; Crn. in Schramm et Mazé, l. c.

A la plage, sur le sable.

Moule (Plage du cimetière des Nègres).

En Mai. — *Coll. n⁰*

Il n'en existe plus de spécimen; les deux que renfermait la collection ont été dévorés par l'incendie.

P. OBSCURA. (Ag.). J. Ag.

Hutchinsia obscura. Ag. Spec., p. 108. — *Conferva intertexta.* Roth. Cat., 2, tab. 3; f. 5 (sec. C. Ag.). — *Polysiphonia reptabunda.* Suhr; Kg. Spec. Alg., p. 806. — *Polysiphonia adunca.* Kg. Spec. Alg., p. 808 (fide. sp. in hb. Lenormand.). — *Polysiphonia virens.* Kg. Phyc. Gener., p. 419; Sp. Alg., p. 808 (fide. sp. origin.). — *Polysiphonia obscura.* J. Ag. Alg. Med., p. 123, Spec., 2, p. 943; Harv. Phyc. Brit., tab. 102 A; Kg. Spec. Alg., p. 808, n° 38, Tab. Phyc., 13, p. 13, tab. 40.

Tapisse les anfractuosités de roches humides, hors de la portée de la lame.

Gosier (Littoral du fort l'Union, sous la batterie basse). — Petit-Bourg (Embouchure de la rivière).

En Février, Novembre. — *Coll.* n^os *741, 1061.*

Coloration vivante : brune violacée.

P. DICTYURUS. J. Ag.

Polysiphonia dictyurus. J. Ag. Alg. Liebman., n° 27, in Act. Holm. Ofversigt., 1837, p. 16 ; Kg. Spec., p. 838, Tab. Phyc., 14, p. 11 , tab. 34 ; Harv. Ner. Bor. Amer., p. 53.

A la plage, après de forts ras de marée.

Capesterre (Plage du bourg).

En Juin, Décembre. — *Coll.* n^os *1652, 1915.*

Brun verdâtre ; passe au noir à la lumière.

P. THYRSIGERA. J. Ag.

Polysiphonia Zimmermanni. Suhr. mscr. — *Polysiphonia thyrsigera.* J. Ag. Alg. Liebman., n° 28, in Act. Holm. Ofversigt., 1837, p. 17 , Spec., 2, p. 954 ; Kg. Spec. Alg., p. 838, Tab. Phyc., 14, p. 11 , tab. 33 ; Harv. Ner. Bor. Amer., p. 53.

Croît sur des rochers ensablés, à la lame, par cinquante centimètres de profondeur au plus. Recueilli aussi en parasite sur *Digenea simplex* et sur *Laurencia.*

Gosier (Anse Dumont, au N.-O. ; plage de l'habitation Dunoyer).

En Mars. — *Coll.* n° *768.*

De couleur jaune d'or, à l'état de vie ; passe au brun en se desséchant.

P. VERTICILLATA. Harv.

Polysiphonia verticillata. Harv. ap. Beechey. Voy., p. 165 ; Kg. Spec. Alg., p. 839 ; Harv. Ner. Bor. Amer. p. 53 ; J. Ag. Spec. Alg., 2 , p. 954.

Croît sur des rochers ensablés qui restent à découvert à chaque marée.

Trois-Rivières (Baie de la Grand'Anse).

En Juillet. — *Coll.* n° *438.*

De couleur brune foncée.

P. PULVINATA. (Ag.). J. Ag.

Hutchinsia pulvinata. Ag. Spec., 2, p. 109. — *Conferva pulvinata.*
Roth.? — *Hutchinsia badia.* Ag. Spec. Alg., p. 74 (partim). —
Polysiphonia pulvinata. J. Ag. Alg. Med., p. 124; Spec., 2, p. 957;
Aresch. Phyc., p. 57.

Sur des conglomérats volcaniques ensablés et immergés, à la base
d'algues plus développées qui semblent l'abriter du choc des lames;
eaux claires toujours remuées.

Vieux-Fort (Anse de la Petite-Fontaine).

En Mai. — Très-rare. — *Coll. nu 188 1re Série.*

Coloration: brune rougeâtre sous l'eau.

P. INCOMPTA. Harv.

Polysiphonia incompta. Harv. Ner. Aust., p. 44; Kg. Spec. Alg.,
p. 817; J. Ag. Spec., 2, p. 957.

Sur des rochers ensablés qui découvrent à chaque marée, en société du *Polysiphonia verticillata.* Harv.

Trois-Rivières (Baie de la Grand'Anse).

En Juillet. — Très-rare. — *Coll. n° 437.*

De couleur brune noirâtre.

P. HAVANENSIS. Mont.

Polysiphonia Havanensis. Mont. Cent., 1, n° 12; in R. de la Sagra,
Hist. nat. Cuba., p. 34, tab. 5; Syll., p. 423; Kg. Spec., p. 813,
Tab. Phyc., 13, p. 23, tab. 72; J. Ag. Spec., 2, p. 960; Crn. in
Schramm et Mazé, l. c.

Croît indifféremment sur les piles d'une passerelle en bois, la carène d'un accon servant de bac, des troncs flottants de *Coccoloba uvifera,* des racines de palétuviers, des fragments de madrépores, tantôt
dans des eaux salées, tantôt dans des eaux saumâtres seulement.

Moule (Passerelle de la baie, lagons de la rivière du fond du port).
— Pointe-à-Pitre (Bac de la Rivière-Salée, anse d'Arboussier, îlet à
Jarry, anse de Fouillole).

En Janvier, Avril, Octobre, Décembre. — *Coll. nns 24, 179, 670.*

Coloration vivante: brune rougeâtre.

P. HAVANENSIS. *var.:* g BINNEYI. J. Ag.

Polysiphonia Binneyi. Harv. Ner. Bor. Amer., p. 37; Kg. Tab. Phyc.,

14, p. 14, tab. 42. — *Polysiphonia Havanensis*, var.: g *Binneyi*.
J. Ag. Spec. Alg., 2, p. 960.

Flottant à la lame.

Port-Louis (Plage du bourg). — Moule (Baie). — Saint-Martin
(Lac Simpson, anse du Marigot, plage de la Grand'Case).

En Janvier, Mai. — *Coll. nos 227, 713, 815, 853.*

Brun clair, à l'état de vie.

P. SUBTILISSIMA. Mont. ?

Polysiphonia subtilissima. Mont. Cent., II, n° 6; in Ann. Sc. Natur.
Avr., 1840, Syll., p. 422; Kg. Spec. Alg., p. 804, Tab. Phyc., 13,
p. 10, tab. 28; Harv. Ner. Bor. Amer., p. 34; J. Ag. Spec. Alg., 2,
p. 962.

Flottant à la lame.

Sainte-Anse (Anse à la Barque).

En Avril. — *Coll. n° 111.*

De couleur brune pourprée sombre.

P. UTRICULARIS. Zanard.

Polysiphonia utricularis. Zanard. in Regensb. Flor., 1851, p. 54,
Plant. mar. Rubr., p. 49; J. Ag. Spec., 2, p. 966.

Flottant à la lame.

Moule (Fond du port). — Gosier (Plage de la Saline).

En Mai, Octobre. — *Coll. nos 1310, 1529.*

Coloration, à l'état frais, brun purpurescent.

P. MOLLIS. Hook et Harv.

Polysiphonia mollis. Hook et Harv. mscr.; Kg. Spec. Alg., p. 833,
Tab. Phyc., 13, p. 27, tab. 88; Harv. Ner. Austr., p. 43, Acc. of
mar. Bot. of West. Austr., p. 539 et Alg. Austr., n° 168, Alg. Tasm.,
n° 14; Sond. Alg. Muell., p. 101; J. Ag. Spec., 2, p. 968.

Parasite sur des frondes d'*Udotea, etc.,* recueillies flottant à la lame.

Gosier (Plage de la Saline). — Sainte-Anne (Plage du bourg).

En Avril, Décembre. — *Coll. nos 196, 1723.*

Brune violacée, à l'état vivant.

P. CAMPTOCLADA. Mont. ?

Polysiphonia camptoclada. Mont. Pl. Cell. exot., cent. 1 et Syllog.,

p. 421; Kg. Spec. Alg., p. 804, Tab. Phyc., 13, p. 10, tab. 27; J. Ag. Spec., 2, p. 978.

Parasite sur des fragments *de Zostera marina* flottants.

Port-Louis (Pointe des Sables, embouchure du canal Faujas).

En Juin. — *Coll. n⁰ 1397.*

Rose carminé, à l'état frais.

P. FUNEBRIS. De Not. mscr.

Polysiphonia funebris. De Notaris, in Herb. Lenormand; Kg. Tab. Phyc., 14, p. 11, tab. 35; J. Ag. Spec., 2, p. 979.

Flottant au rivage.

Marie-Galante (Grand-Bourg, plage de Trianon).

En Juin. — *Coll. n⁰ 1532.*

De couleur rouge pourpre, à l'état frais; brunit à la lumière en se desséchant.

P. FERULACEA. Suhr.

Polysiphonia ferulacea. Suhr. mscr.; J. Ag. Spec., 2, p. 980. — *Polysiphonia breviarticulata.* Harv. Ner. Bor. Amer., p. 36 (excl. syn. omn.); Acc. of Mar. Bot. West. Aust., p. 539 et Flor. Tasm., p. 299.

Flottant à la lame, après un ras de marée.

Gosier (Anse Laverdure).

En Mai. — *Coll. n⁰ 917.*

Coloration : brun jaunâtre foncé.

P. VIOLACEA. (Roth.). Grev.

Ceramium violaceum. Roth. Cat., 1, p. 250 et Cat., 3, p. 150 (partim). — *Hutchinsia violacea.* Lyngb. Hydr. Dan., p. 112. — *Polysiphonia violacea.* Grev.; Harv. Man., p. 92, Phyc. Brit., tab. 209; Ner. Bor. Amer., p. 44; Areschg. Alg. Scand., n⁰ 9; Crn. Alg. Finist., n⁰ 297, Flor. Finist., p. 197; Kg. Tab. Phyc., 13, p. 30, tab. 97; J. Ag. Spec., 2, p. 988.

Vit d'ordinaire à l'embouchure des ruisseaux et rivières où remonte la marée, tantôt sur la carène de vieilles embarcations, tantôt sur des bois flottants, des racines de palétuviers ou des blocs de calcaires complétement immergés; eaux généralement troubles et vaseuses. Se rencontre parfois cependant sur des roches madréporiques que bat la lame du large.

Pointe-à-Pitre (Carène du bac de la Rivière-Salée, racines des palétuviers qui la bordent). — Moule (Culées du pont de la rivière du fond du port). — Gosier (Anse de la Saline, îlet Diamant). — Moule (Fond du port). — Morne-à-l'Eau (Canal des Rotours, sous le pont).

En Janvier, Mars, Avril, Mai, Novembre. — *Coll.* n⁰ˢ *207, 630, 772, 1348, 1818.*

Brun vineux ou brun presque noir, selon l'habitat, et peut-être aussi l'âge de la plante.

P. CALLITHAMNIOIDES. Crn. mscr.

Polysiphonia callithamnioides. Crn. in Schramm et Mazé, l. c.

Parasite sur une fronde d'*Avrainvillea nigricans* croissant dans le sable.

Saint-Martin (Anse du Marigot.).

En Janvier. — *Coll.* n⁰ *28.*

Coloration: rouge-brique. Un seul exemplaire, collection Mazé.

P. BREVIARTICULATA. (Ag.). J. Ag.

Hutchinsia breviarticulata. Ag. Syst., p. 153, Spec. Alg., p. 92. — *Polysiphonia physartra.* Kg. Spec., p. 815. — *Polysiphonia reticulata.* Zanard (fide Kg.). — *Hutchinsia fastigiata.* Mart. Reise., p. 640. — *Polysiphonia breviarticulata.* Zanard. Syn., p. 61; Kg. Spec., p. 815? J. Ag. Alg. Med., p. 134; Spec., 2, p. 1007.

Recueilli sur des rochers ensablés, à petite distance du rivage; eaux très-claires.

Marie-Galante (Saint-Louis) (Plage près du bourg).

En Février. — Rare. — *Coll.* n⁰ *1184.*

De couleur brune foncée.

P. COLLABENS. (Ag.). Kg.

Hutchinsia collabens. Ag. Syst., p. 153, Spec. Alg., p. 82. — *Polysiphonia platyspira.* Kg. Spec. Alg., p. 815? — *Polysiphonia collabens.* Kg. Spec. Alg., p. 822; J. Ag. Spec., 2, p. 1022.

Parasite sur de vieilles frondes de *Zostera marina* recueillies flottant à la lame. Trouvé vivant sur des rochers ensablés qui restent à découvert à marée basse; eaux claires, souvent remuées.

Moule (Plage du cimetière des Nègres). — Sainte-Rose (Plage du bourg). — Gosier (Grand'Baie, anse Laverdure, plage de la Saline). — Sainte-Anne (Plage devant le bourg). — Trois-Rivières (Baie de la Grand'Anse).

En Janvier, Avril, Mai, Juillet, Août, Décembre. — Abondant. — *Coll. n°s 19, 39, 195, 226, 439, 485.*

Coloration vivante : brune foncée.

P. FURCELLATA. (Ag.). Harv.

Hutchinsia furcellata. Ag. Spec., 2, p. 1024. — *Polysiphonia fur-cellata.* Harv. in Hook. Brit. Fl., 2, p. 332, Man., p. 90, Phyc. Brit., tab. 7; Mont. Pl. Cell. Canar., p. 172; Kg. Phyc. Gener., p. 425, Spec. Alg., p. 820, Tab. Phyc., 13, p. 25, t. 79; J. Ag. Spec., 2, p. 1025; Lloyd. Alg. Ouest., 230; Crn. Alg. mar. Finist., 306, Florule. Finist., p. 158.

Parasite sur *Chondriopsis Harveyana* recueilli flottant à la lame.

Sainte-Anne (Plage du bourg).

En Mai. — Rare. — *Coll. n° 837.*

De couleur jaune pâle à la base, brune claire aux extrémités.

P. VARIEGATA. (Ag.). Zanard.

Hutchinsia variegata. Ag. Syst., p. 153, Spec. Alg., p. 81. — *Conferva denudata.* Dillw. Syn., n° 160, tab. 6. — *Hutchinsia denudata.* Ag. Spec., p. 73. — *Grammita denudata.* Crn. in Desmaz. exs., 1208 (excl. syn.). — *Polysiphonia tinctoria.* De Not. Prosp. Fl. Ligur (fide spec.). — *Polysiphonia aurantiaca.* Kg. Spec., p. 818? — *Broussonetia simplex.* Grat. — *Polysiphonia variegata.* Zanard. Syn., p. 60; J. Ag. Alg. Med., p. 129, Spec., 2, p. 1030; Kg. Spec. Alg., p. 821; Harv. Phyc. Brit., tab. 155, Ner. Bor. Amer., p. 45; Crn. Alg. mar. Finist., 300, Florule. Finist., p. 157, in Schramm et Mazé, l. c.

Flottant à la lame. Croît, comme les *Spyridia, Halimeda* et *Zostera*, sur lesquels il vit en parasite, sur des rochers immergés, des fragments de madrépores, à petite distance du rivage; fond de sable vaseux, eaux troubles et remuées.

Moule (Fond du port). — Gosier (Grand'Baie, anse de Laverdure, anse de la Saline). — Sainte-Anne (Plage du bourg). — Saint-Martin (Anse du Marigot).

En Février, Avril, Mai, Octobre, Décembre. — *Coll. n°s 39* bis *1re Série, 1210.*

Coloration : rouge vineux, dans l'eau.

P. BOSTRYCHIOIDES. Crn. mscr.

Polysiphonia bostrychioides. Crn. in Schramm et Mazé, l. c.

Même habitat que le *Polysiphonia Havanensis.* Mont., avec lequel on le trouve toujours emmêlé, mais beaucoup moins abondant que ce dernier.

Moule (Passerelle de la baie, lagons de la rivière du fond du port). — Pointe-à-Pitre (Anse d'Arboussier).

En Janvier, Février, Octobre. — *Coll. nᵒ 126 1ʳᵉ Série.*

De couleur brune à reflets violacés, à la lumière.

P. MUCOSA. Crn. mscr.

Polysiphonia mucosa. Crn. in Schramm et Mazé, l. c.

Parasite sur *Cladophora, Thalassia* recueillis à la plage.

Moule (Vieux-Bourg, plage). — Gosier (Anse Laverdure).

En Février, Mai. — Rare. — *Coll. nᵒˢ 126 bis, 732.*

Coloration : rose carminé très-vif.

P. CAPUCINA. Crn. mscr.

Polysiphonia capucina. Crn. in Schramm et Mazé, l. c.

Recueilli sur un fragment de madrépore toujours immergé, par une profondeur de quatre-vingts centimètres; fond de sable vaseux, eaux très-salées, presque toujours tranquilles.

Saint-Martin (Lac Simpson, débarcadère Méry-d'Arcy).

En Janvier. — Très-rare. — *Coll. nᵒ 28 bis.*

De couleur brune noirâtre. Un seul exemplaire, collection Mazé.

AMANSIA. Lamour.

A. MULTIFIDA. Lamour.

Odonthalia multifida. Endl. Genera. Supp., 3, p. 47. — *Epineuron? multifidum.* Kg. Spec.; p. 848. — ? *Fucus lineatus.* Turn. Hist. Fuc., tab. 201. — ? *Epineuron lineatum.* Hook et Harv. Alg. Nov. Zel., p. 532; Harv. Ner. Austr., p. 27; Kg. Spec., p. 848. — *Amansia multifida.* Lamour. Journ. Phil., nᵒ 20, 1809, p. 332, tab. 6; Ag. Spec. Alg., 1, p. 192, Syst., p. 247; Harv. Ner. Bor. Amer., p. 13; Kg. Tab. Phyc., 15, p. 2, tab. 3; J. Ag. Spec., 2, p. 1112; Crn. in Schramm et Mazé. Ess.

Flottant à la lame.

Moule (Vieux-Bourg, plage du cimetière des Nègres). — Gosier (Grand'Baie). — Capesterre (Plage du bourg).

De Décembre à Juin. — *Coll. nos 2 bis 1re Série, 1306, 1414.*

De couleur rouge vineux, à l'état frais.

A. DUPERREYI. (Ag.). J. Ag.

Rytiphlœa Duperreyi. Ag. Icon. Alg. Europ., tab. 20, Spec. Alg., 2, p. 52; Kg. Spec. Alg., p. 844, Tab. Phyc., 15, p. 5, tab. 12; Crn. in Schramm et Mazé, l. c. — *Amansia Duperreyi.* J. Ag. Symb., p. 26, Spec., 2, p. 1115.

A la plage, sur le sable. Recueilli vivant sur des roches madréporiques toujours couvertes, par quatre-vingts centimètres environ de profondeur; eaux chargées de productions calcaires.

Moule (Vieux-Bourg, plage). — Marie-Galante (Rade du Grand-Bourg). — Capesterre (Plage du bourg). — Saintes (Anse Figuier).

En Mars, Avril, Mai, Juin, Décembre. — *Coll. nos 49 2e Série, 79, 1302.*

Coloration brune violacée foncée.

VIDALIA. J. Ag.

V. OBTUSILOBA. (Mertens). J. Ag.

Fucus obtusilobus. Mert. mscr. in Hb. Ag. — *Rytiphlœa obtusiloba.* Ag. Syst. Alg., p. 161; Icon. Alg. Europ., tab. 19; Spec. Alg., 2, p. 51; Kg. Spec. Alg., p. 846, Tab. Phyc., 15, p. 7, tab. 17; Crn. in Schramm et Mazé, l. c. — *Amansia obtusiloba.* J. Ag. Symb., p. 26. — *Fucus Maximiliani.* Mert. in Hb. Mart. (fide Mart.). — *Sphœrococcus Maximiliani.* Mart. Icon. Sel. Crypt., tab. 4, Flor. Bras., p. 33. — *Vidalia obtusiloba.* J. Ag. Spec., 2, p. 1123.

Flottant à la lame.

Moule (Vieux-Bourg). — Sainte-Rose (Ilet Blanc). — Capesterre (Plage du bourg, embouchure de la Grande-Rivière). — Port-Louis (Plage de Rambouillet).

En Janvier, Février, Mars, Avril, Novembre, Décembre. — *Coll. nos 15, 211, 323, 1571.*

De couleur pourpre vineux sombre. Cette plante teint le papier en pourpre vif persistant.

POLYZONIA. Suhr.

P? DIVARICATA. Crn. mscr.

Parasite sur une fronde de *Vitalia obtusiloba* recueilli flottant à la lame.

Moule (Vieux-Bourg, plage).

En Janvier. — Très-rare. — *Coll. n°*

Coloration : rose carminé.

Trib. DASYÉES.

DASYA. C. Ag.

D. WURDEMANNI. Bailey.

Callithamnion crispellum. Ag. Spec. Alg., p. 183. — *Dasya Wurde-manni.* Bailey. mscr. in Harv. Ner. Bor. Amer., p. 64, tab. 25. c.; J. Ag. Spec., 2, p. 1191; Kg. Tab. Phyc., 14, p. 29, tab. 81.

Parasite sur de vieilles frondes de *Laurencia, Amansia et Bryo-thamnion.*

Moule (Fond du port). — Gosier (Anse Laverdure). — Sainte-Rose (Ilet Blanc). — Capesterre (Plage du bourg). — Pointe-à-Pitre (Fond de la rade).

En Janvier, Février, Avril, Juin, Juillet, Décembre. — *Coll. n°s 183, 637, 1105, 1159, 1893.*

De couleur rose clair ou rouge-brique.

D. HUSSONIANA. Mont.

Dasya divaricata. Zanard. in Regensb. Fl., 1851, p. 54. — *Dasya Hussoniana.* Mont. Cent., 4, n° 76, in Ann. Sc. Nat. 1849, p. 290, Syll. p. 425; Zanard. Pl. maris Rubr. p. 51; J. Ag Spec., 2, p. 1209.

Flottant à la lame.

Gosier (Grand'Baie, anse Laverdure). — Moule (La baie).

En Avril, Février, Août, Septembre, Novembre. — *Coll. n° 28, 28 bis.*

Brun carminé, à l'état frais.

D. CORYMBIFERA. J. Ag.

Eupogonium corymbiferum. Kg. Spec. Alg., p. 799. — *Ceramium Boucheri,* var.: *mucilaginosum.* Crn. Ann. Sc. Nat., 1835. — *Dasya arbuscula,* var.: *mucilaginosum.* Crn. Alg. mar. Finist., n° 286 (excl. syn.). — ? *Dasya venusta.* Harv. Phyc. Brit., tab. 125. — *Dasya corymbifera*. J. Ag. Symb., p. 31, in Linn., 15, Spec., 2, p. 1219 ; Crn. Florule. Finist., p. 159.

Recueilli flottant près de la plage.

Moule (Plage du cimetière des Nègres). — Gosier (Anse et pointe Laverdure).

En Février, Août, Septembre, Novembre. — *Coll.* n^{os} *102, 182, 521*.

Coloration violet clair, à l'état frais.

D. ARBUSCULA. Ag.

Conferva arbuscula. Dillw. Br. Conf., tab. 6 (nec tab. 85). — *Callithamnion arbuscula*. Lb. Hydr. Dan., tab. 38, f. 4 (excl. cœt.). — *Eupogonium arbuscula*. Kg. Spec. p. 798. — *Dasya Hutchinsiœ*. Harv. in Hook. Br. Fl., 2. p. 335. — *Ceramium Boucheri*. Crn. Ann. Sc. Nat., 1835 et Duby. Mem. Cer., 2, p. 15 (nec Bot. Gall.). — *Dasya arbuscula*. Ag. Spec. Alg., 2, p. 121 (excl. syn. Dillw. tab. 85); J. Ag. Symb., p. 33, Alg. Med., p. 178, Spec., 2, p. 1221; Harv. Man., p. 98 et Phyc. Brit., tab. 224; Kg. Tab. Phyc., 14, p. 30, tab. 83; Crn. in Schramm et Mazé, l. c.

Ramené avec la drague d'une profondeur de plus de cinquante mètres, fond de sable vaseux, sur une fronde de *Plocaria*, où il vivait en parasite. Trouvé aussi flottant à la lame.

Basse-Terre (Mouillage des goëlettes de guerre). — Moule (Plage du cimetière des Nègres).

En Mai, Juin. — *Coll.* n^{os} *248, 248* bis *1re Série*.

De couleur rouge vineux dans l'eau; passe au rouge brique ou rouge souillé à l'air.

D. TRICHOCLADOS *var.* : B. ŒRSTEDI. J. Ag.

? *Dasya lophoclados*. Mont. Ann. Sc. Nat., 1842, p. 254; Harv. Ner. Bor. Amer., p. 65; Kg. Tab. Phyc., 14, p. 7, tab. 22. — *Polysiphonia lophoclados*. Kg. Spec. Alg., p. 834; Crn. in Schramm et Mazé, l. c. — *Dasya trichoclados*. var. : b Œrstedi. J. Ag. Spec., 2, p. 1230.

Flottant à la lame. Croît en touffes serrées sur des fragments de vieux madrépores, au milieu de bancs de *Zostera marina*, dans des eaux peu profondes et claires; fond de sable blanc.

Saint-Martin (Anse Rund'Hill). — Gosier (Grand'Baie, anse Laverdure).

En Janvier, Mars, Mai, Août, Septembre, Décembre. — *Coll.* n⁰ˢ *80,*
81.

Coloration vivante : pourpre violacée ; pâlit à l'air.

D. Lallemandi. Mont?

Polysiphonia hirsuta. Zanard. in Regensb. Flor., 1851, p. 54. —
Polysiphonia Clatii. Giraud mscr. — *Dasya Lallemandi.* Mont.
Cent., VI, n⁰ 75, in Ann. Sc. Nat., 1849, t. 12, p. 289, Syllog.,
p. 245 ; Zanard. Plant. mar. Rubri., p. 52 ; J. Ag. Spec. Alg., 2,
p. 1231.

Parasite sur des frondes de *Dictyota Abyssinica* flottant à la lame.
Basse-Terre (Plage du cimetière militaire).
En Avril. — Très-rare. — *Coll.* n⁰ *1269.*

Pourpre rosé, à l'état de vie. Spécimen unique.

D. Tumanowiczi. Gatty, in Harv.

Dasya Tumanowiczi. Gatty, in Harvey. Ner. Bor. Amer., p. 64 ; J.
Ag. Spec., 2, p. 1232 ; Kg., Tab. Phyc., 14, p. 22, tab. 63. — *Dasya*
chordalis. Harv. mscr.

Flottant à la lame, après un ras de marée.
Gosier (Anse Laverdure).
En Avril. — *Coll.* n⁰ *1819.*

De couleur rose pâle. Un seul spécimen, collection Mazé.

D. pellucida. Harv?

Dasya pellucida. Harv. Ner. Austr., p. 67, Mar. Bot. of West. Austr.,
n⁰ 119, Flor. Tasm., p. 304 ; Kg. Tab. Phyc., 14, p. 32, tab. 91 ;
J. Ag. Spec., 2, p. 1181. — *Trichothamnion ? pellucidum.* Kg. Spec.,
p. 801.

Parasite sur *Dictyota* croissant sur la coquille du *Strombus gigas.*
Saintes (Anses sous le vent).
En Mars. — Rare. — *Coll.* n⁰ *1658.*

Rose carminé, à l'état de vie ; se décolore rapidement à la lumière.

D. dichotomo-flabellata. Crn. mscr.

Dasya dichotomo-flabellata. Crn. mscr. — *Dasya velutina.* Sond?
Bot. Zeit., 1845, p. 53 ; J. Ag. Spec., 2, p. 1226.

Flottant à la lame. Recueilli vivant en parasite sur des frondes de *Dictyotées.*

Gosier (Anse Laverdure). — Saintes (Anses sous le vent).

En Mars, Mai, Novembre. — *Coll. n°s 1333, 1574, 1657.*

De couleur rose-carmin ou pourpre violacé, selon l'âge de la plante.

DICTYURUS. Bory.

D. OCCIDENTALIS. J. Ag.

Dictyurus occidentalis. J. Ag. Alg. Liebm., n° 29, Spec., 2, p. 1243; Kg. Spec. Alg., p. 673, Tab. Phyc., 12, p. 20, tab. 64.

A la plage, après les ras de marée.

Capesterre (Plage du bourg).

En toute saison. — *Coll. n°s 14, 1431.*

Pourpre violacé foncé, à l'état frais; se couvre d'une villosité blan-châtre en se desséchant.

EUPOGODON. Kg.

E. MAZEI. Crn. mscr.

Eupogodon Mazei. Crn. in Schramm et Mazé. Ess.

Sur des blocs madréporiques, à l'intérieur des brisants du large; sur les récifs de terre, à petite distance du rivage, rochers découvrant à basse mer seulement.

Gosier (Pointe Laverdure). — Moule (Porte d'Enfer, récifs de la Couronne, caye Fendue). — Saint-Martin (Anse du Marigot, pointe du Bloff).

En Février, Avril, Mai, Juin. — *Coll. n°s 42 1re Série, 872.*

De couleur pourpre vineux, à l'état vivant.

Cette algue, parvenue à son deuxième mode de fructification, prend un développement relativement considérable, et change complétement d'aspect (1).

E. GRANDE. Crn. mscr.

Eupogodon grande. Crn. mscr.

Flottant près de la plage.

_____

(1) A la suite d'un ras de marée, nous avons recueilli à la pointe Laverdure un spécimen de l'*Eupogodon Mazei* provenant des eaux profondes. Cet exemplaire, bien que non fructifié, doit, par sa grande taille, constituer une bonne variété, qu'il ne faudrait pas confondre avec avec le *Dasya Bailloviana*, qui a le même *facies*, mais dont l'organisation est différente.

Gosier (Grand'Baie).

En Octobre. — Rare. — *Coll. n⁰ 1005.*

D'un beau rose carminé. Un seul exemplaire.

SARCOMENIA. Sond.

S. MINIATA. (Ag.). J. Ag.

Hutchinsia miniata. Ag. Spec. Alg., 2, p. 94. — *Polysiphonia miniata.* Kg. Spec. Alg., p. 820? — *Polysiphonia pulvinata,* var.: *miniata.* Crn. in Schramm et Mazé, l. c. — *Sarcomenia miniata.* J. Ag. Spec., 2, p. 1260.

Parasite sur des frondes de *Laurencia, Digenea.*

Moule (Caye Kennebeck).

En Avril. — Rare. — *Coll. n⁰ 292 1re Série.*

Coloration vivante: pourpre vif.

INDEX GENERUM ET SPECIERUM.

A

B

C

E

F

G

H

I

J

K

L

M

N

O

P

R

S

ADDENDA.

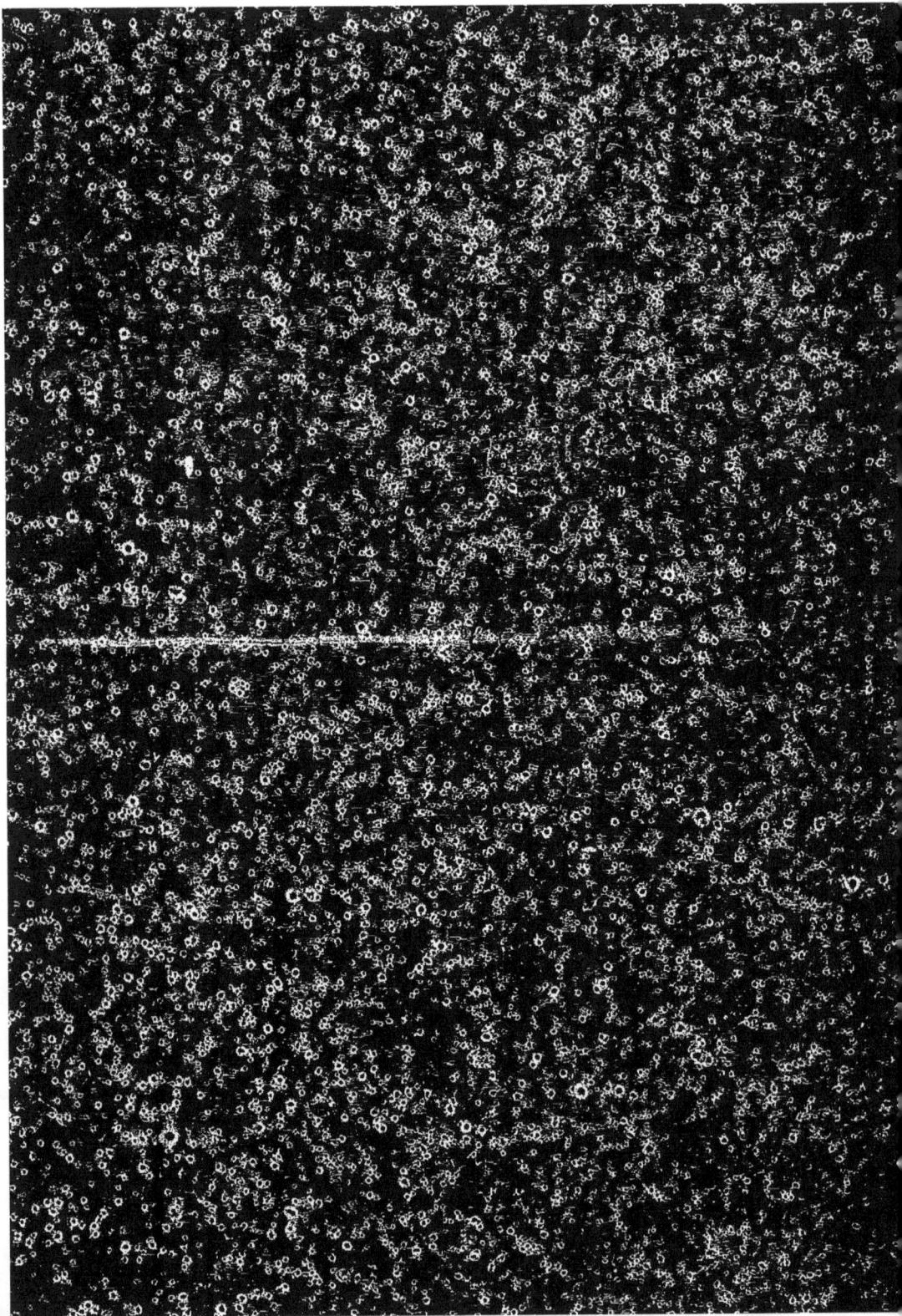